U0041861

ゼロからはじめる 建築の「設備」教室

原口秀昭——著
蔡青雯——譯

圖解建築設備入門

一次精通水、空氣、電力的基本知識和應用

前言

本書可説是一本雜學書，有點像在舉辦一場雜學機智問答選手爭霸戰。

一年前，筆者陸續撰寫了關於建築設備的插圖和文章。一邊撰寫，一邊常常想著，隨著人類歷史共同演進的建築物，以及建築物附屬的設備，其實也隨著人類的歷史不斷向前邁進，累積了人類所有的知識和智慧。然而，想要將這些知識和智慧集結濃縮時，才發現十分零散不集中。為了一次解決問題，筆者認為應該全面蒐集網羅，編輯成為科目條列分明的百科全書。這是全體建築領域本該進行的工作。

集結部落格（http://plaza.rakuten.co.jp/mikao/）文章成書的《建築的數學和物理教室》、《圖解RC造建築入門》、《圖解木造建築入門》等，承蒙讀者的厚愛，持續再版發行，韓國、台灣、中國也翻譯出版。於是，編輯委託我撰寫建築設備。

説到建築設備，牽涉範圍非常廣泛。例如，光是電力設備就能編寫好幾冊，甚至僅鍋爐相關職業也有國家資格考。對於設備設計者而言，空調機的機械內部，更像是個深不可測的黑洞。因為包羅範圍廣泛，筆者閱讀過的設備入門書，多為概論、總論、理論性的描述，對於實際的設計或監工所應具備的知識和智慧，似乎毫無助益。

因此，筆者嘗試集中焦點撰寫設備領域與建築相關的部分，例如管、風管、電線、機械、機器等具體「物品」。這項作業最困難之處，在於如何繪製「物品」的插圖。文章能打馬虎眼，插圖卻沒辦法。

筆者參照自己手邊的執行圖面、各家業者的型錄、網路檢索的資料和影像，再懇請多位專家指導，自己摸索繪製。不懂插座、浮球水栓（ball tap）等細節時，筆者甚至直接拆解身邊的物品，再加以繪製。管、電纜部分，則親自前往展示中心或現場，實際確認形狀。一些細節部分，也嘗試繪製成漫畫，盡量減低無機物的冷漠感覺。

基本設備是水、空氣、電力。更細分之後，把這些能源引入基礎設施和用地的方式、供水、熱水供水、排水、衛生、瓦斯、空調、電力、消防、防災、運送。每個項目的進行方式都是由細節至總體，然後是系統和理論。理論或總論都寫在每個論項的最後。如果覺得理論困難，最初可以略過不讀。

每頁、每項都是獨立章節，分量約三分鐘即可閱讀完畢，剛好是拳擊比賽一回合的時間，以R001方式編號表示。每一回合閱讀三分鐘，循序漸進，立刻就能理解建築設備的基本。

只要閱讀本書，便能大致全盤概略了解建築設備相關的基本事項。筆者希望本書能成為建築系大學生學習時的輔助教科書，或者建築師及建築工程顧問人員應試的入門書，又或是成為設計或現場必要實務知識的實務書。希望本書能夠成為起點，再更進一步探究更深奧的知識。

最後，感謝彰國社編輯部的中神和彥先生構思這本建築設備的企畫，並不斷鼓勵猶豫不決、難以下筆的筆者，以及感謝尾關惠小姐從企畫構想到實際的原稿整理、確認等細節編輯作業，從頭到尾全程參與，還有不吝指導設備知識的諸位專家，再次致上最誠摯的謝意。謝謝！

2010年1月

原口秀昭

目次 CONTENTS

前言…3

1 設備基礎設施
建地調查…8　上下水道…14　瓦斯…19　電力…24　油…35

2 供水設備
給水…38　管…41　管的接續…47　管的保護…50　受水槽和高架水槽…52
水位調整…56　防搖和防振的接頭…61　閘閥和止回閥…63　檢查和維修…67
供水方式…71　供水管的問題…76　供水量…78　供水龍頭…81　泵浦…90
物理單位…94　水壓和流量…100

3 熱水設備
管…105　膨脹對策…110　熱水供水方式…118　熱水供水量…122

4 排水設備
圖面符號…123　通氣方式…136　陰井…139　存水彎…146　破封的原因…156
淨化槽的管理…159

5 衛生器具
洗淨方式…163　排水盆和琺瑯…169

6 瓦斯設備
安全對策…172　瓦斯器…175

7 空調設備
風管…179　出風口…196　截底…204　空調方式…205　風機盤管空調系統…216
熱泵…222　空調機…228　冷凍機…231　鍋爐…235　熱的利用…239　空氣線圖…242

8 電力設備
電線和電纜…246　電線和電纜的保護…253　導管和配線…258　開關和插座…269
照明器具…277　電力的輸入…284

9 消防・防災設備
滅火方式…288　偵測器…292　排煙方式…294

10 運送設備
電梯…297　電扶梯…300

圖解建築
設備入門

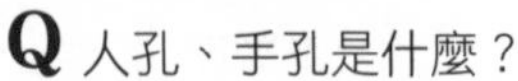

Q 人孔、手孔是什麼？

▼

A 人可進出的孔或蓋，以及手可伸入的孔。

人（man）可進出的孔（hole），所以是人孔（man hole）；手（hand）可伸入的孔（hole），所以是手孔（hand hole）。因此，遮掩這些孔的蓋子，就稱為人孔蓋（manhole cover）或手孔蓋（handhole cover）。

上下水道、瓦斯的人孔或手孔，常見於公共道路或建地內。此外，若電力相關電纜等裝設在地底，也會有人孔。還有消防用的消防栓也有人孔。人孔蓋有時會明顯標記，有時則無。

調查新建物的建地或中古的不動產時，會進行人孔和手孔的確認。尚未前往自來水公司、電力公司、瓦斯公司詢問時，現場直接確認人孔或手孔的情況，所在多有。

Q 道路上使用的L型側溝、格柵蓋板是什麼？

▼

A 如下圖，設置在道路邊線外緣的混凝土製L型淺溝，以及讓雨水流入下水道的鋼製格狀溝蓋。

為了避免雨水堵塞，柏油路通常做成中間略高、兩側較低的形狀。設在道路兩邊線邊緣的就是L型側溝（L-shaped roadside ditch），又稱L型。雖然稱為溝，只有水可流動的L直角部分的淺溝而已。這個設施用以明確劃清道路界線和公私界線。

L型外側的線成為界線。施工時，先裝設L型，然後在內側鋪柏油。

grating（格柵蓋板）原意是鐵製格子，在日本多指格狀溝蓋。在建地內部和建築內部也會使用格柵蓋板。

在L型側溝收集的雨水，流入各處設置的格柵蓋板下方的陰井（catch basin），最後流入下水管。格柵蓋板的堅硬強度不因負載車輛或人而彎曲。有些格柵蓋板的格子表面附有鋸齒狀防滑結構。

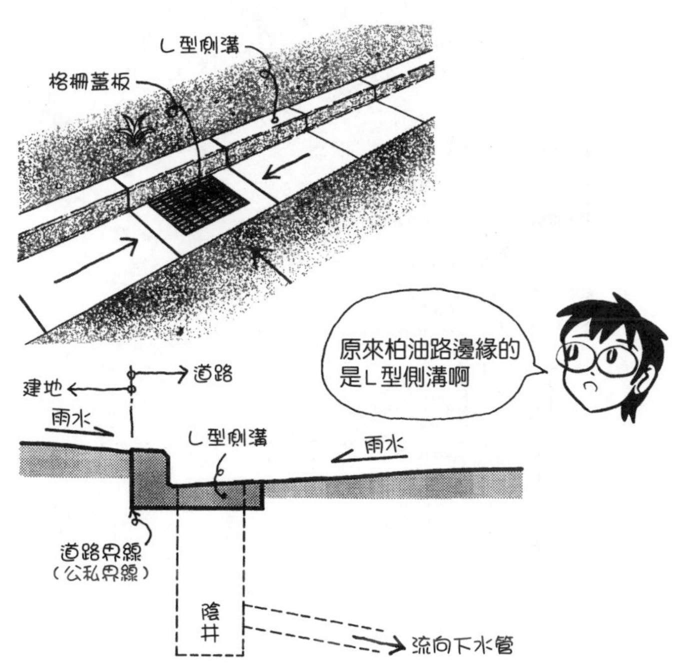

Q 道路上使用的U型側溝是什麼？

▼

A 如下圖，設置於道路邊緣的混凝土製U型溝。

U型側溝（U-shaped roadside ditch）上面通常有混凝土製的蓋子，避免人或車輛輪胎陷落溝中。

蓋子邊緣設有小洞，方便拉起蓋子。雨水從小洞流入溝內。但僅靠小洞無法充分疏導雨水，所以間隔鋪設格柵蓋板（格狀蓋子）。

如果道路上沒有辦法設置下水道，則透過淨化槽（purification tank）淨化為淨水之後，再流入U型側溝，最後和雨水一起流入河川。

U型側溝的外側邊緣就是道路界線和公私界線。

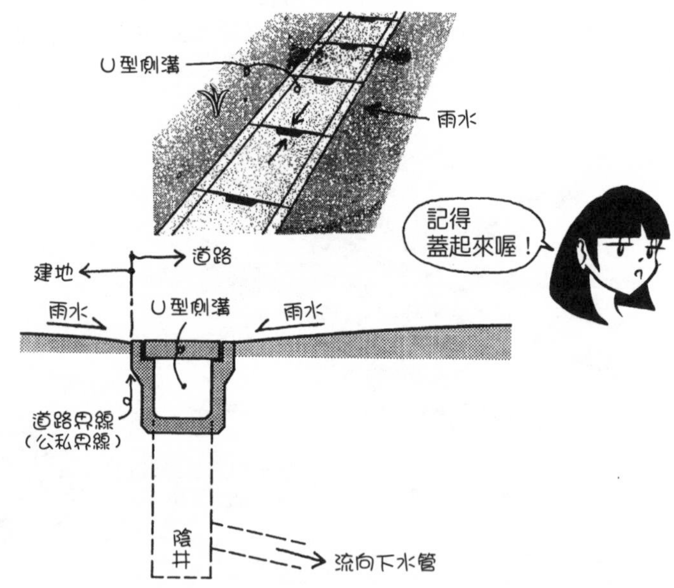

Q 從公共下水道管線資料的平面圖能夠知道什麼？

▼

A 如下圖，可以知道下水管的種類和管徑、坡度、長度、管底高度、陰井的種類和位置等。

市政府和區公所等的下水道管理課都備有**公共下水道管線資料**，顯示下水管和陰井等位置。

下圖是分流式下水道（separate sewer）的例子。**分流式**下水道是將雨水與其他污水分開的下水道。**合流式**下水道（combined sewer）則未區隔雨水與其他污水。

從建物排出的水，聚積在建地內的**雨水陰井**、**污水陰井**，然後流向道路下面的下水道。

陰井是一種箱型裝置，功用在於把水合流（confluence）、分歧（bifurcation）、暫時儲存，或是沉澱可能堵塞排水管的物質，或者引入空氣促進流動。

邊溝（gutter）是指設在道路兩旁的L型側溝或U型側溝。**邊溝雨水陰井**是專門收集雨水的陰井，水從水溝流向下水管時，通常先暫時儲於陰井中。

為了防止河川氾濫，建地內必須設置讓雨水得以滲透的地方。這時是使用滲透井（infiltration well）。

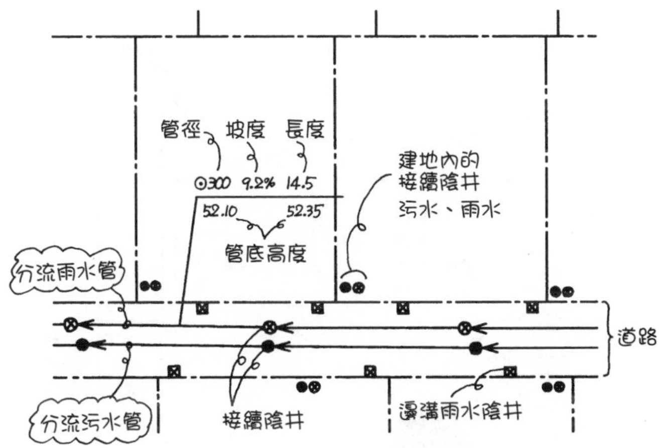

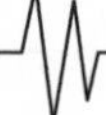

Q 從自來水公司的水管配置平面圖能夠知道什麼？

▼

A 如下圖，可以知道自來水管的口徑、位置，以及各建地內的引入情形。

從道路下方的自來水管把水管引入建物內時，必須先經過止水栓（kerb cock, kerb stop），以便放水或關水。如果沒有止水栓，水會不斷流動，無法進行水道工程。牽引連接順序是**止水栓→自來水水表→建物內**。

自來水幹管（trunk）也在各處裝設止水栓。因為進行建地水管引入工程，或是自來水幹管工程時，必須暫時停止相關地區的自來水流動。

直接供水（direct water supply）是指無須經過受水槽（water receiver tank）等設備，直接連結至建物內水龍頭的方式。兩層樓建築通常使用直接供水。

相對於直接供水的是**受水槽式**。這種方式是先在水塔（受水槽）內儲水，再藉由泵浦把水推上來。三層樓以上的建築，多使用受水槽式。

直接供水或受水槽式，也取決於地盤高低和水管水壓等條件。兩層樓建築有時也設置受水槽。即使採用直接供水引水向上，有時仍建議裝置受水槽；或是在支管等較細的自來水管中間，裝置增強水壓的增壓泵（booster pump）。

當作停車場等的空地上，有時並未引入自來水管。必須進行現場或圖面確認。

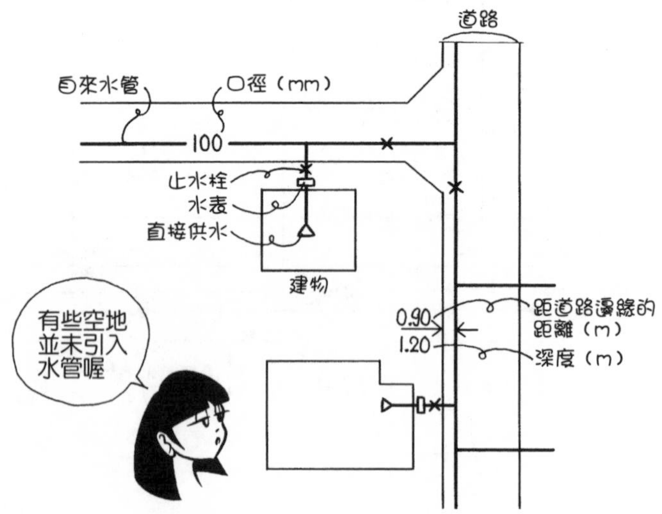

Q 如何現場確認空地上是否引入管線？

▼

A 如下圖，尋找手孔和人孔。

從地下引入的管線有自來水管、下水管（分流式是區隔污水與雨水）、瓦斯等。電線、電話線、有線電視、光纜等通常是**架空**（overhead）（電線桿）的。

下水處理是利用附有人孔或手孔的末端陰井，收集建地內的下水，最後流向連接的下水管。分流式則分開污水與雨水。

把自來水管引入建地內時，最初的引管處設有閥（valve），又稱止水栓、止水閥、制水閥等，標示註明在孔蓋或水表上。

若有引入瓦斯管，設有閘閥（gate valve）用的手孔。這些供給管（service pipe）的口徑，住宅類的自來水管約 13～20mm，下水管約 150mm，瓦斯管約 20mm。

建地內若已引入管線，工程費用會比較便宜。因為引入工程需花費數十萬日圓。

如前所述，前往自來水公司、市政府、區公所等下水道管理課，即可藉由圖面確認引入的情況。瓦斯管亦同，只需前往該地區的瓦斯公司，即可確認是否引入管線及哪些管線埋設在何處。建議雙重確認圖面和現場，尤其以現場確認最為重要。

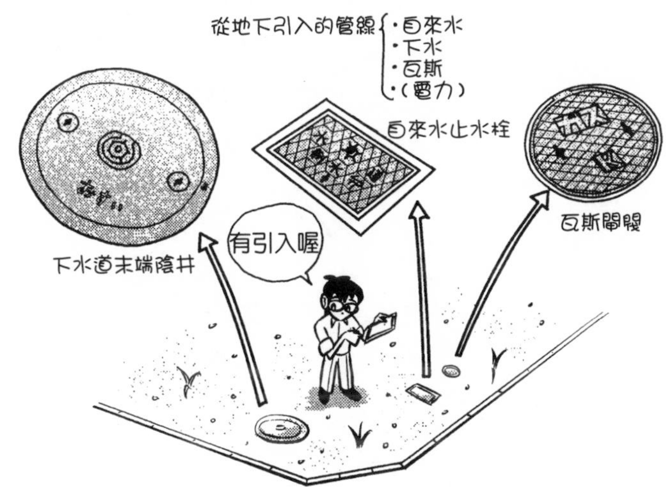

Q 雜排水是什麼？

▼

A 如下圖，洗臉、廚房、洗澡、洗衣機等的排水。

排水系統中，廁所、雨水、特殊排水以外的排水，稱為雜排水（miscellaneous drainage）。

廁所的排水屬於污水。污水和雜排水通常最後一起流到下水道。

特殊排水是指從工廠或研究單位等排出，含有藥品或細菌等有害物質的排水。請記得污水、雜排水、雨水三種類別。

排水→污水、雜排水、雨水

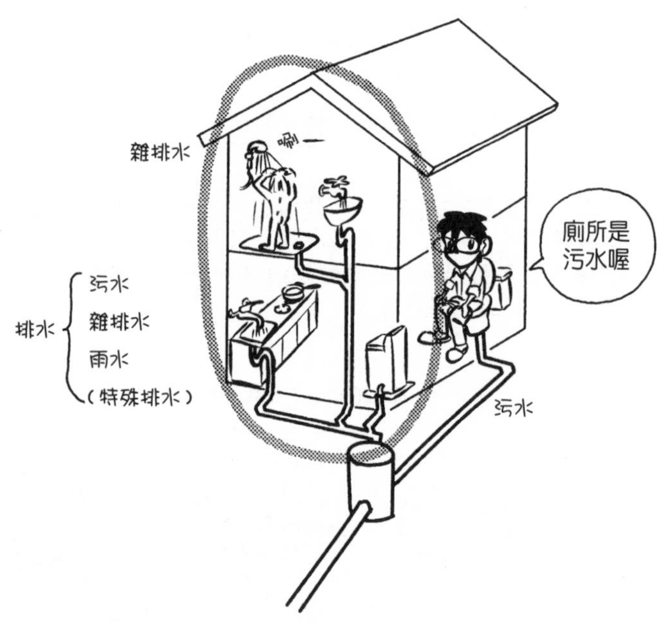

Q 分流式下水道是什麼？

▼

A 如下圖，將「污水＋雜排水」與「雨水」分流的下水道。

雨水不需要在下水處理場（淨水場）進行淨水，與其他的排水區隔，可以減少流入處理場的排水量。

浴室或廚房的排水混有合成清潔劑、肥皂等，和廁所的污水一起在處理場處理。相較之下，雨水是較乾淨的水，區隔分開之後，直接排放流到河川或海洋。

若是**合流式下水道**，雨水和污水＋雜排水一起流入處理場。

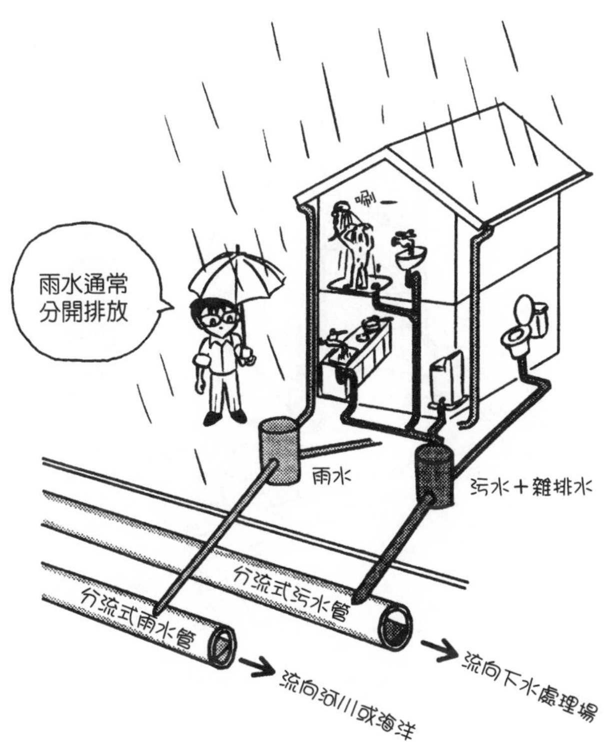

Q 未安裝下水管如何排水？

▼

A 如下圖，雨水直接流向U型側溝，污水＋雜排水經過淨化槽之後，排放到U型側溝。

未安裝下水管之處，通常都有U型側溝之類的溝渠。排水在淨化槽淨化之後，排放到溝渠。如果面向水道，則排放至水道。

排放到溝渠的水，將直接流到河川或海洋，所以必須淨化。這些排水必須在淨化槽中淨化到規定的基準值。

淨化槽必須清潔、加入微生物等，定期保養維修。相較於連接下水管，淨化槽花費的成本一定較高。

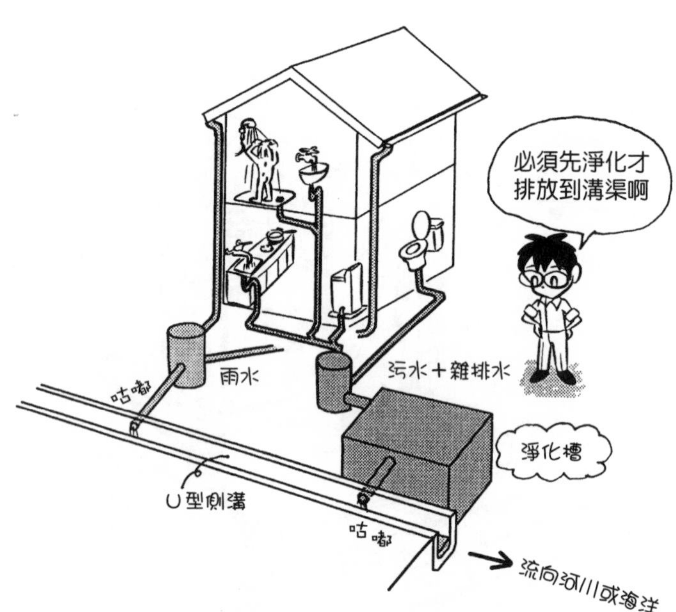

Q 未安裝自來水管如何引入自來水？

▼

A 如下圖，挖掘水井，利用井水，引水使用。

首先要檢查井水是否適合飲用，必須檢查是否含有大腸菌等細菌，或者是否含有農藥或工業排水所導致的化學物質等。除了衛生局的檢查，也有自行檢測。此外，利用淨水裝置，可以獲得更安全的飲用水。

公共自來水中加有氯氣。雖然有些人不喜歡氯氣的臭味或味道，但為了提供安全用水，這是必要的措施。井水雖然甘甜好喝，仍應考慮各種風險，一定要經過檢測才可使用。有時甚至可以自行添加氯氣。

如果地下藏有優質水源，甚至直接挖掘水井，不引水管。

Q 中水是什麼？

▼

A 如下圖，將洗臉的排水等，再利用作為洗淨廁所、噴水、灑水、洗車等用途的水。

中水是指水質介於上水（自來水）與下水（污水）之間的水，也稱為**雜用水**（gray water），屬於不適合飲用的低水質水〔編註：上水、中水、下水為日本的分類用語〕。下圖中，雖然將洗臉的水再利用，但實際上已混有清潔劑等，通常要經過淨化槽處理。

將雨水再利用的水，有時也稱為中水。總之，這是一項水利用系統，以珍惜節約水資源，減少河川或淨水場的負擔。

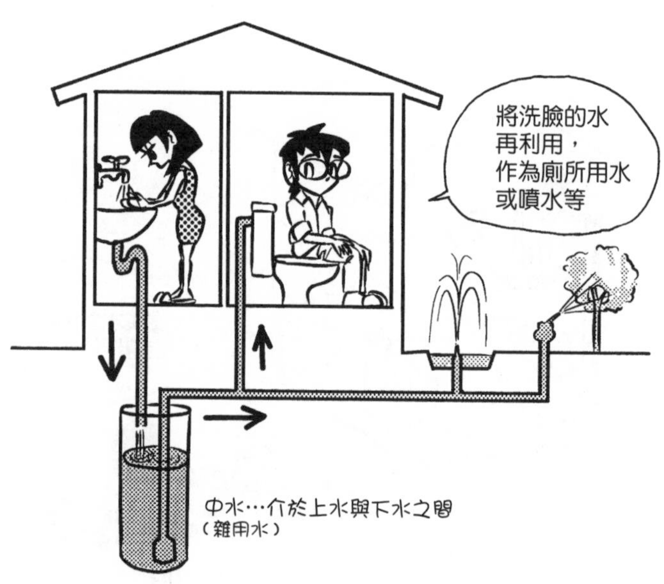

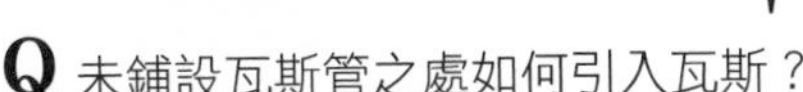

Q 未鋪設瓦斯管之處如何引入瓦斯？

▼

A 可以使用液化瓦斯，或是全電氣化。

未鋪設城鎮瓦斯（city gas）〔編註：指分布於人口集中都會區的天然氣供應〕設施之處，可以使用液化瓦斯。然而，相較於城鎮瓦斯，液化瓦斯多半單價較高。如果需要安裝液化瓦斯，估價時可以貨比三家。

出租公寓、一般公寓、旅館等使用液化瓦斯，優點在於瓦斯業者免費提供瓦斯安裝工程和熱水工程，甚至提供熱水器免費租用。

對一些屋主而言，使用液化瓦斯，可以節省**初始成本**（initial cost，新屋建造時的費用）、更換熱水器等**維護成本**（running cost），即使可選擇城鎮瓦斯，仍然選用液化瓦斯。瓦斯單價可磋商，比較有利的選擇是液化瓦斯。

若不打算安裝瓦斯，可選擇全部採用電力的「全電氣化」方式。例如，洗澡的熱水是利用價格便宜的夜間電力加熱之後，再儲存於水槽中；烹調料理則使用電磁爐等。

Q LPG是什麼？

▼

A 液化石油氣，俗稱液化瓦斯。

LPG是liquefied petroleum gas的縮寫，直譯是被液化的石油氣體。這種以丙烷或丁烷為主要成分的瓦斯，一般稱為液化瓦斯。

瓦斯業者把瓦斯分裝於鋼瓶之後，再供應給各個用戶。有些大型的建物或店舖，由業者利用氣槽車把瓦斯裝入大型儲氣槽。

鋼瓶或氣槽中，底層是液體瓦斯，上層是氣化瓦斯。在底層的液體瓦斯用盡之前必須更換瓦斯。

在碳和氫的化合物中，根據碳原子個數，名稱分別是**甲烷→乙烷→丙烷→丁烷**。其中丙烷和丁烷的特徵是原子數多，比空氣重。室內發生LPG外洩時，會累積在下方，所以瓦斯偵測器必須安裝在靠近地板處。此外，擺放瓦斯鋼瓶的地方，如果有鐵捲門之類遮擋，下面必須保持開放，避免瓦斯聚積在內部。城鎮瓦斯通常比空氣輕，必須多加注意。

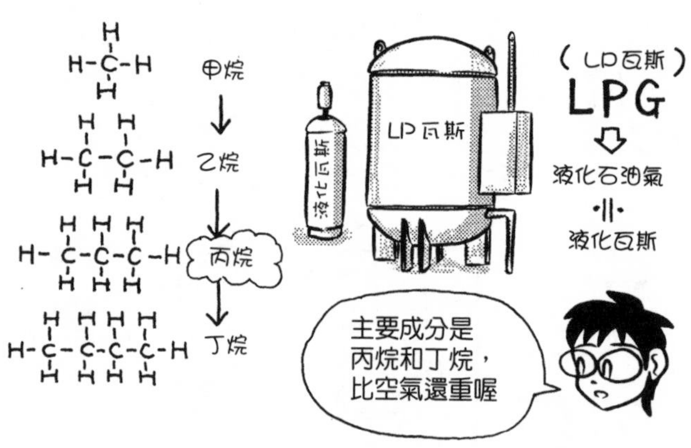

Q 城鎮瓦斯比空氣重還是輕？

▼

A 主要成分是甲烷，所以比空氣輕。

城鎮瓦斯比空氣輕，LPG（液化石油氣）比空氣重。

因此，安裝瓦斯偵測器時，城鎮瓦斯的偵測器裝在天花板附近，LPG的偵測器則裝在地板附近。此外，甲烷、乙烷、丙烷無色無臭，添加帶有臭味的瓦斯，才容易察覺瓦斯外洩。

城鎮瓦斯約90%是甲烷，其他混有少量的乙烷和丙烷。甲烷的分子小，重量基準的分子量是16（12＋1×4）。

丙烷的分子大，分子量是44（12×3＋1×8）。由此可知，甲烷的顆粒小，丙烷的顆粒大。

空氣中氮（分子量＝14×2＝28）和氧（分子量＝16×2＝32）的混合比例是4：1，平均分子量是28.8（(28×4＋32×1）/5）。氣體的條件相同時，同樣體積中分子數相同。因此，甲烷比空氣輕，丙烷比空氣重。

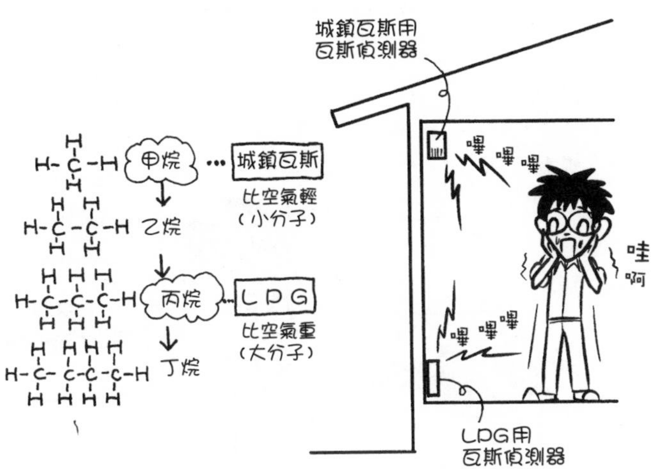

Q 每1m^{3}中城鎮瓦斯和LPG的熱量哪個比較大？

▼

A LPG（液化石油氣）較大。

城鎮瓦斯每1m^{3}約45MJ（megajoule，兆焦耳），LPG約100MJ。LPG可釋出約兩倍的熱量。

城鎮瓦斯以甲烷瓦斯為主，LPG以丙烷瓦斯為主。兩者燃燒之後，都分解成碳和氫，再和氧結合，成為二氧化碳和水。

甲烷和丙烷分解成碳和氫時，釋出的能量大不相同。顆粒大的丙烷結合大量原子，最初就蘊藏高能量，進行分解時也釋出大量能量。因此，丙烷釋出較多熱量。

MJ的M（mega）是100萬倍之意。k（kilo）是千倍，M（mega）是100萬倍，這是以每增加三個0的單位計算法。J（joule，焦耳）是能量、熱量、作功量（work）的單位。基本上，能量、熱量、作功量三者相同。

1J是指施力1N（Newton，牛頓）〔編註：力的單位，1kg質量的物體產生1m/秒^{2}之加速度時所承受之力〕於一物體上，使其移動1m所需的能量。關於牛頓、焦耳、cal（卡，參見R171）等單位，請參見拙著《建築的數學和物理教室》。

Q 13A是什麼？

▼

A 根據熱量大小和燃燒速度表示分類的城鎮瓦斯規格。

13A是目前最廣為使用的規格。「13」表示每1m^{3}約有43～46MJ（兆焦耳）的發熱量，「A」表示燃燒速度比B和C慢。

城鎮瓦斯的主要原料，來自中東或東南亞等地的瓦斯田或油田所採挖的天然氣。為了壓縮天然氣的體積，先將之冷卻為液體，以便運輸。這種製成液體的天然氣就是LNG（liquefied natural gas，液化天然氣）。

LNG油船載運天然氣抵達日本後，還原成為氣體。天然氣的主要成分雖是甲烷，仍添加少量的丙烷等，以便增加熱量作為城鎮瓦斯之用。雖然城鎮瓦斯有好幾種類別，目前是以13A為主。

LPG（液化石油氣），也就是丙烷瓦斯，主要使用石油精煉階段所產生的丙烷。從石油精煉分餾而得的丙烷，加以液化，方便運輸，就是LPG。

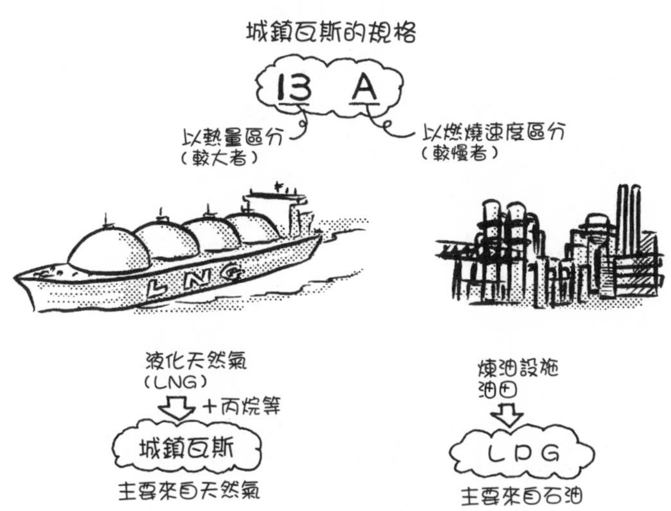

Q 架設在電線桿上的電線是哪些？

A 由上而下，分別是電力用的高壓電纜、低壓電纜，以及電話等通訊用的電纜。

電力以6600V的高壓輸送，在各處透過變壓器轉換為100V、200V等低壓，輸入各個家庭。若是大型建物，有時直接輸入高壓電。高壓電纜最危險，所以擺在最高處，然後才是低壓電纜。

最下方的電纜有多種，包括電話用電纜、通訊用光纜、有線電視用電纜等。下圖中通訊用電纜上安裝的黑箱子是塑膠製，箱中有從電纜輸入線接出的端子（terminal）、接續電纜用的端子等。因為是裝有端子（固定線端的器具）的箱子，所以稱為**端子箱**（terminal box）。

電力公司架設的電線桿上，如果要架設通訊用電纜，通訊公司必須共同負擔電線桿架設費用。

電線桿常遭指摘是破壞都市景觀的殺手。然而，優點在於新用戶供電、接續更換、災害重建非常迅速，成本也十分便宜。發生災害時，基礎建設的重建順序通常是LPG（液化石油氣）→電力→自來水→城鎮瓦斯。道路底下埋設的自來水管和瓦斯管的重建，總是比較緩慢。當然，最好將這些管線全部設置在人能夠進出的大型共同溝（common duct，又名共同管道）中，只是必須考量成本問題。

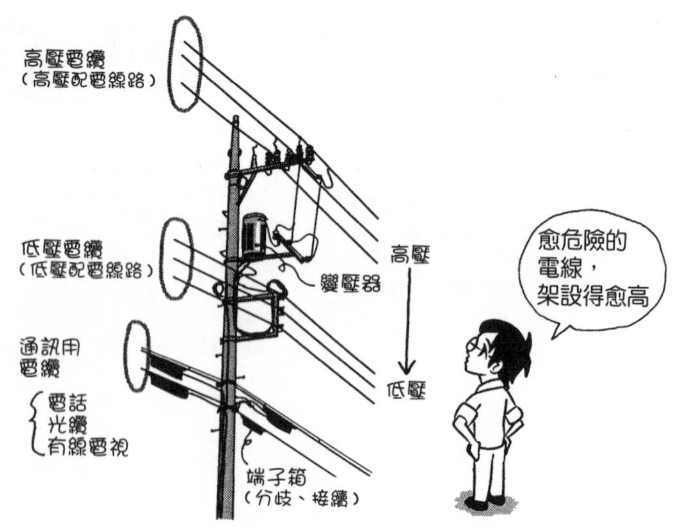

Q 發電廠送電為什麼要提高電壓再逐漸降低？

▼

A 目的是減少電流量，減輕送電電纜的負擔。

電力能量的公式是電流 × 電壓。輸送等量的能量時，提高電壓，電流就會減少。

電流是電力流動的量。電流增多時，如果不加粗電線，電線會產生高熱（稱為**焦耳熱**〔joule heating〕）。為了避免發熱，把電線加粗，可以減少抗阻；不過從大老遠的發電廠架設直徑1m的電線，非常不符合經濟效益。

因此，在一開始提高電壓，輸送大量電力能量。送電到一定地區之後，先將電壓降至6600V，再分歧至地區全體，最後在各地方，再降低為100V、200V的低壓。所以輸入各個家庭時的電壓，是低壓的100V、200V。

由於電力不斷分歧再分歧，電力能量隨之減少，到了降至100V時，少量電流就已足夠。

根據建物的規模，有時直接輸入6600V的高壓，而非100V、200V的低壓。這時會在建地內裝設變壓器，調節為100V、200V的低壓。

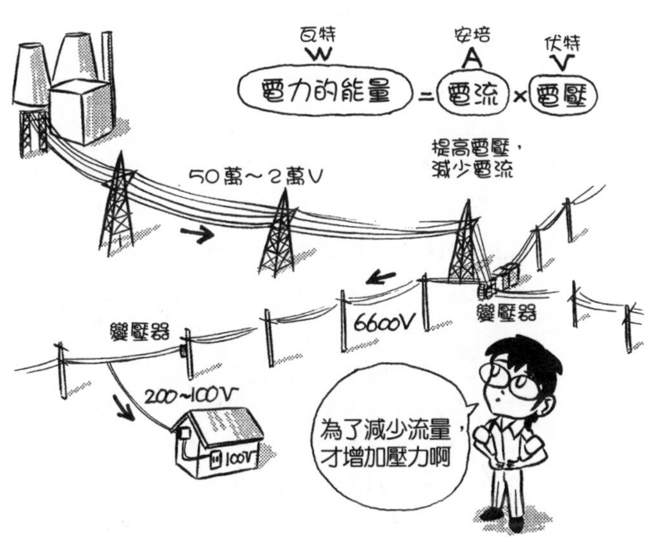

Q 為什麼以交流電輸送電力？

A 因為發電機的構造，使得電力產生交流。

電線穿過磁鐵的N極與S極之間時，會產生電流。從N極到S極的磁鐵的力，以磁力線（line of magnetic field）表示，電線垂直地橫切過磁力線，會產生電力，稱為**誘導電流**（induced current）。

以直線狀排列電線來產生電力，必須把磁鐵並排，讓電線通過其中。但直線通過，立刻會撞上發電廠的牆壁。而且採用這種方法，再多磁鐵都不夠。因此，必須設法讓電線在磁鐵之間形成旋轉；但只使用一條電線，效率不佳，因此統整為束（做成線圈），使其旋轉。

電線在磁鐵之間形成旋轉，就是交流電的開始。如下圖，旋轉電線後，會有多處橫切過磁力線（下圖左），或是幾乎沒有橫切過磁力線（下圖中），抑或從相反方向橫切過磁力線（下圖右）。

旋轉這些線圈所產生的電力，成為方向週期性交換的交流電。以電壓或電流為縱軸、時間為橫軸時，可畫出漂亮的正弦曲線（sine curve）〔編註：正弦函數$y=\sin x$的圖形〕。

交流方向的互換，日本在靜岡富士川與新潟糸魚川連成之界以東1秒鐘50次，以西1秒鐘60次。1秒鐘互換的次數，稱為振動數或周波數（frequency），也稱為50Hz（赫茲）、60Hz。周波數不同是因為明治時期日本進口發電機時，根據進口國家而有不同的使用方式。

交流電的優點不僅是易於發電，也容易變壓。如前一節所提，送電到最末端用戶時，必須在各個地方變壓。用線圈很容易進行交流電的變壓。

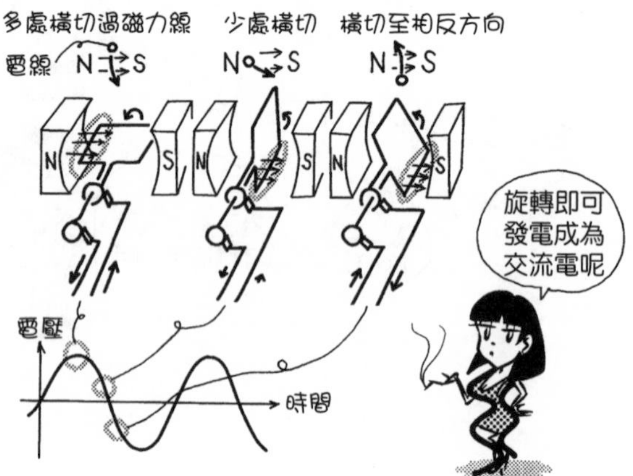

Q AC、DC是什麼？

▼

A AC是alternating current的縮寫，即交流電；DC是direct current的縮寫，即直流電。

直譯alternating current，意即交互替換的流動；而直譯direct current，意即直線性的流動。換言之，就是交流電、直流電。

100V插座的是交流電（AC），利用電池啟動收音機等電器的是直流電（DC）。從插座取電，轉換成12V等直流電，啟動電器，是AC電源（AC轉換器）。根據電壓的強弱，有時將交流電稱為**強電**（strong current），直流電稱為**弱電**（weak current）。

如下圖，交流電電壓不斷遊走正負之間，雖說是100V，不過最高並非100V。100V的交流電電壓，最大值和最小值是±141V。之所以說是100V，是因為100V直流電的發熱功率等於100V的交流電，稱為**交流電的均方根值**（root mean square, rms）〔編註：均方根值是計算一組數據或某個數據「平均差」得出的值〕。

從發電廠送出的電力能量，瞬間可送達末端，速度幾乎等同於光速。然而，相較之下，電線內部的電子，簡直如昆蟲爬行的移動速度，令人覺得不可思議，難以置信。

電線施加電壓時，直流電中電子同時往同一方向移動；交流電中電子同時往右，然後再共同往左移動，1秒鐘來回振動50次或60次，非常繁忙。

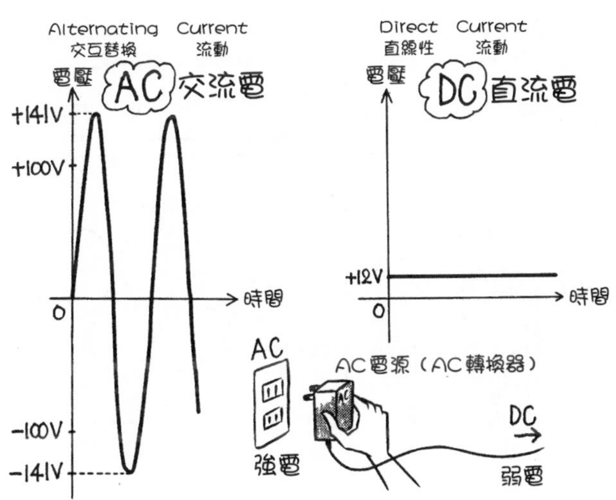

Q 三相交流電是什麼？

▼

A 如下圖，相位（phase）相隔120度所產生的交流電。

磁鐵內部的線圈只以同一方向旋轉，則線圈動向與磁力線形成平行時，不會產生電力。既然已經費工旋轉，應該更有效率地生產電力，經過反覆改造後，研究出每隔120度旋轉線圈的方法。

在波動或振動的領域，這個所謂120度的角度，稱為**相位差**（phase difference）；通常會說「相位差120度」。

三個線圈上，原本各裝有兩條電線。三個線圈各自產生不同的交流電。然而，一個線圈需要兩條電線，三個線圈必須有六條電線。

於是，將三個線圈的一方，試著集合成束。如此一來，因為各相隔120度，電壓總計為0。這並非偶然，而是經過精密考量。連結的線再與地面連接，成為**地線**（earth）。

如果用這種方式接線，下圖中的虛線部分，就和電線具有同樣的效果。因此，只需三條電線即可。這種線圈和配線的接線方式，稱為**星形接法**（star connection）、**Y形接法**（Y connection）等。此外還有其他接線方法。

因為是從三種相位傳送而來的交流電，所以稱為三相交流電（three-phase AC）；再加上使用三條電線，又稱**三相三線式**（three-phase three-wire type）等。以記號表示，三相記為3Φ（phi），其中Φ是角度之意。

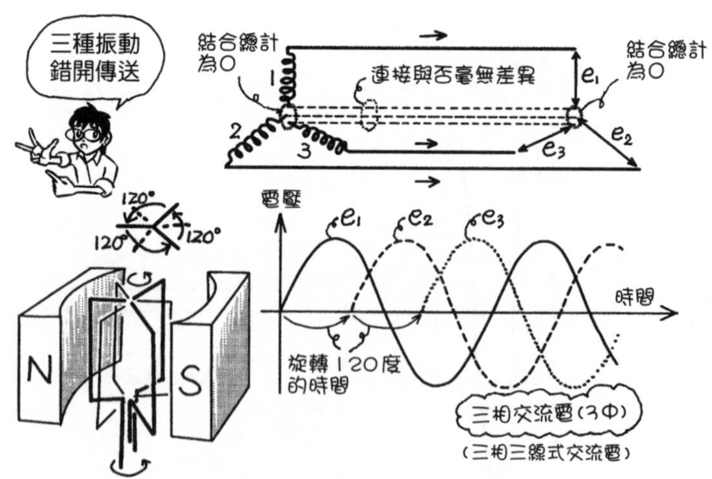

Q 三相交流電為什麼稱為動力用電源？

▼

A 因為是適合運轉電動機（馬達）的電流。

三相交流電是指相互錯開（相位差120度）振動傳送的三種交流電。對應三種電流的電磁鐵（線圈＋鐵芯），每隔120度旋轉，以這種方式進行配置。

接著，三種電流分別流動到各個電磁鐵，在各個電磁鐵流動的電流忽強忽弱，或忽為反方向。因此，隨著該電流的變化，磁力的向量（vector）忽長忽短，或忽為反方向。

三種電磁鐵的磁力合計（合力），就是向量的和。電磁鐵的磁力合力，最後會形成渦流。在不斷旋轉的磁力中，放入鐵線環，受到磁力影響，鐵線環也開始旋轉。鐵線環愈多愈易受力，所以安裝在下圖般的金屬籠中。這就是交流電動機（馬達）的原理。

三相交流電便於轉動大型馬達。雖然單相交流電（single-phase AC）也能轉動小型馬達，但效率不佳。因此，三相交流電才會稱為動力或動力電源。

三相交流電（三相三線式交流電、3Φ）→動力

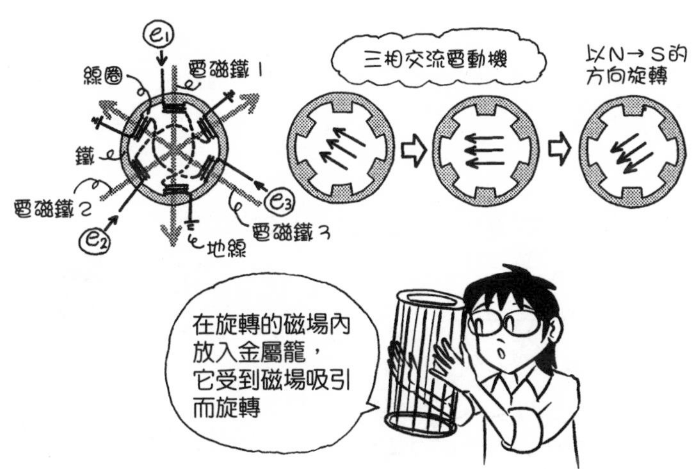

Q 單相交流電為什麼稱為電燈用電源？

▼

A 相對於三相交流電常用於動力，單相交流電主要用於電燈等物品。

獨棟住宅輸入的電力幾乎都是單相交流電，將高壓的三相交流電轉換為單相之後再輸入。在各住宅中，單相交流電不僅能啟動電燈，亦可運轉冷氣機、換風扇等電動機（馬達），不需要用到三相交流電（動力電源用）馬達程度的電力。

單相交流電稱為電燈、電燈電力、電燈用電源等，是對應三相交流電的用語。單相交流電是用於一般住家的電源，三相交流電則是用於工廠或大型設施等的大型馬達電源。

單相交流電（1Φ）100V／200V→電燈
三相交流電（3Φ）200V →動力

從發電廠→輸電線（鐵塔）→配電線（電線桿）依序輸送的過程中，都是三相交流電，分段降低電壓。供電到建地時，電壓經由電線桿上的變壓器進行變壓，單相交流電（電燈）變壓至100V、200V，三相交流電（動力）變壓至200V輸入（動力輸入）。以6600V高壓輸入（高壓輸入）時，在建地內的變壓器轉換成100V、200V的電燈電源、動力電源。

高壓輸入（high voltage input）→6600V，將三相交流電轉換為單相（電燈）100V／200V，三相（動力）轉換至200V
動力輸入（power input） →200V，直接使用三相交流電
單相輸入（single-phase input）→100V／200V，直接使用單相交流電

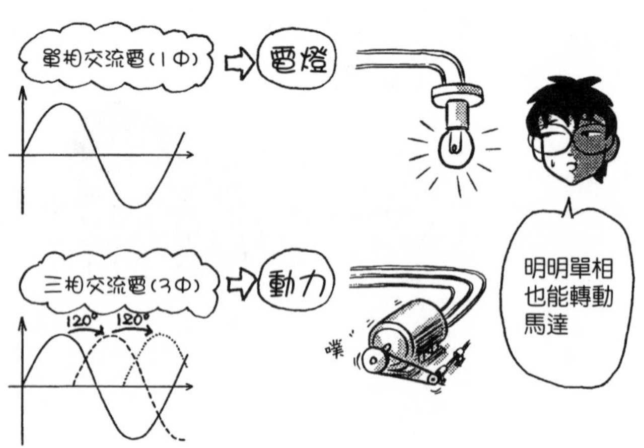

Q 單相三線式是什麼？

A 如下圖，設計能夠提供選擇100V或200V使用的輸入電力方法。

單相交流電通常是兩條電線。一般家庭內的配線也是各兩條電線。

100V搭配兩條電線，200V搭配兩條電線，需要使用兩種電壓時，必須輸入四條電線。為了以三條電線達到目的，必須用單相三線式。

三條電線中，一條連接於地面（地線），電位歸零，也稱為**中性線**（neutral）。電位0就像海平面標高，以海平面為高度的基準點。

從中性線各拉一條+100V、一條−100V的電線，共計三條。連結100V與0V有100V的電力，連結100V與−100V則有200V的電力。輸入三條電線的連結方式，既可使用100V，也可使用200V。簡言之，**標高差＝高度**；同理可推，**電位差＝電壓**。

這個連結轉換是在最初輸入電力的分電盤（distributor）進行（分開電力用的裝置，後述）。200V的電器有大型冷氣機和乾燥機等。有時是日後可能需要變更為200V。

輸入一般家庭的電力，幾乎都是這種單相三線式。老式住屋如果完全不打算使用200V，有時只輸入單相二線式。

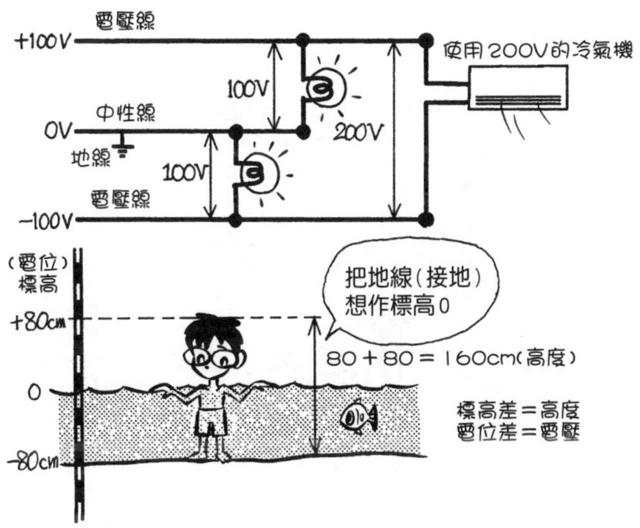

Q 配電箱是什麼？

▼

A 擺放從電力公司受電6600V高壓，再變壓為100V、200V低壓的高壓受變電設備用鋼製箱。

cubicle原為宿舍等狹小寢室之意。各種受變電設備放滿在鋼製箱內，所以才有cubicle（配電箱）之稱，其實等於是將變電所擺入鐵箱。

以往是建造電力室擺設變壓器等設備，近來通常擺設配電箱。大型的公寓、大樓、中小型工廠等，幾乎都是利用配電箱將高壓受電轉為低壓。配電箱有設置在頂樓或地面等屋外用，以及設置在地下室等屋內用。

電線桿最上方架設輸入三相三線式6600V的電力。因為是直接輸入高壓電，稱為**高壓輸入**。然後把電力輸入配電箱，轉換為低壓的電燈用和動力用，提供建地內使用。

（高壓輸入）
三相三線式6600V → {（電燈用）單相三線式100V／200V
（動力用）三相三線式200V

使用500kW（千瓦）以上的大電力時，運用高壓輸入，電費較便宜。電力公司也會要求採用高壓輸入。必須由具備資格的人員，定期檢查配電箱。

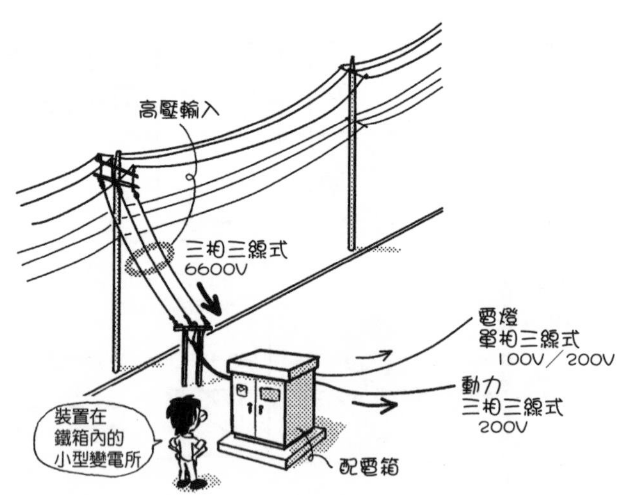

Q 高壓櫃是什麼？

▼

A 擺放高壓輸入線開關器的鋼製箱。

pillar box的pillar是柱子之意，pillar box的原意是紅色圓筒狀郵筒。電力工程的pillar box則是指如下圖設置在路旁的鋼製箱，又稱high voltage switch cabinet（**高壓櫃**）。cabinet意指衣櫥、整理櫃般的箱狀物。作為高壓受電的箱子，所以稱為高壓櫃。

電線埋設在地下時，最先通過高壓櫃。櫃中有開關器，具有像自來水止水栓或瓦斯閘閥的功能。開關器就是大型的開關。switch通常指一般的開關，但稱為開關器時，與高壓相關；稱為switch時，一般單指低壓相關物件。

高壓櫃引出的高壓電纜，連接到配電箱，進行變電，轉換為低壓。高壓櫃的下方，通常設置混凝土建造的小房間，方便維修高壓電纜。高壓櫃前方常見的人孔，其實就是小房間的入口。

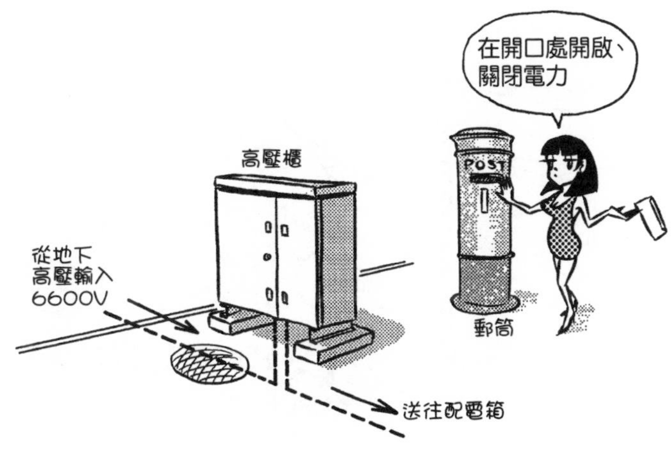

Q 供電柱是什麼？

A 架空供電時，不將電線固定在建物上，架設在建地內用以固定電線的柱。

架空供電時，考量成本，一般家庭通常直接把電線固定在建物上，但這樣並不美觀。因此，在建地內架設柱子，連接電線，再經過地下輸送到建物內，等於是自家用的電線桿。

或是不通過地下，從供電柱（electric service pole）以架空方式連接，把電線牽引至建物不易被看到的那一面。使用供電柱，建物不會拉牽混亂難看的電線，外觀清爽美觀。

無論是高壓或低壓，都能使用供電柱。電話線和有線電視電纜等，也會使用供電柱；甚至還有供電柱同時附設電視天線和BS衛星天線等。因為是在建地內架設的柱子，屋主得以自由運用。

以架空方式牽設電線，受電方需使用礙子（insulator）。礙子是使電力不易通過（絕緣）的瓷製物品，表面有溝槽，使雨水容易向下流，讓電線不易傳導。礙子常見於電線桿和高壓電塔等處。

Q 建築設備中使用的油是哪些？

▼

A 主要使用A級重油和燈油（即煤油）。

下圖是原油的分餾方式。加熱原油，成為氣體的蒸氣，進入分餾塔。分餾塔中，愈上層愈低溫。各種油變成液體的溫度，各有不同。在高溫下成為液體的油，從分餾塔下方流出；在低溫下成為液體的油，從分餾塔上方流出；最後無法成為液體的瓦斯，從塔頂排放。

塔內從下到上，分餾瀝青、重油、輕油、燈油、揮發油（汽油），以及瓦斯。建築中在暖氣設備、熱水供水、鍋爐和發電等會用油，主要使用A級重油和燈油。

根據成分，把重油區分成A、B、C。卡車用的輕油，與農業、漁業用的A級重油，成分相當接近。所以並非以化學方式區分，而是制度上的區分。輕油和A級重油，兩者的稅金完全不同。

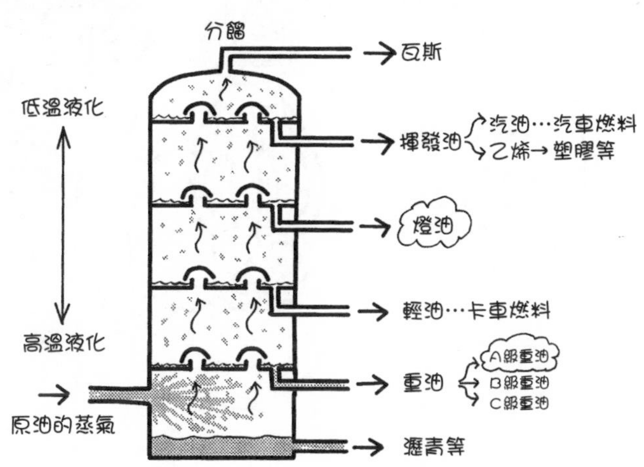

Q 白燈油是什麼？

▼

A 指一般使用的1號燈油。

油燈使用的油，所以稱為燈油。燈油有兩種，依色澤分類為白燈油和褐色燈油。白燈油的正式名稱是1號燈油，褐色燈油是2號燈油。目前一般都是白燈油。用在設備中的燈油也是白燈油；即使只標示燈油，其實就是1號燈油，也就是白燈油。

其他類似的名稱，還有白汽油（白瓦斯）、紅汽油（紅瓦斯）。通常提供汽車燃料使用的是紅汽油（紅瓦斯），為了避免誤認而將燈油故意染成紅色。另一方面，白汽油是已經去除大部分雜質的汽油，可作為清洗機械零件之用，或用於露營用小型暖爐等。

Q 都市中使用鍋爐時是用燈油還是A級重油？

▼

A 使用排放氣體乾淨的燈油。

燃燒A級重油，會產生氧化硫或氮氧化物。設置在都市中的鍋爐，有時禁止使用多雜質的A級重油。

A級重油用於設置在郊外的鍋爐、農業機械或漁船等的柴油引擎。建築設備用的油是燈油和A級重油，不過使用場所有限制，必須注意。

Q 止水栓是什麼？

▼

A 安裝在供水管（supply pipe）或給水管（service pipe）等設備上，停止或限制供水的閥。

引入自來水時，首先要通過止水栓，從這裡控制水流。止水栓裝置在**水表**前方。

在圖面上，如下圖，以組合兩個三角形的符號來表示止水栓。這個符號通用於表示閥。符號旁邊標示的文字「止水栓 40（附 BOX）」，代表這個閥是止水栓，供水管口徑是40，附有手孔箱。

止水栓的手孔蓋上寫有「水」或「valve」等字樣。關閉止水栓，整棟建物停止供水，可以在任何地方進行自來水工程。

在圖面上，上水供水管是畫一點鏈線。道路界線、鄰地界線、壁芯（牆壁中心）等的建築圖，也是用一點鏈線。雜用水（中水）的供水管是畫兩點鏈線。

水表的符號是四方框中寫上M，代表meter（水表）的首字母M。順帶一提，meter與長度的meter（計量表）拼法相同。

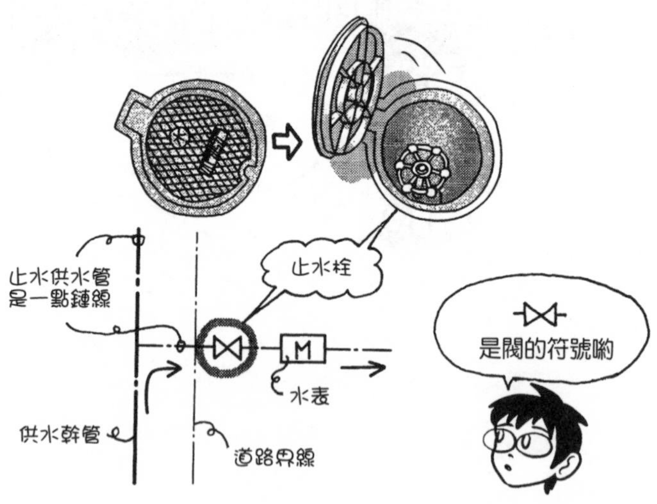

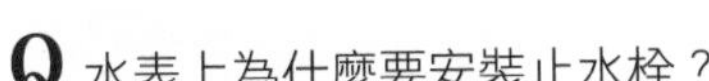

Q 水表上為什麼要安裝止水栓？

▼

A 為了在水表的前後區分工程，以及便於分別停止各戶的供水。

把水管引入建地時會安裝止水栓，先在那裡控制進入建地的供水。接下來，水表的稍前方也會安裝止水栓。水表產品本身一般都附有止水栓。

直到水表處的引入工程，有時由營造業者以外的其他業者執行。如果能在水表處控制供水，容易分段進行工程。

例如，一棟三戶的公寓，引入的自來水管需分歧三條。在引入處安裝止水栓，各戶的水表處也安裝止水栓。如果有一戶空屋，可以只停止該戶的供水。

有些公寓或宿舍，只在引入處安裝一個水表，由房東向各戶收取自來水費（如每月定額3000日圓等）。這種情形是在引入處裝設一個水表，各戶只安裝止水栓。

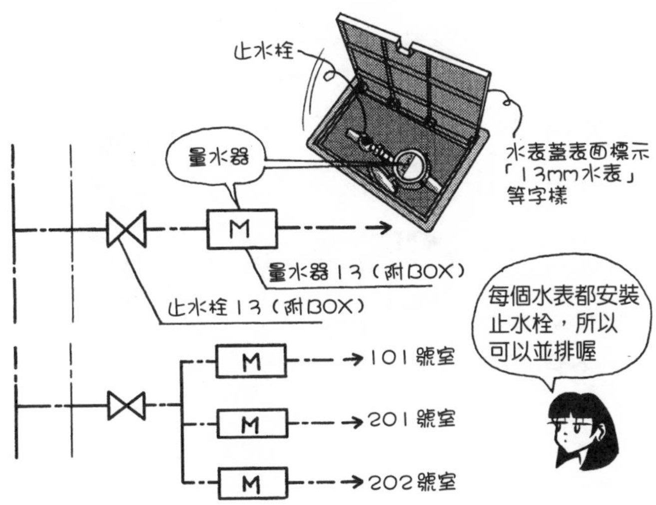

Q 一般家庭的自來水給水管管徑是多少？

▼

A 約13mm、20mm、25mm。

給水管太細時，如果多處同時用水，會造成水壓減弱。雖然通常13mm已經夠用，不過如果擔心水壓問題，可以用20mm、25mm給水管。平房用13mm，兩層樓建物若二樓有淋浴設施時採用20mm，一、二樓同時使用淋浴設施用25mm等。

自來水的水壓隨著地區或道路的情形有所不同，與自來水公司討論後再決定較佳。給水管愈粗大，裝設費或基本費愈高。

Q 管的公稱直徑是什麼？

▼

A 以接近管內徑（inner diameter）的數字來稱呼的稱法。

日本明治時期進口的管，以英寸度量。1英寸是25.4mm，計算繁雜。再者，管壁的厚度隨產品而異。因此，提到管時，以整數（簡化）的尺寸來説明內徑尺寸。

13mm供水管、13mm水表、13mm水龍頭出水口等稱呼，都是公稱直徑（nominal diameter），這是一種稱法。有些內徑恰是13mm，有些不是。總之，這是指內徑約13mm的供水系統。

硬質聚氯乙烯管（hard PVC管、VP管、VU管）的名稱，通常就是真正的內徑。鋼管的情況是名稱與實際尺寸略有差異。鋼管的內徑名稱是加上A、B的15A、1/2B。15A是15mm，1/2B是1/2in。

聚氯乙烯管（polyvinyl chloride pipe，PVC管）和鋼管還有各種不同管壁厚度，外徑（outside diameter）更為複雜，只好使用公稱直徑。

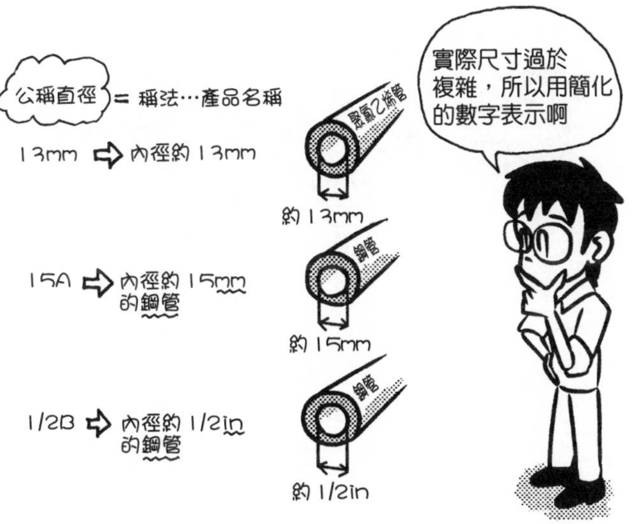

Q VP管、VU管是什麼？

A 硬質聚氯乙烯管中，管壁厚的是VP管，管壁薄的是VU管。

最初是將vinyl pipe（聚氯乙烯管）簡寫為VP，JIS（Japanese Industrial Standards，日本工業標準）的規格制訂了VP和VU。VU的U據說只是JIS的縮寫。

公稱直徑40mm時，VP內徑約40mm，VU約44mm。因為外徑尺寸相同，可以使用同樣的接頭（joint）。

水壓高用管壁厚的VP，水壓低用管壁薄的VU。在使用區分上，供水用採VP管，部分排水用使用VU管。

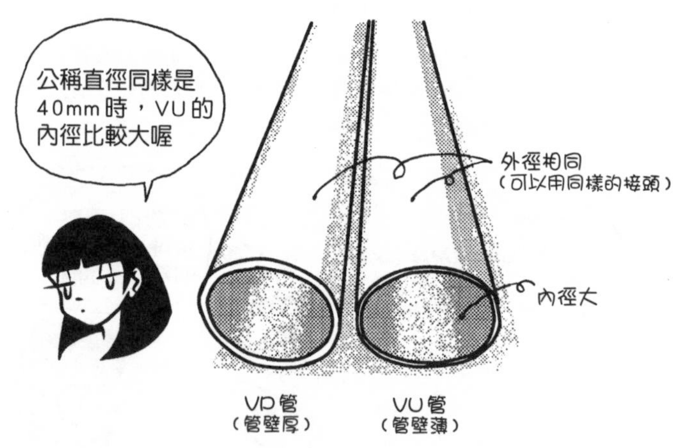

Q 鋼管的白管和黑管是什麼？

▼

A 白管是鍍鋅鋼管，黑管是未電鍍的鋼管。

用於配管的鋼管，稱為**配管用鋼管**（steel pipe for piping）。加上配管用字樣，是為了與建物結構用等建材做區別。

配管用的鋼管有碳鋼管、合金鋼管，不鏽鋼鋼管等。其中最普及的是碳鋼管。

讓水或水蒸氣通過的碳鋼管，為了防止鏽化，採用鍍鋅鋼管。因為鍍鋅鋼管色澤呈白色和銀色，所以稱為白管或白瓦斯管。

未鍍鋅的碳鋼管，用於瓦斯管等。未電鍍的鋼本身呈現黑色色澤，所以稱為黑管或黑瓦斯管。

Q 硬質聚氯乙烯內襯鋼管是什麼？

▼

A 鋼管的內側加覆硬質聚氯乙烯，成為防鏽配管用鋼管的管。

lining原意是（襯在）西裝的內裡。管的裡側（內側）所加覆的東西，也叫作lining（內襯）。硬質聚氯乙烯內襯鋼管（hard PVC lined steel pipe），是指管的內側加覆硬質聚氯乙烯。

硬質聚氯乙烯內襯鋼管又稱聚氯乙烯內襯鋼管、內襯鋼管等。鋼管容易生鏽，作為供水管，鏽斑剝離，會形成紅水。為了防止這類情形，在管的內側加覆聚氯乙烯。

聚氯乙烯內襯鋼管主要用於供水管，作為自來水相關配管。除了聚氯乙烯內襯鋼管，還有內襯聚乙烯（polyethylene, PE）的鋼管。

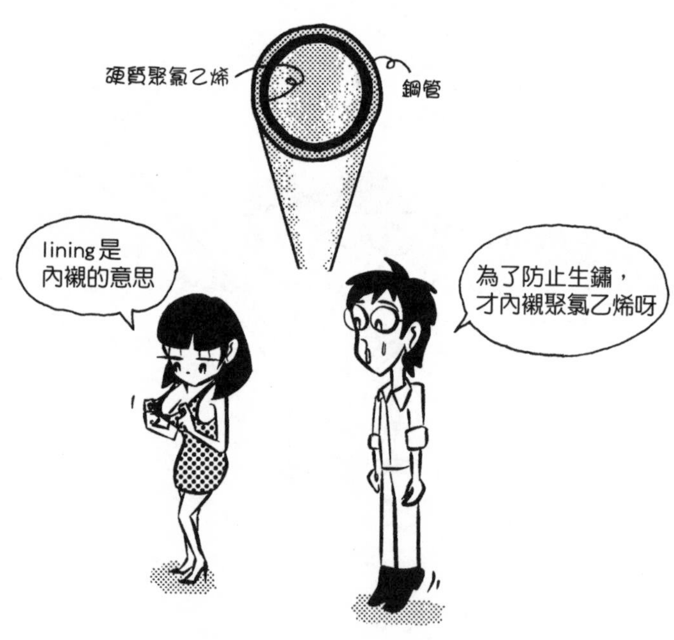

Q SGP、SGPW、SGP-VA是什麼？

▼

A 碳鋼管、鍍鋅鋼管、硬質聚氯乙烯內襯鋼管。

在鐵（iron）當中混入碳，加強黏性，就成為鋼（steel）。碳鋼管和鋼管同義。碳鋼管也稱為碳鋼鋼管，其實兩者是一樣的東西。用於供排水的鋼管，為了與結構用管區別，會在字首加上配管用，如配管用碳鋼管。

SGP是steel gas pipe的縮寫，指未電鍍的鋼管、黑管、黑瓦斯管。鋼管鍍鋅是作為水（water）相關用途的鋼管，縮寫為SGPW。

硬質聚氯乙烯內襯鋼管是在SGP鋼管上內襯聚氯乙烯（vinyl），所以是SGP-V。根據管外側的規格，聚氯乙烯內襯鋼管分為塗料（VA）、鍍鋅（VB）、聚氯乙烯（VD）等類別，參見下圖。

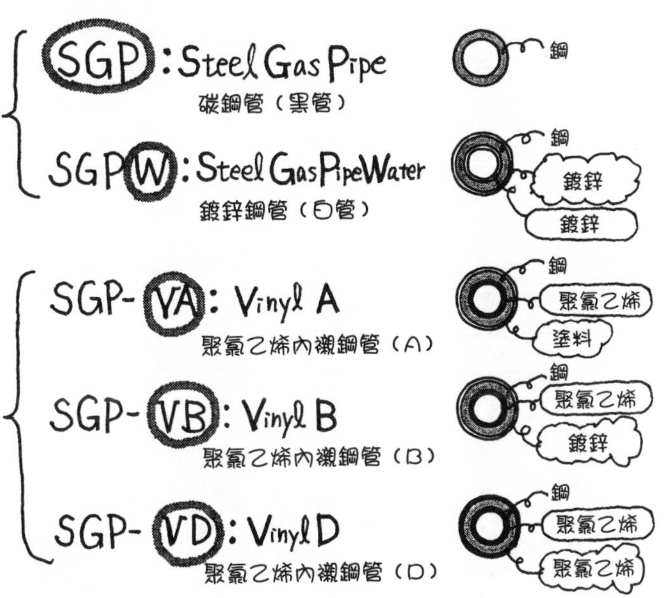

Q 耐火兩層管是什麼？

▼

A 如下圖，在硬質聚氯乙烯管外圈，裹上纖維膠泥（fiber mortar），具有耐火性的管。

硬質聚氯乙烯管有下列缺點：在火災等高溫下會熔解，質材輕薄因而容易聽到水流動的聲音，表面冷卻會結露，內部凍結將導致破裂等；另一方面，優點是：不生鏽、不腐臭、容易加工、成本低等。

為了彌補聚氯乙烯管的缺點，裹上膠泥；但只裹上膠泥，仍會破裂，所以加入纖維補強。聚氯乙烯管裹上膠泥之後，外觀就像混凝土表面一樣粗糙。雖然以前會用石綿，不過禁用之後，改用膠泥。

由於聚氯乙烯管表面裹有膠泥，不易燃燒，不易聽到水流聲，不易凍結，而且不易結露。耐火兩層管（fireproof double-layered pipe）又稱Tomiji管，這是得名自商品名稱〔編註：日本以前的製造商將這項商品取名為「東亞Tomiji」，因而得名；現在日本工地現場仍沿用這個說法〕。耐火兩層管主要用在大廈等、穿過防火區劃（fire compartment）的排水管和排水立管（riser）。

住宅、公寓的排水管→VP管
大廈的排水管　　　→耐火兩層管
雨水管　　　　　　→VU管

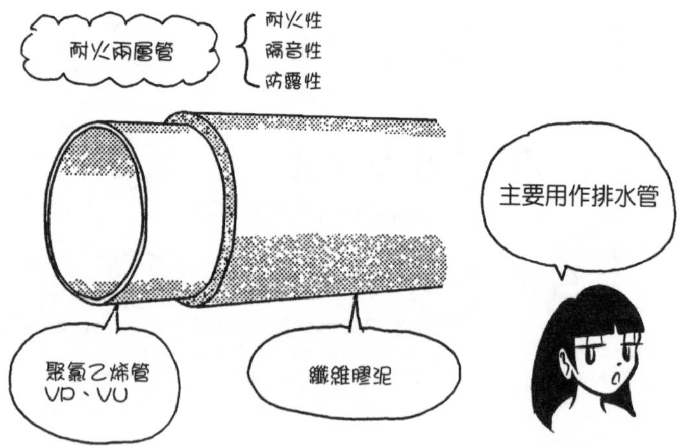

Q 錐形螺紋是什麼？

▼

A 因應水密性（water tightness，不透水性）、氣密性（air tightness）的需求，需要旋緊結合時使用的圓錐狀、前端逐漸窄細的螺紋。

taper是圓錐狀、前端逐漸窄細的形狀。接續鋼管時，只用直螺紋（straight thread，又稱平行螺紋〔parallel thread〕），容易漏水。使用錐形螺紋（taper thread）來銜接鋼管，能夠提高水密性。前端變細部分逐漸旋進，最外側部分仍較大；慢慢轉進去，最後用力轉緊，就不會漏水。

旋入的部分稱為陽螺紋（male thread），被旋入的部分稱為陰螺紋（female thread）。有些陽螺紋和陰螺紋的部分兩者都呈錐形，有些只有陰螺紋或陽螺紋呈錐形。

一般的旋緊方式無法確保水密性，所以在螺紋周圍纏繞密封膠帶等薄膠帶，或是塗上密封劑後再旋緊。纏繞密封膠帶時，必須與旋緊方向同向；如果反向纏繞，旋緊時膠帶會脫落。

若希望讓直螺紋具有水密性，必須把密封膠帶纏繞成錐形。最後端的部分纏繞五、六次，愈往前端，纏繞次數愈少。也就是說，用密封膠帶做成圓錐狀，再旋進螺紋。錐形螺紋不容易旋入，常用直螺紋加上密封膠帶，作為接頭。

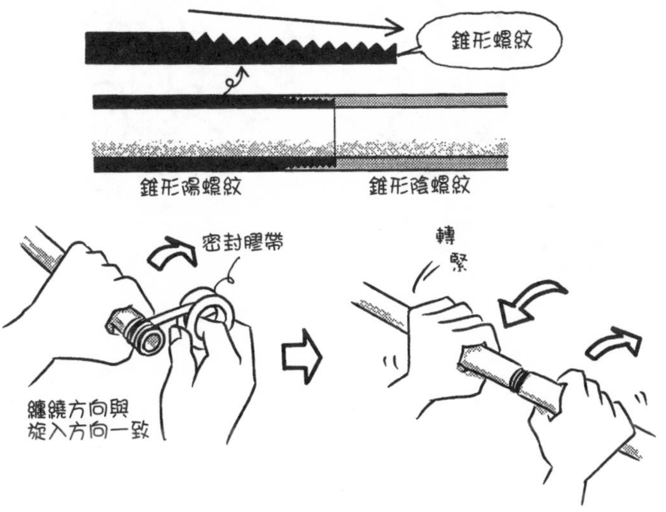

Q 如何接合聚氯乙烯管？

▼

A 在接頭塗上接著劑。

聚氯乙烯管是軟管，太用力旋緊，螺紋山（ridge）容易損壞，變得難以確保水密性。因此，聚氯乙烯管用接著劑來接合。

聚氯乙烯管接合部的圓周全部塗上接著劑，插入接頭（肘管〔elbow，亦名彎頭〕、三通〔tee〕、管套〔socket〕等）。被插入側愈往內部愈小，形成錐形。藉由錐形的接合部與接著劑接合，確保水密性。

以接著劑接合的聚氯乙烯管，無法再把它轉開，只能用鋸子切斷接頭旁邊，進行更換。

鋼管　　　→利用旋緊和熔接（welding）方式結合
聚氯乙烯管→利用接著劑和插入方式結合

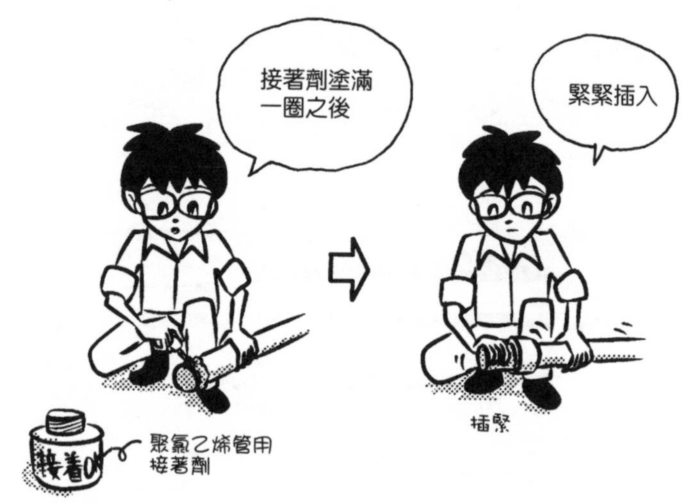

Q 肘管、三通、管套是什麼？

▼

A 如下圖，L型、T型、直線型的接頭。

elbow原意是肘，肘管接頭是像肘部般彎曲連接的接頭。三通是T型的接頭。管套一般是指插入接合部，在配管中是如下圖的直線狀接頭。

鋼管用旋緊螺紋的方式接合，硬質聚氯乙烯管使用接著劑接合。內襯鋼管除了旋緊接合之外，還可以用機械接頭（mechanical joint）和凸緣接頭（flange joint）等。內襯鋼管的接頭，外側是鋼管，內側是硬質聚氯乙烯。

機械接頭不使用螺絲或接著劑，而是用特殊接頭插入後，以螺栓（bolt）固定。凸緣接頭是在管前端部分做成耳狀的緣，用螺栓固定管端的緣（參見R061）。其他接合方式還有熔接和焊接（soldering）。

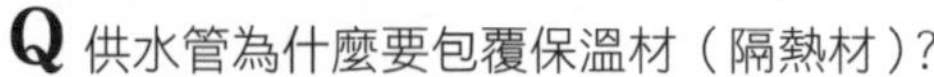

Q 供水管為什麼要包覆保溫材（隔熱材）？

▼

A 預防凍結造成管破裂。

冰比水輕，所以冰會浮在水上。冰來自於水，不過水變成冰時，體積會增加。同量（質量）的水膨脹成為冰，即使體積相同，冰還是比較輕。原因在於分子排列的方式。

排水管只是偶有水通過，所以不會發生問題。供水管經常承受水壓，呈現滿水狀態。如果冬天這些水凍結，體積膨脹，會導致管破裂。為了防範未然，在供水管上包覆保溫材（隔熱材）。

保溫材（隔熱材）使用發泡聚乙烯（polyethylene foam）、玻璃棉（glass wool）等，是含有大量氣泡、不易傳熱的材質。

除了避免凍結，包覆保溫材（隔熱材）還能防止管的表面附著水滴（結露）。這種在冰冷水管表面附著水滴的現象，與裝有冰水的玻璃杯上附著水滴的結露現象，兩者相同。

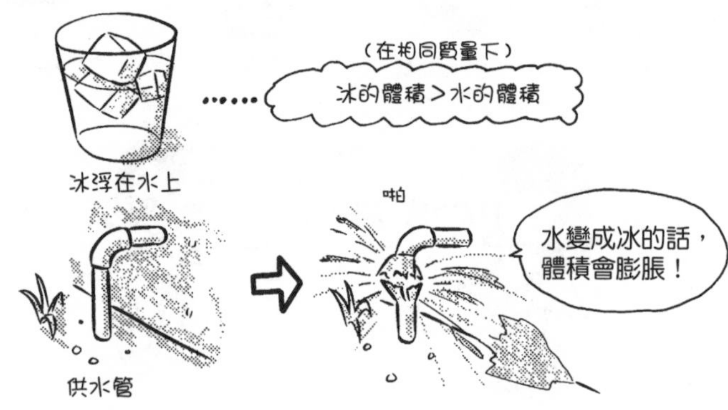

Q 包層是什麼？

▼

A 以包層材料（lagging material）包覆配管。

lagging（包層）是指以包層材料來包覆。雖然用保溫材包覆也稱為lagging，不過通常是用保溫材纏繞之後，再包覆上包層材料，才叫作lagging。

只用發泡聚乙烯等保溫材包覆供水管，雨水會滲入，導致保溫材之間產生縫隙。要以膠帶等物品緊緊纏繞保溫材，防止雨水滲入產生縫隙。

空調室外機（air conditioner outdoor unit）連接冷媒管（refrigerant pipe）時，為了讓熱氣不會外洩，纏繞保溫材之後，再用聚氯乙烯膠帶包層。這種用來做簡單包層的膠帶，是無接著性的專用包層膠帶。只有一開始和最後的部分，是用其他類型的膠帶固定，其他都是用這種包層膠帶纏繞。為了防止雨水滲入，要從下往上纏繞。

發泡聚苯乙烯（polystyrene foam）的保溫材中，有些產品原本就附上外側包層用的聚氯乙烯膠帶。此外，不僅是簡單的聚氯乙烯膠帶，塑膠製和金屬製等的包層材料也可用來做包層。

內襯（lining）　→加在管的內側
包層（lagging）→覆在管的外側

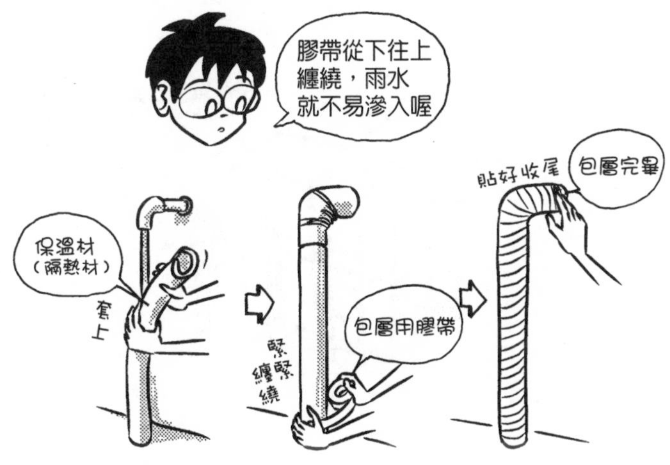

Q 受水槽是什麼？

▼

A 儲存備用自來水的水槽、水塔。

在一般家庭中，水通常是從自來水幹管直接連結到水龍頭（水龍頭出水口等）。除非是位在長距離私有道路深處等水壓較低的地方，一般獨棟住宅不需設置受水槽。

在公寓、大廈、學校、醫院等大型建物，以及三層樓以上的建物，會先在受水槽儲水。這是為了避免使用泵浦或同時用水時，發生斷水。

大型建物和高層建物會利用泵浦加壓送水到末端。如果不設置水塔，讓自來水管直接連結泵浦，水很快就不夠用。

同時使用各處的水龍頭時，直接連接自來水管，水也會不夠用。為了讓即使同時使用也不會斷水，需要受水槽來儲存某種程度的水量。

如字面所示，受水槽就是接受水的水槽，是接受儲存自來水幹管輸送來的水的水槽。這種水槽是從道路下方的自來水幹管引水，作為儲存用水的水槽、水塔，一般而言有別於設置在建物上方的高架水槽（elevated tank）。

自來水管→給水管→水表→受水槽→泵浦→水龍頭

Q 雙槽式受水槽的優點是什麼？

▼

A 清洗時可以一槽進行清洗，另一槽供使用，不必斷水。

自來水公司規定有定期清洗受水槽的義務。如果只有一個水槽，必須斷水才能進行清洗。若是雙槽，一槽清洗期間，還有另一槽供使用，避免斷水。

不僅清洗的時候有益，雙槽式對處理故障也有幫助。一槽故障，還有另一槽供使用，不必斷水就可以修理。因為很少兩槽同時故障，只需要在修理時特別注意不要造成斷水。

就像有兩片肺葉和兩個腎一樣，當一邊無法發揮功能，另一邊多少仍能發揮作用。清洗修理時，就像只有半邊的肺在運作。雖然有些地方設置兩個水槽，但在大水槽中分成兩格的作法，比較省錢。不過除了大型建物，一般並不使用雙槽式。

同理，泵浦類通常並列兩個以上。平常泵浦輪流運轉，防止其中一個停止不動。泵浦停止不動卻置之不理，將導致永久停止運轉。小型建物也會採用並列泵浦的方式。

順帶一提，清洗受水槽是有危險性的。受水槽內部充滿氯氣，毫無防護就進入槽裡非常危險。打開人孔蓋探查內部情況時，必須嚴加注意。此外，消毒時會用**次亞氯酸鈉溶液**（sodium hypochlorite solution），必須穿防護衣保護。

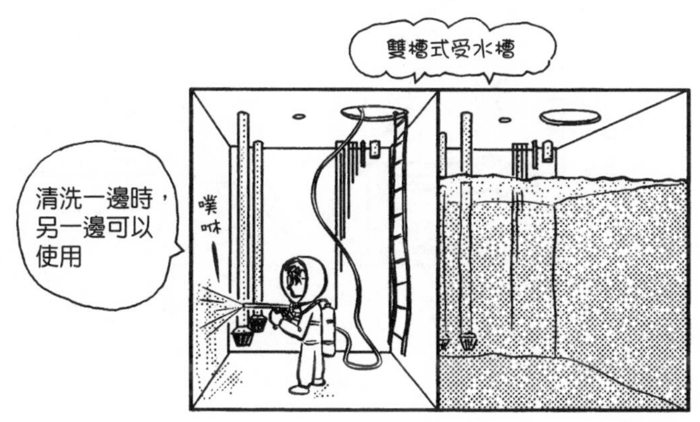

Q 最下層地板下的底坑可以作為儲水的受水槽嗎？

▼

A 禁止設置。

pit是洞、坑窪處的意思。在大型建物中，基礎梁（footing beam）是2～3m的大型建材。在梁與梁之間的空間，作為設備配管等空間使用的，就是地下底坑（pit）、設備底坑的空間。

橫向配管時，若沒有底坑，就變成埋設在地板下方的地裡。如果打算更換配管或修理，必須破壞地板才能進行。鋼筋混凝土造的地板層板，無法輕易破壞，而且毀壞之後那層樓就沒辦法用了。因此，會在地板下預留人可以進入的大空間，橫向配管就是利用地板下的設備底坑。

若有地下室，會滲入地下水。牆壁建為雙層，讓水流向地板下底坑，再匯集到一處坑洞，用泵浦抽水出來。這個坑洞稱為**地下儲水空間**（underground storage space）、**集水坑**（sump pit）、**排水坑**（drain pit）等（參見R063）。擔心地下水滲透或容易增加濕氣時，通常用雙層地板層板，做成底坑。

如此推論，底坑應該方便儲水。然而，禁止利用底坑作為受水槽。因為擔心污水滲透，污染用水。一定要使用FRP（fiberglass reinforced plastic，玻璃纖維強化塑膠）製或鋼製的獨立受水槽，與鋼筋混凝土造的結構體隔離。

Q 高架水槽是什麼？

▼

A 設置於建物高處的水槽，利用重力送水到各處。

中高層的建物，在屋頂或屋頂突出物（penthouse，樓梯間、電梯機房）所設置的水槽，就是高架水槽。因為利用重力送水（重力式供水），這種水槽盡量設置在高處較有利。

在公寓和大廈等大型建物中，常常同時用水或大量使用水。設置高架水槽可以避免因而斷水。

水會送上高架水槽，是利用泵浦。通常在泵浦旁設置受水槽。因此，使用高架水槽系統，必須設置兩個水塔。

使用高架水槽，即使停電，仍可用水到水槽內部的水用盡為止。此外，因為是利用重力，樓層愈高水壓愈弱。

在建物上方設置沉重的水槽，變得頭重腳輕，對建築結構是不利的。由於承受質量 × 地震加速度的力，質量大的水槽必須牢牢固定，否則落下會非常危險。

Q 浮球水栓是什麼？

▼

A 利用浮在水面的浮球來開關的水箱用閥。

ball tap（浮球水栓）的ball是指球、圓形物，tap是旋塞、水龍頭。浮球水栓又稱**浮球閥**（float valve）。float是浮、漂浮物之意。

浮在水面的球稱為**浮球**或**浮子**（float）。水面升高，浮球隨之上升，閥受壓而關閉。如果浮球逐漸上升，閥會漸漸關閉，上升到最高點時，閥完全關閉。隨著浮球上升，水量也漸少。

浮球水栓構造很簡單，特徵是不需要使用電力而自動進行（自動控制〔automatic control〕），以及根據閥的開關程度而依比例改變水量（比例控制〔proportional control〕）。它的缺點在於水面的位置會有誤差。

這種裝置廣泛用於受水槽、高架水槽、馬桶洗淨用等的水箱。打開馬桶的低位水箱（low flush tank）蓋，就可以看到圓形浮球，以及裝置在前端的閥。

在受水槽和高架水槽等大型水槽，僅用浮球水栓來調節水位，不是安全的作法。因此，以主閥（main valve）＋副閥（vice valve）（引導閥〔pilot valve〕）來控制調節，或是用電磁閥（solenoid valve）＋電極棒替代浮球水栓。

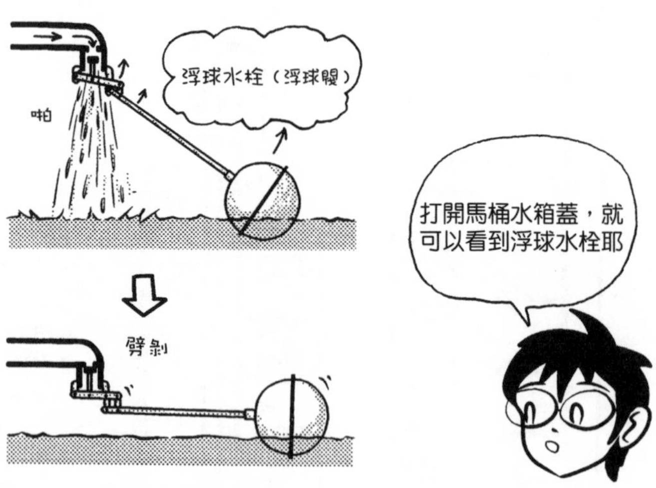

Q 定水位閥是什麼？

▼

A 如下圖，組合主閥與副閥（引導閥），讓水位固定的閥。

pilot是嚮導、前導者之意。引導閥（副閥）是用於測定水位、導引水流的閥。水從引導閥流過時，主閥感應到水流而打開。當引導閥的水停止流動，主閥隨之關閉。換言之，以小水流控制大水流。

小水槽以一個浮球水栓調整水位，大水槽為了增加可靠性而使用定水位閥（float control valve）。主閥主體安裝在水槽外，方便維修和檢查。

此外，為了提高可靠性，引導閥不用浮球水栓，必須改用電磁閥。

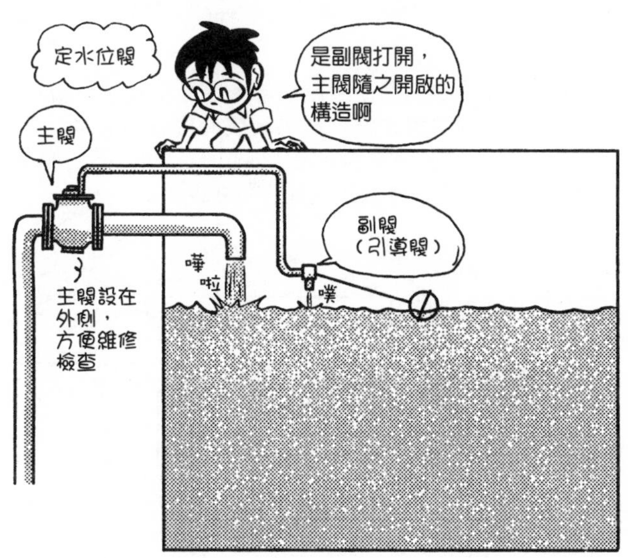

Q 電磁閥是什麼？

▼

A 利用電磁石的作用，以電力控制開關的閥。

如下圖，定水位閥的引導閥常用電磁閥，電磁閥比浮球水栓更可靠。

在水槽中插入電極棒，用電力控制水面位置，確認減水警報、泵浦運轉、泵浦停止、滿水警報。在地線與各電極棒之間，接通微弱電流。當水位下降，電極棒露出水面，電流消失。電流消失時，開關切換為ON或OFF。

這種構造的開關，稱為**液位開關**（liquid level switch）、**液位控制繼動器**（liquid level control relay）、**水位控制繼動器**（water level control relay）等。這是藉由液位開關來控制電磁閥的開關，構造是「電極棒＋液位開關＋電磁閥」。

高架水槽的水位控制也是使用電極棒。當位於樓頂的高架水槽水量減少，電極和液位開關的改變，牽動安裝於樓底的抽水泵浦開關切換為ON，向上抽水；然後等達到一定的水位，泵浦開關切換為OFF。這種設計的構造是「電極棒＋液位開關＋抽水泵浦」。

Q 溢流管是什麼？

▼

A 防止水塔、洗臉盆、浴缸等的水從上方溢出，在某個水位時排水的管。

溢過（over）容器邊緣流出（flow），就是溢流（overflow）的原意。溢流管（overflow pipe）是在尚未超過容量之前，讓水流出的管，防止水溢出到外面。漫水管就是指溢流管，溢流管也可簡稱溢流，或叫**溢水管**。

受水槽和高架水槽為了預防浮球水栓或電磁閥故障而導致水從水塔溢出，事先在某個水位預留溢水的出口。這個溢流管就連接到排水管。

如果直接連接排水管，萬一下水逆流（backflow），水槽的水有遭污染之虞。因此，如下圖，暫時把管分開，向大氣開放，再流入排水管。這種方法稱為**間接排水**（indirect drainage），是保護上水不受污染的重要方法。

溢流管　→防止水溢出到外面
間接排水→防止下水逆流而污染上水

Q 吐水口空間是什麼？

▼

A 如下圖，供水管的吐水口（spout）與溢流緣的垂直距離。

注入上水的器具必定會設置吐水口空間。洗臉盆設有防止水從上緣溢出的溢水孔（overflow hole）。從水龍頭出水口下方開始到溢水孔之間，就是吐水口空間。

注水到水桶時，也必須預留吐水口空間。如果注水時把水龍頭出水口沒入水桶中，水桶裡的污水可能倒流進水龍頭，稱為**逆流**。

受水槽的吐水口與溢流管之間，也必須預留吐水口空間。

溢流管的間接排水部分，預留吐水口空間非常重要。連接污水管時，如果沒有吐水口空間，當污水堵塞，最糟可能逆流進受水槽而污染用水。間接排水的吐水口空間有設定基準值，包括多少mm以上、口徑的幾倍以上等。

Q 從受水槽連接出來的配管接頭為什麼要用撓性接頭？

▼

A 發生地震等事件時，當受水槽的搖晃與結構體部分或地面部分的搖晃不一致，可以保護配管免受損壞。

撓性接頭（flexible joint）又稱彈性接頭。這種接頭讓管可以彎曲轉動、彈性活動，材質包括合成橡膠、不鏽鋼或鈦等金屬，以及兩者合成的產品。金屬製撓性接頭，多用在蛇腹型（bellows type）管。

如果從受水槽連接出來的配管沒有使用撓性接頭，直接連接結構體，那麼當受水槽劇烈搖晃，接續部分會受損。受水槽裡有儲水，所以可能重達數噸。1 m^3 為 1 t，所以 4 m^3 的受水槽約 4 t。地震力是質量 × 地震加速度，所以作用在受水槽上的力大於其他部分。

混凝土結構體上下左右晃動時，如果受水槽使用撓性接頭連接，多少能吸收晃動。

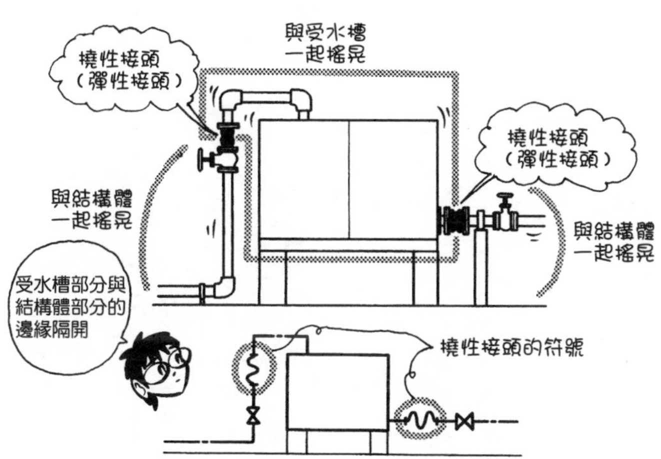

Q 防振接頭是什麼？

▼

A 為了避免泵浦等的振動傳送到配管，像橡膠一樣具柔軟性的接頭。

泵浦為了啟動馬達，難免會發生振動。泵浦的基座（base）夾裝橡膠，防止振動傳送到混凝土結構體。管也必須考慮避免振動傳導。管直接連結泵浦，會出現嗶哩嗶哩的振動，一直傳送到室內的水龍頭。

防振接頭（anti-vibration joint）是合成橡膠製，或者不鏽鋼或鈦等金屬組合而成的接頭，具柔軟性。這種接頭比撓性接頭（彈性接頭）更柔軟，不僅能夠變形，它的結構還能吸收細微的振動。

防振接頭的圖面符號如下圖，在圓形兩側畫線，源自圓形橡膠球夾在中間的形狀。

止回閥（check valve）是防止逆流的閥（參見R057），圖面符號是閃電形；定水位閥是○中畫×；浮球水栓的符號就是本身的形狀。

泵浦的符號以四邊形中記載泵浦機種者居多，不過也有如下圖，以○中畫△的符號表示供水方向。

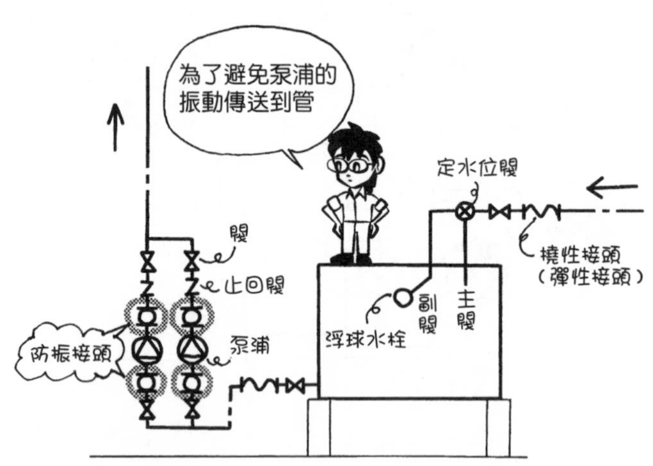

Q 泵浦或受水槽的上流側和下流側為什麼都要安裝閥？

▼

A 更換或維修器具時，可以停止水流。

如果沒有閥，必須從自來水源頭部分（水表前方的止水栓）關水。泵浦、受水槽等器具必須定期維修和清洗。再者，泵浦故障時必須更換。在器具的兩側安裝閥，只要遮斷那個部分的水就可以進行作業。

道路下的自來水幹管，也在各處設有閥，方便進行工程。漏水或災害重建時，只需要部分停水即可進行。

這類地方使用的閥，一般是用**閘閥**，又稱**洩水閥**（sluice valve）。水流時，閥呈現垂直向下，用閘來停止水流，結構原理很簡單。閥打開時，流體阻力小，所以常用來分隔區間。

閘閥的英文是gate valve（成為門的閥），縮寫為GV；止回閥是check valve，縮寫為CV。請記住英文gate valve、check valve。

閘閥　→GV
止回閥→CV

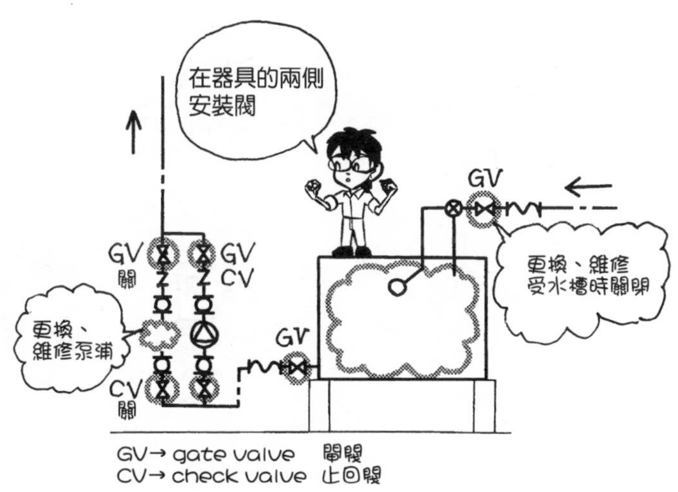

Q 止回閥的圖面符號是什麼？

▼

A 如下圖的閃電形。

止回閥的英文是check valve，縮寫為CV。這裡的check是抑制、阻止之意。

至於圖面符號，普通的閥是兩個相對的三角形合在一起的蝴蝶形；止回閥是連接蝴蝶左右翅膀的上下，呈斜線形、閃電形。

止回閥有兩種，一種是以軸為中心旋轉運動（swing）的旋啟式止回閥（swing check valve），另一種是閥向上移動（lift）的升降式止回閥（lift check valve）。止回閥是使水流單向流動，目的是防止逆流。

止回閥用在許多地方，可以安裝在壓力水槽（pressure tank）前面，防止逆流到受水槽；安裝在泵浦之後，防止逆流到泵浦。此外，止回閥還可防止熱水、蒸氣、污水的逆流等，也常用於供水以外的設備配管。

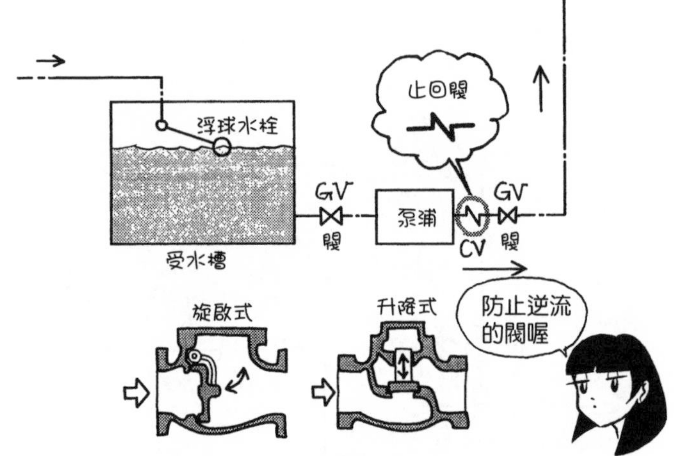

Q 底閥是什麼？

▼

A 安裝在吸水用立管最下方的止回閥。

foot valve（底閥）的foot是腳之意。因為安裝在像腳一樣縱向長管最底部，故名底閥。

在受水槽、排水槽（drain tank）中，插入縱向的管，利用泵浦吸水上來。如果未安裝防止逆流的閥，泵浦關閉時，水會下降回到水槽。此外，也可能抵不過水壓，出現逆流。

底閥的內部結構有各種形式。下圖是依據合葉開關的旋啟式。還有球型底閥（ball foot valve），內部加入樹脂製球體，藉由球體的上下移動來開關。

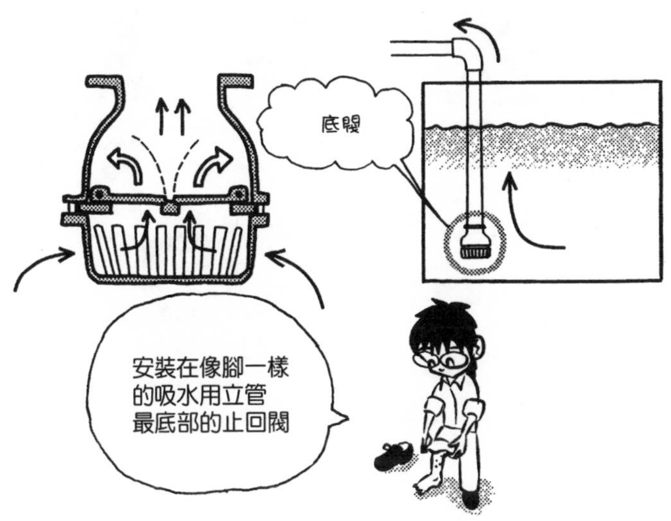

Q 球型閥、角閥、閘閥中的水如何流動？

▼

A 如下圖，球型閥呈S型流動，角閥是直角流動，閘閥是直線狀流動。

球型閥（globe valve）因閥的外形像球而得名。globe是球狀物。

angle是角度，不過建築領域中的angle多指直角（right angle）。角閥（angle valve）可以把流體彎曲為呈直角，因而得名。

閘閥透過閥的向下移動隔開流體，因而得名。因為像個閘門，所以稱為閘閥，常用縮寫GV。閘閥中的水呈直線狀流動，所以是阻力最小的閥。

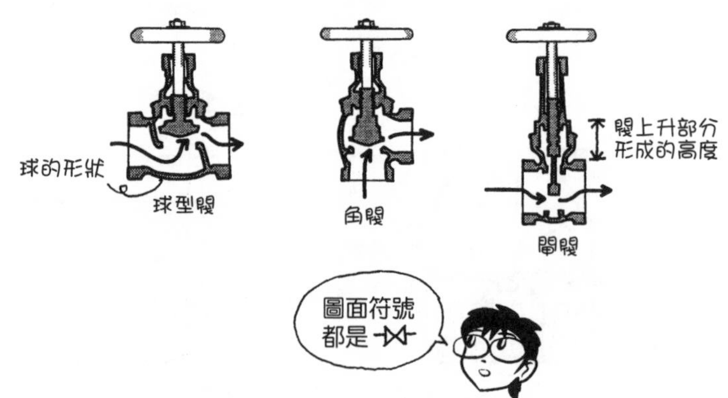

Q 旁通管配管是什麼？

▼

A 如下圖，迂迴配管，讓更換或維修器具更容易。

bypass pipe（旁通管）的by是旁邊的意思，pass是通路、水路之意，bypass就是經過旁邊的通路、水路。雖然常聽到道路的bypass（旁路），但那是指可以繞過混雜市區而行的道路。預設迂迴繞道的路，有利於更換或維修器具。只需關閉器具兩側的閥，開啟旁通管閥，不必斷水也可以作業。

如果缺乏旁通管，進行維修時必須停止整棟建物的供水。如果有器具設置在下方，甚至得抽掉全部的水。

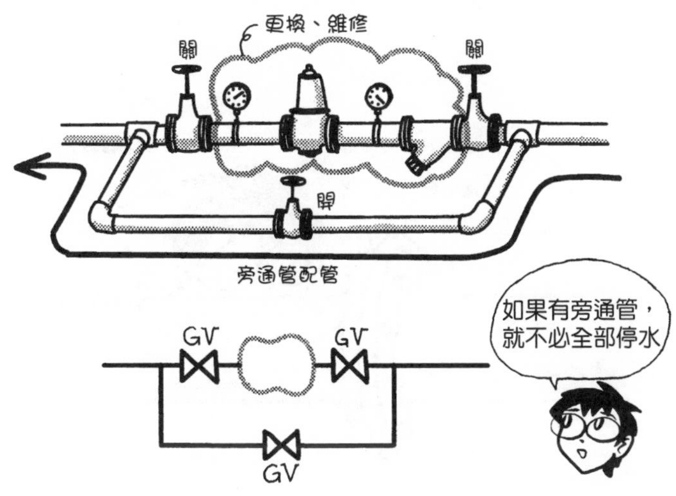

Q 凸緣接合是什麼？

▼

A 如下圖，管的凸緣相互以螺栓接合的方法。

凸緣是指像凸出的耳、邊緣之類的零組件。將螺栓穿過凸緣的孔，再以螺帽（nut）緊密接合。

只用金屬物件相互接合，容易漏水，所以在中間裝入橡膠。這種橡膠稱為**密合墊**（gasket）或**襯墊**（packing）。

配管通常以螺紋接合或接著劑接合，但這樣的接合方式在拆卸時非常麻煩。用螺栓接合的方式，既牢固又確實。

採用凸緣接合時，想要拆除器具進行清潔、更換，只需要鬆開螺栓即可。泵浦或大型閥等必須維修或更換的器具，就會採用凸緣接合固定。

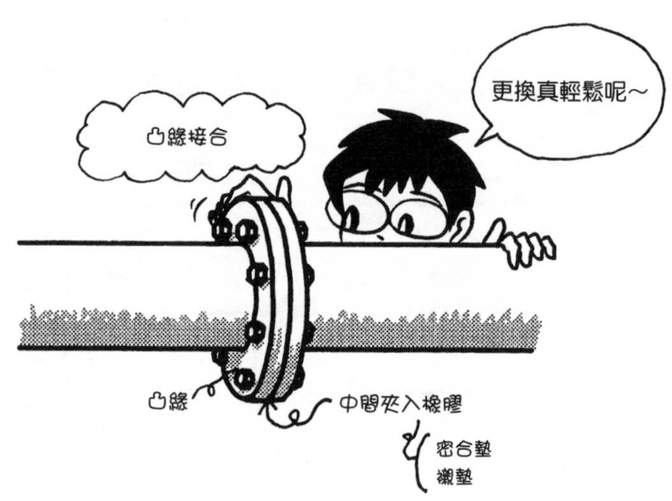

Q 過濾器是什麼？

▼

A 過濾水或水蒸氣中的砂或鐵鏽的器具。

過濾器（strainer）是利用金屬網做成篩網，去除砂或鐵鏽等。除了如下圖的Y型過濾器，還有碗狀的籃式（U型）過濾器。

過濾器必須定期維修，清潔、更換篩網等。因此，才需要設置旁通管，讓水或水蒸氣經由其他路徑通過。

[超級記憶術]

砂透啦

strainer

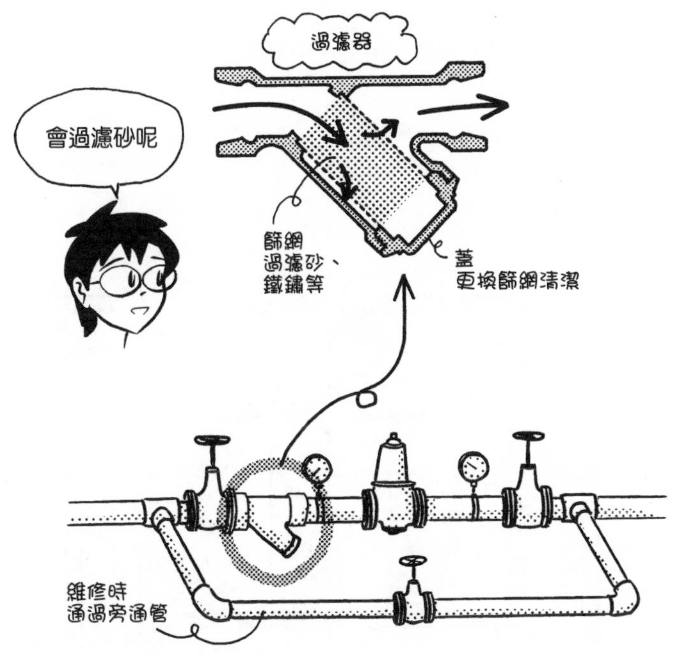

Q 受水槽周圍為什麼要留置空間？

▼

A 為了進行檢查和維修。

受水槽的周圍必須距離牆壁600mm以上，下方距離地板600mm以上，上方距離天花板1000mm以上。上方距離空間較大，是因為必須預留打開受水槽活蓋（hatch）的空間，以便進入槽內。

在地下室等處設置受水槽時，上述尺寸多半已是最低限度。自基本設計階段開始，就必須預先考量放置受水槽的空間和搬入的路徑。

在地面下設置受水槽時，溢流管能夠引流至地下的地下儲水空間。引流至地下儲水空間時，溢流管必須採間接排水，中段部分向大氣開放。

地下儲水空間是收集滲透入結構體（鋼筋混凝土牆壁等）的地下水的小水槽，又稱集水坑、排水坑。在地下儲水空間的水中設置泵浦，到達一定水位時，就會抽水。設置兩台水中泵浦，交互運轉，即使一台故障，另一台仍能運轉。

受水槽設置於屋外時，以柵欄圍繞，並在門上上鎖，以防惡意破壞。受水槽與柵欄之間，必須距離600mm以上。小型建物有時會省略柵欄。

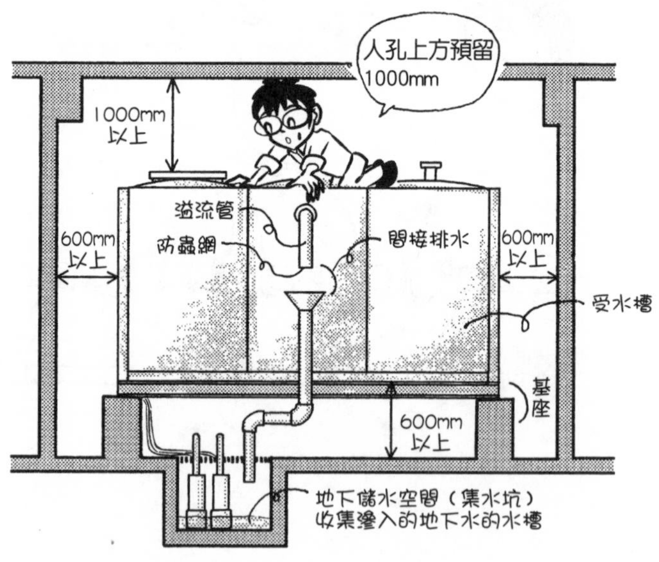

Q 自來水的直壓直結式、增壓直結式是什麼？

▼

A 直接連結自來水幹管，以原本的水壓抽水的方式，稱為直壓直結式（direct connection without pressure regulation，亦名直接抽水式）；水壓不足時，在中間安裝增壓泵抽水的方式，稱為增壓直結式（direct connection with pressure booster）。

一般的獨棟住宅幾乎都是自來水直壓直結式。若是兩層樓建物，採用直壓直結式的水壓和水量都已經夠用。

三層樓以上的建物，使用水量較多時，直接連結自來水管經常出現水壓不足。這時要安裝施加水壓的泵浦抽水。這種泵浦稱為**增壓泵**。

電視天線的信號微弱時，必須利用稱為booster的增幅器。boost是增加、提高的意思，也常用在建築設備以外的領域。

相較於直壓式，增壓式中間安裝了泵浦，具有供水壓力維持穩定、少有變化的優點。

直壓直結式是直接從自來水幹管抽水上來，有時會導致鄰近自來水管出水不良。隨地方不同，有些地方不許可採用這種方式。這時只需要設置受水槽，安裝泵浦，就能解決問題。

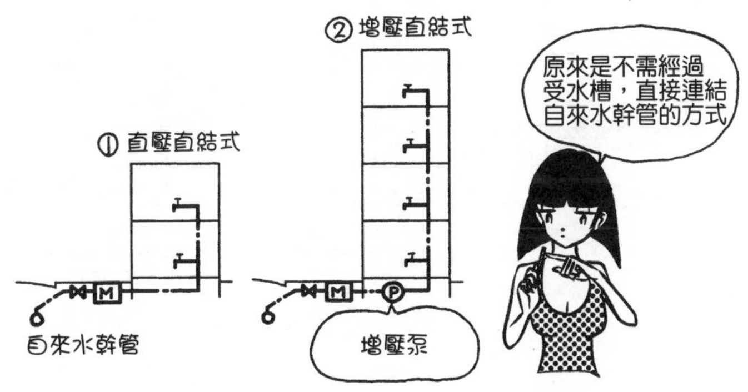

Q 壓力水槽是什麼？

▼

A 如下圖，利用空氣的壓力推水向上的水槽。

若水槽內部的空氣壓下降，會自動從泵浦抽水進來。水送進水槽，水位上升，空氣被壓縮，空氣壓升高。運用這個空氣壓，把水推出去。

為了避免水向受水槽方向逆流，安裝止回閥，讓水只能單向流動。

空氣會溶於水中，所以在空氣中安裝輸送空氣的機器。這種機器稱為**壓縮機**（compressor）。

中型規模的大廈等會使用壓縮機，不過停電時完全無法送水，導致無水可用。

運用壓力水槽的供水方式，稱為壓力水槽式、壓力水槽供水式、壓力供水式、氣壓供水式等。

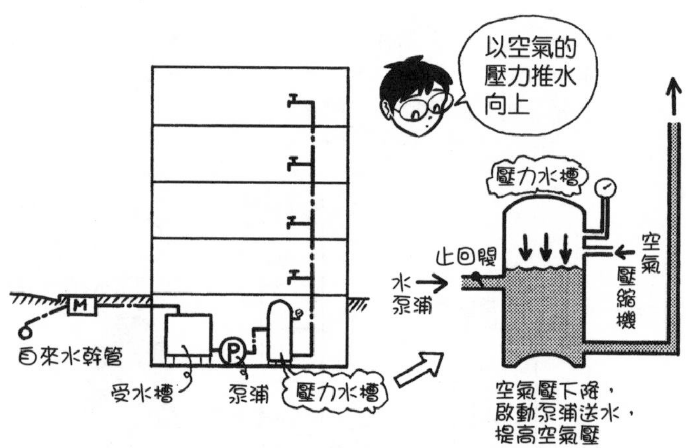

Q 使用受水槽的供水方式是什麼？

▼

A 如下圖，有①高架水槽式、②壓力水槽式、③泵浦直接供水式（無水槽式，增壓式）。

泵浦直接供水式是連接並列數個泵浦，以該水壓直接供水至各個水龍頭。雖然也稱為**無水槽式**，但只是沒有設置高架水槽，仍然必須裝設受水槽。

泵浦直接供水式是以泵浦提高水壓（增壓），所以又稱**增壓式**。泵浦的功能愈來愈精良，所以愈來愈多建物採用直接供水式。

抽水到高架水槽的泵浦等，最少也必須並列安裝兩台。一台故障時，另一台仍可運轉，或是因為兩台同時轉動可增加水量等。通常是輪流運轉，無論哪一台停止轉動，仍能供水。

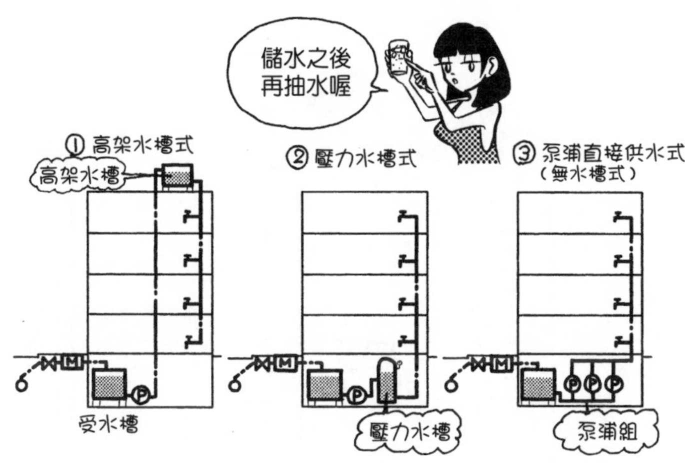

Q 設置高架水槽的高樓建物屋頂位置過高怎麼辦？

▼

A 如下圖，用減壓閥（pressure reducing valve）降低水壓，或在中間樓層設置水槽。

高架水槽式是利用重力供水。若是二十層高樓，低樓層的水壓過強。打開水龍頭，水會噴灑而出，不易使用。因此，必須採取對策，在供水路徑中間安裝降低水壓的**減壓閥**。

減壓閥是利用彈簧的力等降低水的壓力的閥。在立管中段安裝減壓閥，降低減壓閥下方的水壓。有時會在各樓層各安裝一個減壓閥。

減壓閥的圖面符號是，閥的符號加上pressure reducing valve的R。請一併記住。

分割水槽或設置中間水槽，也是有效的解決方法。例如二十層高樓，可以每十層樓配置一個水槽。

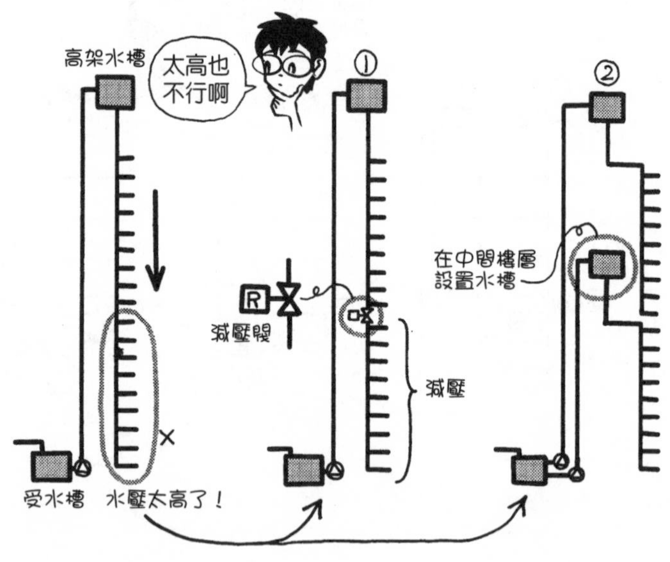

Q 套管集管器工法是什麼？

▼

A 如下圖，將套管（casing pipe）集中於集管器（header，又稱管頭箱），然後再裝進供水管的配管工法。

套（casing）和刀鞘一樣，是裡面裝入某種東西的筒。套管是樹脂製，可彎曲。header（集管器）取head（頭）之意，這裡指安裝在配管的頭（管端）的器具。從集管器分歧之後，以一對一方式，把水管連接到各個水龍頭。

首先，將套管配置在地板下。有些是埋管在混凝土中。套管配置到集管器之後，中間裝進供水管。裝進去的供水管，再接續到集管器。集管器成為供水的集中分歧區。

供水管是用可隨意彎曲的聚乙烯管（polyethylene pipe）。聚乙烯管的正確說法是交連聚乙烯管（crosslinked PE pipe），以聚乙烯分子隨處結合，就是交連聚乙烯。有些聚乙烯管會纏繞消音膠帶。

供水管是後來才裝進去，不必擔心進行內部裝潢工程時被釘子貫穿。更換水管時，不必破壞地板就能輕鬆進行。因為這種作法形成雙層管，也可以避免結露。

熱水管是用與供水管不同的集管器分歧，輸送到各處的熱水供水部分。在慣例上，供水套管是藍色，熱水套管紅色，循環熱水套管（洗澡水追加加熱、地板供暖〔floor heating〕等）綠色。

套管集管器工法（casing pipe header system）多用於分售公寓。雖然成本比普通配管高，但優點是維修方便。集管器可設置在壁櫥的地板下等處，並在地板下裝設檢查口（inspection door）。

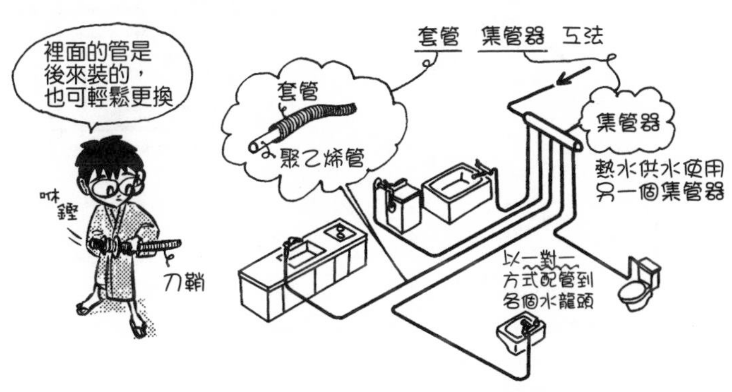

Q 交叉連接是什麼？

▼

A 供水管的上水與污水、雜排水、雨水、雜用水（中水）、井水、消防用水等混合的情形。

污水、雜排水與上水直接連結（直接交叉連接〔direct cross-connection〕）的情形並不常見，不過自來水管接近真空狀態時，就可能發生吸取污水（逆流）、從污水管漏出的污水滲入受水槽中等間接交叉連接（indirect cross-connection）。

預防間接交叉連接的作法很多，包括以**真空斷路器**（vacuum breaker）等避免發生真空、在水龍頭出水口等處設置吐水口空間（水的出水口與溢流緣之間的高度），或是在排水管中途阻絕排水管的間接排水，或是受水槽上方不接通排水管類等。

真空斷路器（直譯是破壞真空的裝置）是供給空氣到管中，促進水的流動，防止真空的器具。換言之，就是破壞真空、破壞負壓，防止逆流。馬桶沖洗閥（flush valve）旁邊安裝了真空斷路器，可以在馬桶旁看到。

井水的水質隨時變化，所以不能直接與自來水幹管的上水連接。此外，消防用水的配管和使用方法也不同，不能連接上水。為了防止這些水流向上水，必須安裝成單向流動。僅安裝止回閥，雖然水不會逆流，但有細菌侵入之虞，必須嚴加注意。

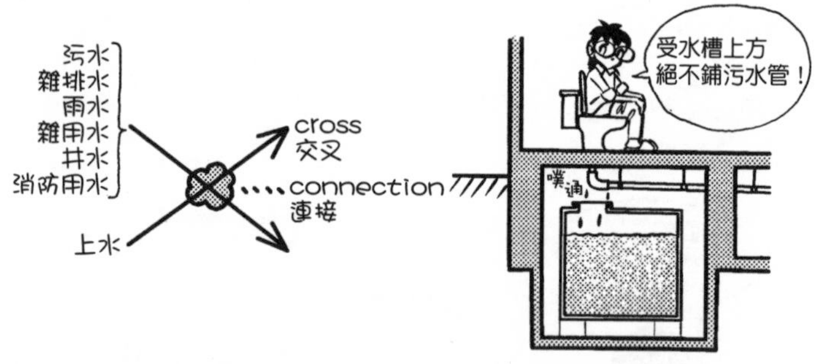

Q 水鎚是什麼？

▼

A 水流突然停止時，對管內造成衝擊、發生振動的現象。

水鎚（water hammer）是指水像鐵鎚一樣撞擊水管，又稱**水擊作用**。

水幾乎不收縮，所以水流突然停止時，水的運動能量變成水的壓力。這個壓力波（pressure wave）在管內來來回回，在管的各處發出「鏗鏗」、「鏘鏘」、「砰鏗」等聲響。不只是發出聲音，長時間下來，這個壓力波還會逐漸損壞管的本體。這種現象也發生在水流急速流動時。

最近一般家庭也多採用單桿混合龍頭（single lever mixer tap），與轉動控制的水龍頭不同，壓下桿子急速停止水流，容易發生水鎚現象。

為了防範水鎚現象，必須避免水壓急速變化，也就是適當紓解水壓。可以在水管安裝氣囊型水鎚吸收器（airbag style water hammer arrestor）、蛇腹型水鎚吸收器（bellows style water hammer arrestor）、水鎚防止用止回閥等。單只慢慢關閉水龍頭，就能防止水鎚。

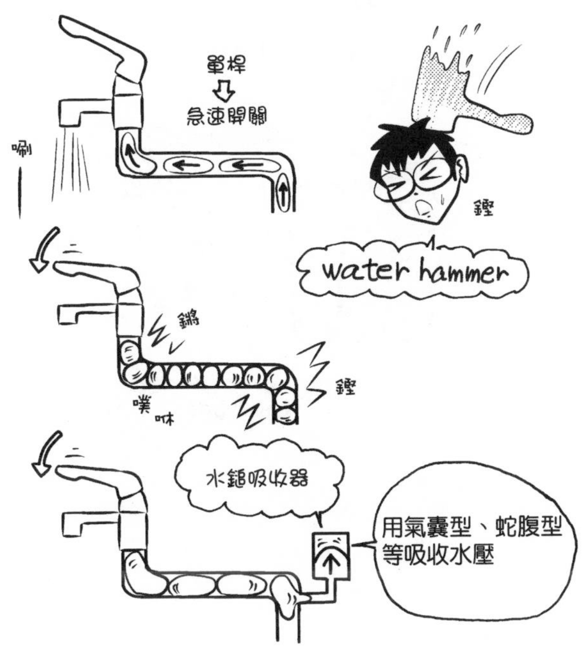

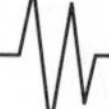

Q 獨棟住宅、集合住宅等住宅的每人每日用水量是多少？

▼

A 約使用300ℓ。

每人每日約用水300ℓ。使用水量的排序是洗衣＞烹調＞洗澡＞如廁＞洗臉、洗手。

單位寫法，每天是「/day」或「/d」，每人每日是「/day・人」或「/d・人」。住宅每人每日用水量是200～400ℓ；旅館客房用水較浪費，約增加100ℓ，每人每日用水量約為300～500ℓ。

住宅的用水量＝每人每日約300ℓ
（300ℓ/day・人）

Q 受水槽的容量為什麼只有一日供水量的二分之一？

▼

A 水槽裡的水如果殘留好幾天沒用，殘留氯（residual chlorine）消失，這些水就變成不適合飲用。

如果殘留氯消失，無法滅菌、殺菌，水會受到細菌等污染而腐敗。這種水稱為**死水**（dead water）。

為了不造成死水，必須讓水經常維持流動的狀態。使用的受水槽太大，水殘留好幾天沒用，就會變成死水。

為了避免成為死水，受水槽選用一日供水量二分之一或四小時用水量的容量，高架水槽選用十分之一或一小時用水量的容量。

如果自來水水龍頭等長時間不用，供水管中的水也會成為死水。此時，把水排放一段時間，排掉舊水，直到流出新水。供水配管、熱水配管的分管盡頭部分，容易成為死水，必須特別注意。請避免水靜止不流動，保持水經常流動比較安全。

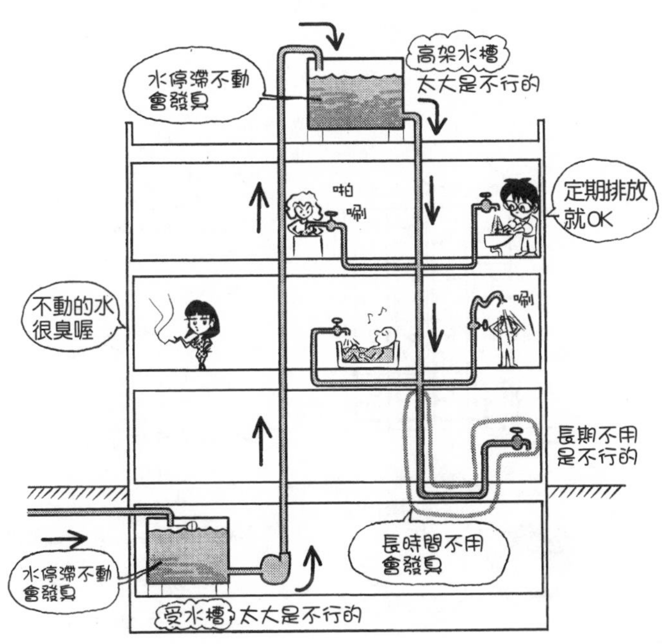

Q 15間個人套房式公寓的受水槽所需容量是多少？

▼

A 根據一日供水量計算，如下圖，約2.25m^3。

住宅中每人每日約消費300ℓ的水。然而，使用量人人不同，是以大約的數值300 ℓ來計算。

個人套房15間，所以是15人。300ℓ/d．人×15人＝4500ℓ/d，一日用水4500ℓ。那麼，4500ℓ等於多少m^{3}呢？1ℓ＝1000cc，cc和cm^{3}相同。

因1cm＝（1/100）m，故1cm^3＝（1/100）^{3}．m^3
得出，1ℓ＝1000cm^3＝1000．（1/100）^{3}．m^3＝1/1000m^3

4500ℓ就是4500．（1/1000）m^3＝4.5m^3。受水槽容量以一日使用量約一半為基準。如果受水槽太大，停滯不動的水一直殘留在那裡，就會發臭，甚至可能成為死水。因此，受水槽的容量＝4.5/2＝2.25m^3。

計算得出2.25m^{3}的容量，所以選用大小為3m^3、有效水量為2.4m^{3}的受水槽產品。水槽不能裝得滿滿的。3m^{3}的水槽容納的水約2.4m^3。

除了上述計算方式，還可以考慮四小時供水量、同時使用時的供水量等，以此決定受水槽的容量。

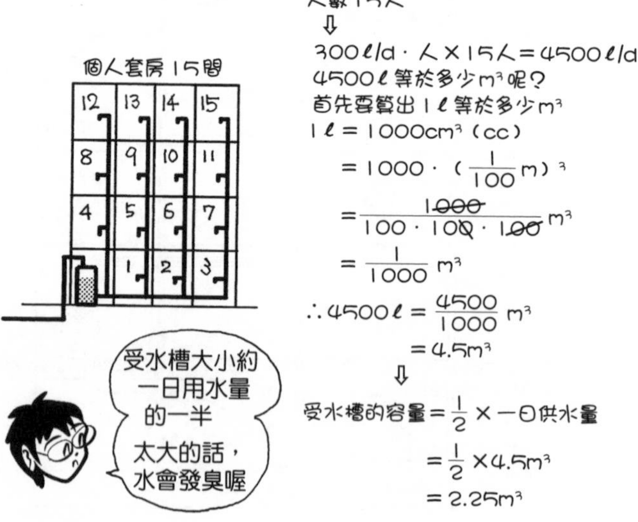

Q 水龍頭的陀螺是什麼？

▼

A 放入水龍頭中的陀螺狀襯墊。

如下圖，水龍頭的陀螺是指陀螺狀的襯墊，又稱**陀螺水龍頭**、krippen等。krippen是荷蘭文，指控制水的物件。

如果只有圓盤襯墊，襯墊的芯容易與水龍頭芯錯開。因此，在加裝稱為**主軸**（spindle，轉動的心軸）的心軸（mandrel）金屬零件中，裝入內置襯墊（橡膠）的陀螺，就不容易鬆脫。

陀螺由黃銅製底座和襯墊組成。拆卸螺帽就能只更換陀螺，不過陀螺本身很便宜，所以通常整個更換。

即便旋緊水龍頭，水仍不斷滴滴答答流出時，就必須更換陀螺。首先，在水表處關水。拆除手柄（handle）頂部的小螺絲（vis），再拆開手柄（①②）。

拆掉手柄下的螺帽③，可以看到襯墊和墊圈（washer）（④⑤）。取出襯墊和墊圈後，再拆下主軸（⑥），便能看見水龍頭內部的陀螺心軸（⑦）。用鑷子等工具取出心軸。在那裡放入新的陀螺，轉入主軸。

建築系學生一定要嘗試更換自家水龍頭的陀螺，才能充分了解水龍頭的構造。

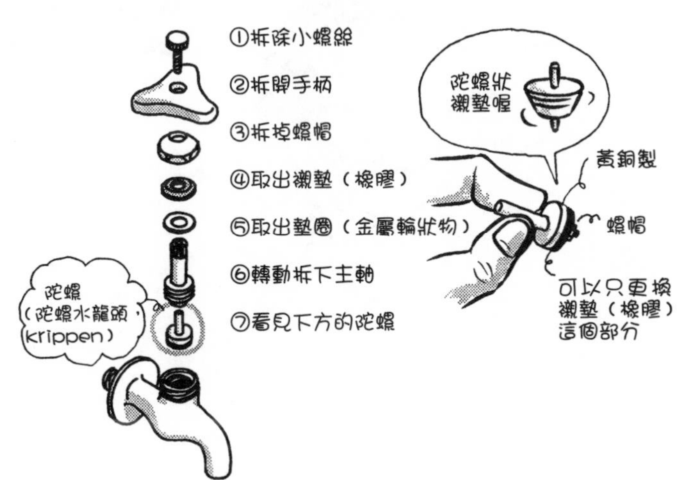

Q 節水陀螺是什麼？

▼

A 如下圖，限制流量的陀螺狀襯墊。

安裝普通的陀螺（krippen，陀螺狀襯墊），水龍頭從90度轉到180度時，流量會急遽變大。使用節水陀螺，水量緩緩增加。

節水陀螺是將襯墊的部分形狀做得略大，水龍頭剛打開從90度轉到約180度時，可降低約50%的流量。一般應可達到約20%的節水效果。

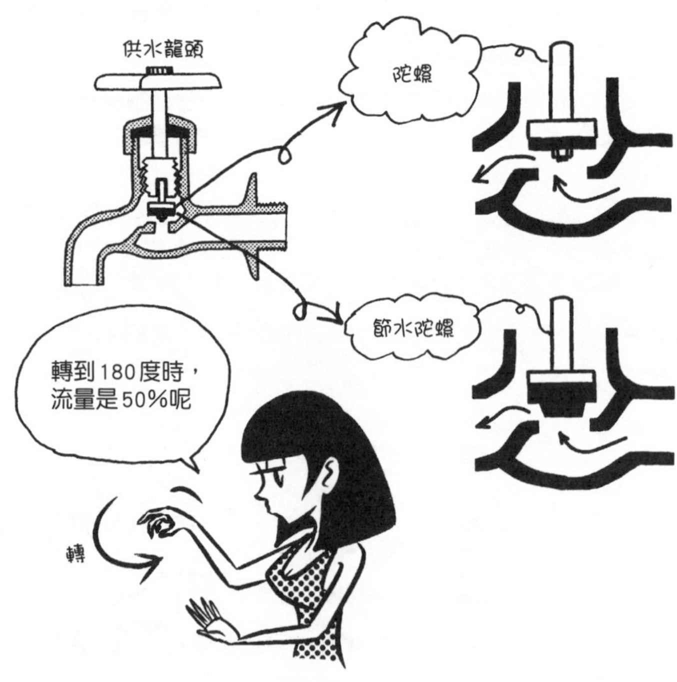

Q kraan是什麼？

▼

A 即供水龍頭。

kraan是荷蘭文，和英文的crane同義，都是鶴的意思。由於水龍頭與鶴的頸部形狀相似，所以又稱kraan。

重型機器的起重機（crane）也是源自英文crane（鶴）。起重機伸臂的形狀就像鶴頸，因而得名。順帶一提，水龍頭的英文是tap。

瓦斯龍頭也稱為gas kraan。供水龍頭的圖面符號是圓形加上手柄記號，瓦斯龍頭則是圓形加上十字的瓦斯噴口記號。供水管是一點鏈線，瓦斯管則在線中寫G。請一併記住。

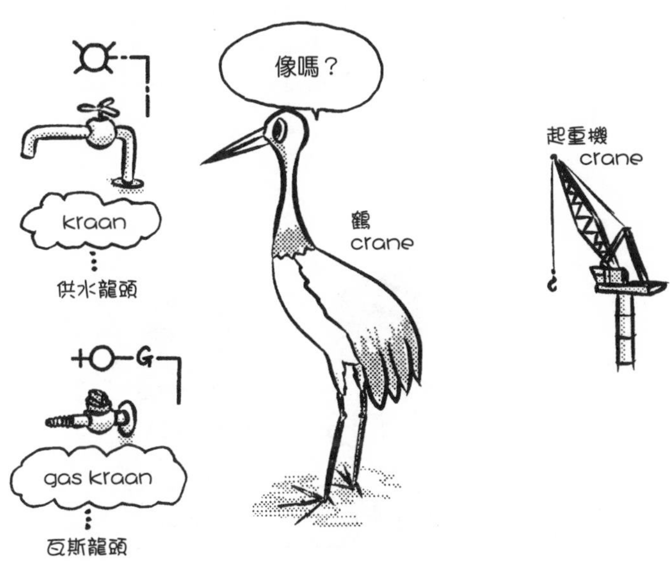

Q 雙柄混合龍頭、單桿混合龍頭是什麼？

▼

A 混合熱水與冷水的混合龍頭，如下圖，有兩個手柄的水龍頭和有一個桿子的水龍頭。

混合熱水與冷水的水龍頭，稱為**混合龍頭**（mixer tap）或**混合水龍頭**。混合龍頭中，最具代表性的兩種是雙柄混合龍頭（two handle mixer tap）和單桿混合龍頭。熱水和冷水分別以不同手柄調整的是雙柄混合龍頭。這種龍頭不容易同時調整熱水溫度和水量。

經過設計改良的是單桿混合龍頭。左右轉動可調整溫度，上下移動可調整水量。現在廚房使用的混合龍頭主流是單桿混合龍頭。

混合龍頭的符號是把圓形的手柄記號二分成左右，左邊是黑色的熱水龍頭，右邊是白色的供水龍頭。在實際的工程中，慣例也是把熱水安裝在左側。熱水管的符號是在線上加上垂直交叉的短線，供水管的符號則以一點鏈線表示。器具的指定用型號進行。

相較於混合龍頭，只供應冷水或熱水的水龍頭稱為**單水龍頭**（single tap）。此外，隨著安裝水龍頭的位置，區分為壁式（wall mounted）和附缸式（deck mounted）。下圖是附缸式水龍頭。

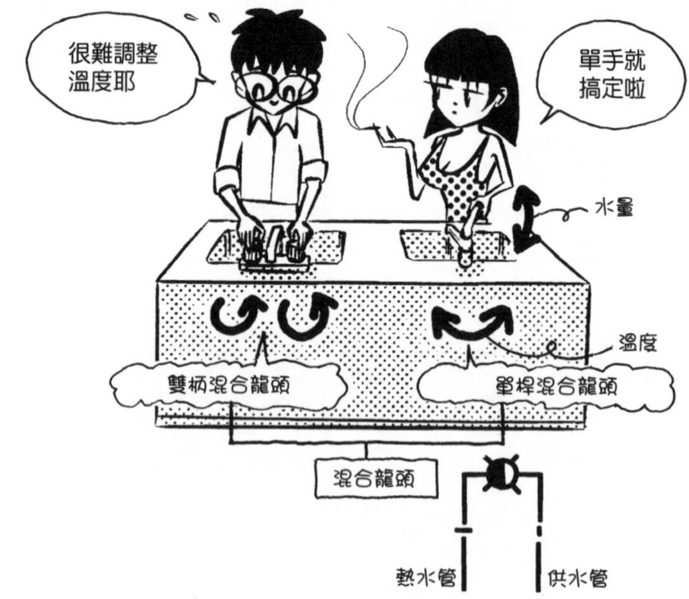

Q 恆溫型混合龍頭是什麼？

A 如下圖，可自動調整溫度的混合龍頭。

恆溫器（thermostat）是使用形狀記憶合金（shape memory alloy）〔編註：一種在加熱升溫後能完全消除其在較低的溫度下發生的變形，恢復其變形前原始形狀的合金材料〕的彈簧等，自動混合熱水與冷水，以便設定溫度的器具。恆溫器會感應溫度，自動調節改變混合比例。

淋浴時，水過熱會燙傷；不冷不熱，又無法溫暖身體。於是有了內建恆溫器的混合龍頭（恆溫型混合龍頭〔thermostatic mixer tap〕），以解決這個困擾。

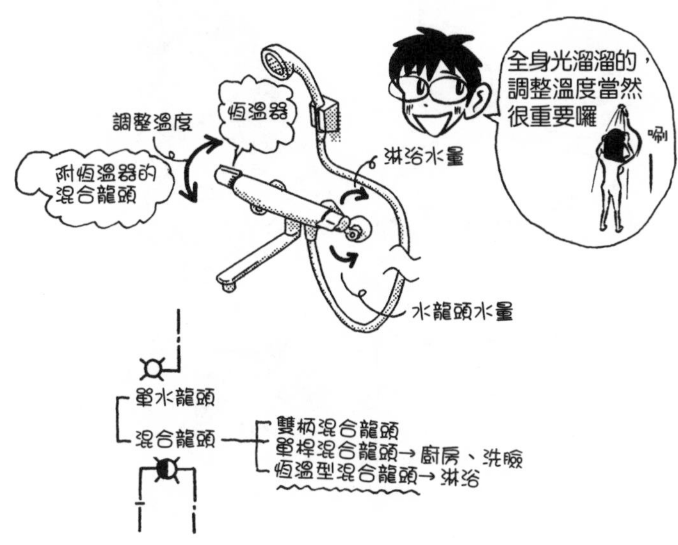

Q 自由栓龍頭是什麼？

▼

A 如下圖，長吐水口部分可以橫向轉動的水龍頭。

水龍頭部分較長且可轉動的水龍頭，稱為自由栓龍頭（flexible tap）。由於出水位置可以「自由自在地」改變，因而得名。頸部較短的水龍頭若也能轉動，亦稱自由栓龍頭，或直接叫作**自由栓**。

從牆壁橫向突出型態的水龍頭，稱為**壁式水龍頭**或**橫式水龍頭**。從廚房或洗臉台的台面上，向上（縱向）凸出型態的水龍頭，稱為**附缸式水龍頭**或**立栓**。這是根據水龍頭的安裝位置來分類。請一併記住這些詞彙。

Q 吐水口旋轉龍頭是什麼？

▼

A 如下圖，短吐水口部分可以縱向轉動的水龍頭。

吐水口旋轉龍頭（tap with rotary spout，日文原名直譯為「萬能龍頭」）的長度不像自由栓龍頭那麼長，可旋轉的吐水口較短。吐水口朝下時是普通的水龍頭，吐水口朝上方便飲用，也能朝向橫向。

因為有各種各樣的用法，所以稱為萬能。由於使用方式廣，常作為學校的水龍頭。自由栓龍頭常用在廚房，吐水口旋轉龍頭多用於盥洗。

雖然工程現場常聽到自由栓龍頭或吐水口旋轉龍頭的說法，不過圖面上是標示廠商的名稱和型號。

Q 附接頭龍頭是什麼？

▼

A 如下圖，裝有連接軟管用金屬零件的水龍頭。

tap with coupling（附接頭龍頭）的coupling（接頭）原意是成雙成對，延伸為結合、連結、連接等裝置之意。附連結裝置的水龍頭，就是有連結軟管的金屬零件的水龍頭。

這種金屬零件有凹凸，一旦插入軟管，不易拔出。瓦斯龍頭前端也有同樣的凹凸。

此外，還有能夠輕鬆轉動、拆卸容易的螺帽。這個螺帽和軟管用接頭是不同的金屬零件，不必拔掉軟管，也能轉動螺帽。

軟管要裝到金屬零件上，費力又麻煩，但在軟管上裝金屬零件，利用金屬零件，就能輕易套到水龍頭上。只需要將金屬零件套到水龍頭出水口，轉動螺帽即可。

灑水龍頭（sill cock）是用於庭園或車庫等連接軟管的水龍頭，因為常用於灑水而得名。為了方便拆卸灑水龍頭和軟管，一般會附上接頭。

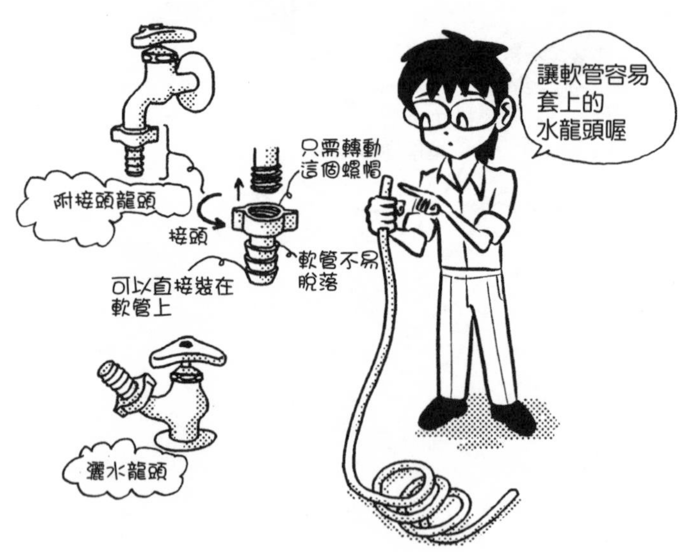

Q 洗衣機龍頭是什麼？

A 如下圖，內建當軟管脱落會自動關水的閥的水龍頭。

洗衣機龍頭（washing machine tap）經常處於開啟狀態，隨時可以供水這一點，是與其他水龍頭不同的地方。由於常處於水通過的狀態，一旦軟管脱落，水流滿地。

因此，在吐水口安裝軟管脱落會立刻關水的緊急止水閥（自動停止裝置〔autostopper〕）。緊急止水閥有一個樹脂製的突起，裝入軟管時，這個突起一起受到擠壓，內部的閥就會打開。一旦軟管脱落，這個突起同時鬆落，內部的閥就會關閉。

這個小突起一般稱為**nipple**。nipple的原意是乳頭。在機械或器具上，乳頭狀突起、螺紋接頭、突出部分等，都稱為nipple。

只需要更換吐水口旋轉龍頭或附接頭龍頭的吐水口頸部部分，搭配洗衣機用的突起部分，以及軟管用零件，配對使用即可。通常只需壓入，聽到「喀嚓」聲就完成了。

除了自動停止裝置，還有防止軟管逆流、安裝止回閥的洗衣機龍頭。這是為了防止上水受到污染。此外，洗衣若需要使用熱水時，也有連接混合龍頭的洗衣機龍頭。

Q 離心泵是什麼？

▼

A 如下圖，利用運用葉輪（impeller）的轉動，將從中心處吸入的水排出外側（離心側）的力，來加壓的泵浦。

水從葉輪的正中央進入，轉動葉輪。轉動時，迫使水排到外側。利用這個向外的力，也就是離心方向的力＝離心力，提高水壓。這就是離心泵（centrifugal pump）的原理。

葉輪形成渦形（volute），稱為**渦形泵**（volute pump）。

葉輪外側安裝擴散器（diffuser），稱為**擴散泵**（diffuser pump）、**渦輪泵**（turbine pump）。diffuser 是擴散之意，turbine是渦輪的意思。

離心泵→渦形泵
　　　→擴散泵（渦輪泵）

渦形泵能輸送大量的水量，但揚程（head，水揚升的高度）很小。從這點可知，擴散泵的優點在於送水壓。盡量多段重疊使用擴散泵，可以進一步提高揚程。

Q 泵浦的揚程是什麼？

▼

A 如下圖，泵浦揚升水的高度。

揚程的「揚」是提高（上升），「程」是程度。泵浦揚升水的程度，就是提升的力之意。

在下圖中，從受水槽水面到高架水槽上方管的中心線的高度是18m，這就是泵浦的揚程。實揚程（actual head）是實際高度、實際揚程之意。

18m水的高度，也可換算為水的重量。水1cm^3（1cc）為1g，1m^{3}有1t的重量。記住水的重量比較方便。

無論是比重（specific gravity）或比熱（specific heat），原本都是和水比較的單位。比重1.5是指水重量的1.5倍，比熱1.5是指水比熱的1.5倍。

假設管的斷面面積是100cm^2。18m的水柱（water gauge）重量是100cm^2 ×1800cm×1g/cm^3 = 180000g。斷面面積100cm^2、高18m的管的下方，受180000g的重量作用。

180000g是每100cm^2 的重量，所以每1cm^2 是180000÷100 = 1800g/cm^2。這就是水壓。壓力是以每1cm^{2}或每1m^{2}的力表示。這裡的g，正確地說是gf或g重，指地球牽引1g質量的力，也就是重力。

說揚程18m時，意指泵浦能對抗1800g/cm^{2}的水壓抽水的力。

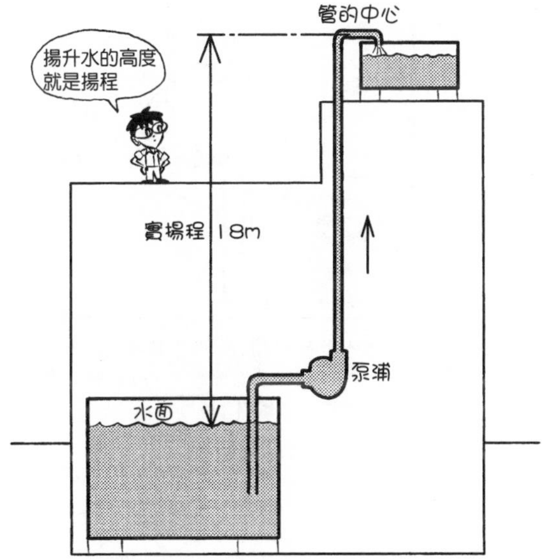

Q 全揚程是什麼？

▼

A 實揚程加上摩擦壓力（frictional pressure）、出水壓力（discharge pressure），也就是泵浦的必要壓力。

實揚程是泵浦揚升的水面高度差。

然而，只揚升水柱是不夠的，管內的水需要用某種程度的速度促進流動。水擦撞管的內側流動時，發生摩擦阻力、摩擦壓力。泵浦要有足以對抗摩擦的必要壓力。

此外，出水時的出水壓力也是必要的。如果只是把水送入高架水槽，不需要太大的水壓，但如果直接連結淋浴設備，必須略加水壓。只是抽水的抽水泵浦，與直接連接水龍頭的供水泵浦，必要壓力是不同的。

支撐水的壓力（實揚程），加上摩擦壓力和出水壓力，三者的和就是泵浦的必要壓力。全部揚程的和，就是全揚程（total head）。

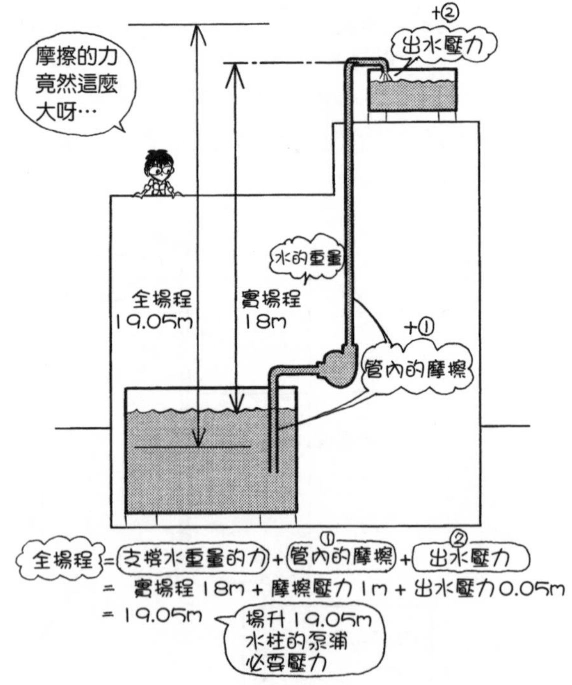

Q 泵浦的特性曲線（性能曲線）是什麼？

▼

A 如下圖，以水量為橫軸、揚程等性能為縱軸，表示泵浦性能的曲線。

特性曲線（characteristic curve）、**性能曲線**（performance curve），通常是表示機器性能變化的圖形。這是以橫軸為量、縱軸為性能評價指標的圖形。機器隨著處理量不同，性能會改變，這時必須利用這種圖形。

以泵浦的例子來說，可以把水揚升的高度，也就是揚程，以及效率（efficiency）、軸馬力（shaft horse power）等，進行性能評價，描繪出曲線。這裡的效率是指，泵浦軸馬力的百分之幾成為水馬力（water horse power）的比。

下圖左是從**效率曲線**（efficiency curve）達最大的點，求最大效率時的揚程。下圖右則是從實揚程上所畫的**阻力曲線**（resistance curve）與揚程曲線（head curve）的交點，求全揚程。運轉點（operation point）是指泵浦實際運轉的點。阻力曲線隨著配管、閥的調整、出水壓力等而改變。阻力曲線的摩擦損失（friction loss）中，也包含出水壓力。

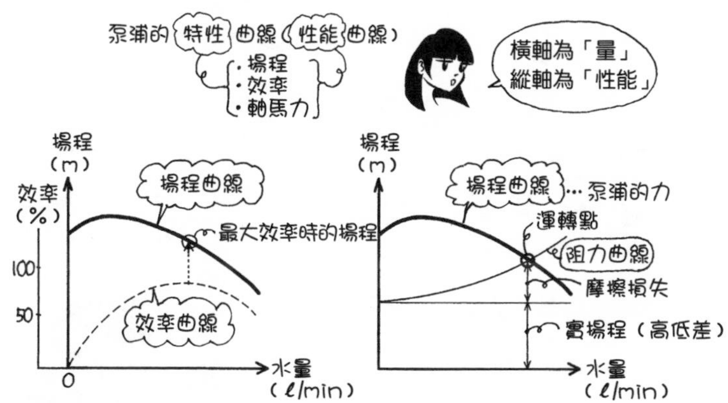

Q 質量100g的小蘋果所受重力是多少？

▼

A 100gf＝0.1kgf≒1N。

談到水壓和氣壓，絕對無法避談Pa（帕，Pascal〔帕斯卡〕）、N（Newton，牛頓）等。先從牛頓談起。

質量是物體慣性的量度。力的定義是質量×加速度，也就是所謂運動方程式。

蘋果落下時，每秒只加速9.8m/s，這是實驗得知的結果。因為每秒每9.8m/s，所以用$9.8m/s^2$表示。這就是重力加速度。

重力的大小是蘋果質量0.1kg×重力加速度$9.8m/s^2$＝$0.98kg \cdot m/s^2$。N（牛頓）的定義便是$kg \cdot m/s^2$（使質量1kg的物體受力後產生加速度$1m/s^2$所需的力）。當然，單位N得名自牛頓（Isaac Newton）。請注意單位必須統一為kg和m。若單位是g，則與cm組合，成為力的單位dyne（達因）〔編註：CGS制（centimetre-gram-second system)的力的絕對單位，源自希臘文「力量」之意，1N＝105dyne〕，不過這裡先記住N。

因為是0.98N，約為1N。100g的蘋果承受重力1N。用手拿起這顆蘋果時，也需要1N的力。請記住「100g的蘋果重力約1N」。

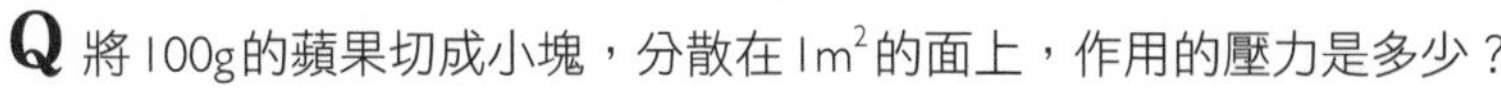

Q 將100g的蘋果切成小塊，分散在$1m^2$的面上，作用的壓力是多少？

▼

A 約$1N/m^2 = 1Pa$。

質量100g的蘋果重力約1N。這個1N的重力均勻分散在$1m^2$時，壓力是力÷面積＝$1N/1m^2 = 1N/m^2$。N/m^2是單位Pa，也是Pa的定義。這個單位名稱得名自哲學家帕斯卡（Blaise Pascal）。帕斯卡的名言是「人是會思考的蘆葦」，他也是物理學家和數學家，以流體壓力原理名留青史〔編註：帕斯卡原理（Pascal's principle）是流體靜力學基本原理之一，這項原理指出，加在密閉流體任一部分的壓力，必然按照其原來的大小由流體向各個方向傳遞〕。

「1Pa是將100g的蘋果分散在$1m^2$上的壓力」，其實是很小的單位。由於$1N/m^2$實在太小，在建築結構領域中，常用mm^2，成為N/mm^2，表示面積。建築結構不用Pa這個壓力單位，Pa主要用在表示水壓、空氣壓、蒸氣壓等。

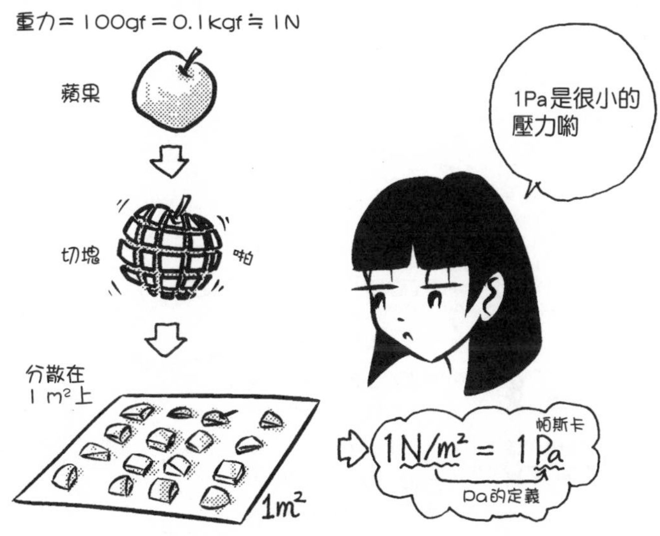

Q 1hPa、1kPa是什麼？

A 1hPa＝100Pa＝100N/m^2，1kPa＝1000Pa＝1000N/m^2。

h（hecto）源自希臘文，是100倍的意思。hPa（hectopascal，百帕）就是100Pa（kPa〔kilopascal，千帕〕）。

k（kilo）、M（mega）、G（giga）分別是1000倍（10的3次方）、1000000倍（10的6次方）、1000000000倍（10的9次方），各增加三個0的輔助單位。k、M、G雖然是常用字，不過除了壓力之外很少使用h。此外，只有k是小寫，以便與溫度單位K（Kelvin，克氏溫標）區別。

1Pa是1顆100g的蘋果作用在1m^{2}上的壓力。1hPa＝100Pa，表示1m^{2}上有100顆蘋果的壓力在作用。

hPa常用於表示氣壓。1氣壓是10m（水柱）（參見R094）。底面1cm^{2}上，因10m＝1000cm的水柱重力1000gf＝1kgf，故1氣壓＝1kgf/cm^2≒10N/cm^2＝10・100・100N/m^2＝100000N/m^2＝100000Pa＝100kPa＝1000hPa。

正確地說，1氣壓＝101325Pa＝1013.25hPa。在1cm^{2}上，約10顆蘋果＝1kgf。由於水柱為10m，大氣壓其實是很大的壓力。

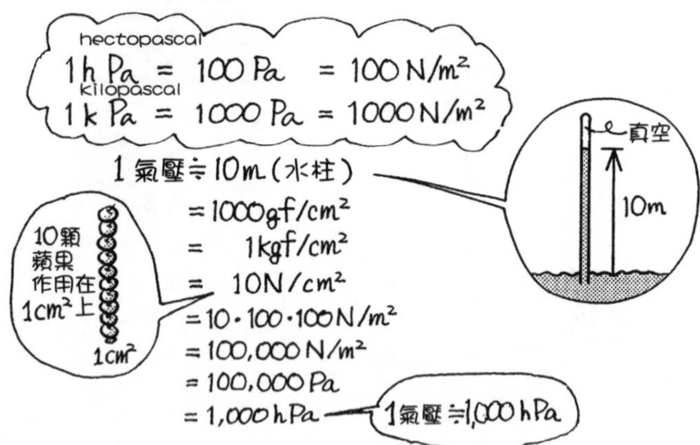

Q 把100g的蘋果拿高1m所需能量是多少？

▼

A 約1J。

記住牛頓和帕斯卡之後，還要記住焦耳。100g的蘋果重力約1N。為了平衡1N的重力，手拿起蘋果的力也需要1N。

施力而使得物體朝力的方向移動，就是力×距離的作功。那個量稱為**作功量**、**能量**。

以向上力1N向上移動1m，力×距離＝1N×1m＝1N・m。這個N・m就是J（焦耳）。單位J也是得名自物理學家（焦耳〔James Prescott Joule〕）之名。

蘋果的重力　→約1N
蘋果切塊分散在1m²上的壓力　→約1Pa＝1N/m²
把蘋果拿高1m的能量　→約1J＝1N・m

作功量與能量幾乎同義，不過使用方法略有差異。進行作功量1J的作功，蘋果的位能（potential energy）增加1J。

能量是作功的能力。熱量、作功量和能量都用J來表示。有時用舊單位cal（卡）。1cal＝4.2J。

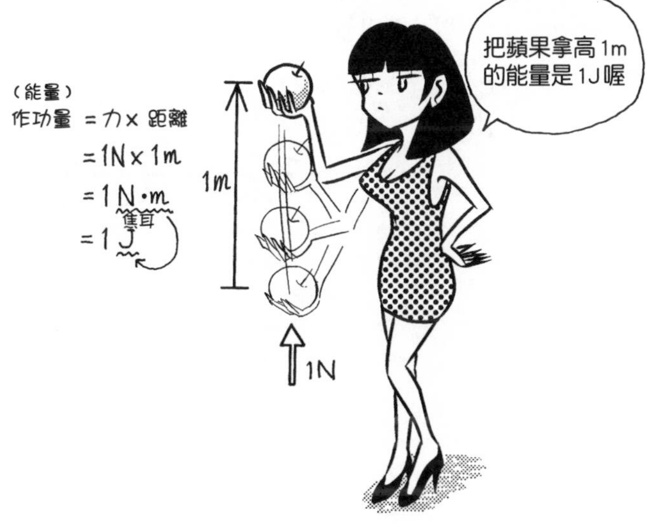

Q 1g的水溫度提高1℃所需熱量（能量）是多少？

▼

A 1cal或4.2J。

正確地說，1cal是從14.5℃提高到15.5℃所需的熱量。cal的定義是，「1g的水溫度提高1℃所需的熱量」。1kcal是1000cal，就是1000g的水溫度提高1℃所需的熱量。

因為1cal＝4.2J，1g的水溫度提高1℃所需的熱量是4.2J。與cal比較，J約是1/4大小的單位。

1cal＝4.2J

後來採國際單位制，雖然已經逐漸不用cal這個單位，但cal和水、熱有關，優點是容易理解。就像kgf比N容易了解。為了避免混淆，必須好好記住cal和J。

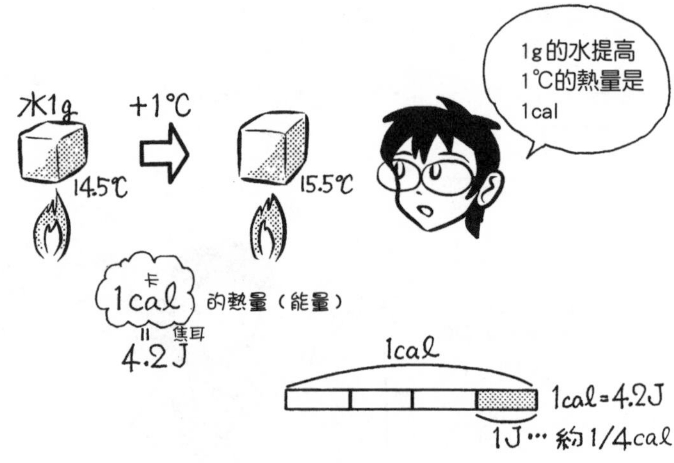

Q 把100g的蘋果拿高1m所需時間1秒和2秒的作功率各是多少？

▼

A 1W和0.5W。

作功率是每單位時間的作功量、每單位時間的能量。以作功量/時間、能量/時間來計算。

100g的蘋果重力約1N，所以對抗這個重力的力也是1N。要提高1m，作功量、能量是1N・1m＝1N・m＝1J。

1秒鐘作功1J，每1秒的作功量是1J/1s＝1J/s。J/s（每秒焦耳）定義為W（Watt，瓦特）。單位W得名自以蒸氣機聞名的瓦特（James Watt）。

1秒鐘作功1J所用的能量，就是1W。2秒鐘作功1J，每1秒的作功量、能量是1J/2s＝0.5J/s，所以是0.5W。

相較於用2秒鐘拿高蘋果，1秒鐘拿高蘋果使用的能量雖然相同，效率卻是兩倍。需要兩年時間的作功，等於一年就可完成。

電力的瓦特也是同樣的道理。100W燈泡，電流在燈泡中的作功是1秒鐘100J，也就是1秒鐘轉變成100J的光或熱等的能量。

Q 如何用g來表示水的高度1cm、3cm、1m、10m的壓力？

▼

A $1gf/cm^2$、$3gf/cm^2$、$100gf/cm^2$、$1000gf/cm^2$。

以約$1cm^3$方糖體積的水為例，比較容易了解。$1cm^3$的水重量1g。g是質量的單位，正確寫法是gf或g重。地球吸引1g質量的重力大小是1gf。

$1cm^3$立方體的底邊面積是$1cm^2$，1gf的力施加在這個面上，所以壓力是$1gf/cm^2$。「$/cm^2$」是每$1cm^2$的力的意思。1cm高度的水，承受的壓力是$1gf/cm^2$。即使底面積成為$100cm^2$或$1000cm^2$，水的重量也變成100倍、1000倍，壓力值仍相同。

至於3cm的高度，以重疊3個$1cm^3$的立方體為例。重力成為3gf，施加在底面的壓力變成$3gf/cm^2$。

高度1m時，成為100個水的立方體，100gf的重力施加在底面上。100gf的力作用在$1cm^2$的面積上，壓力是$100gf/cm^2$。同理，10m是1000個立方體，壓力成為$1000gf/cm^2$。

雖然可以用這種方式換算水的重力，但泵浦是處理水，以水的高度來表示壓力比較容易了解。因此，表示方式為，水1cm高度的壓力＝1cm（水柱），水10m高度的壓力＝10m（水柱）。

以水的高度來表示壓力時，會在高度後面加上括號註明水柱、水頭（water head）等。此外，有加註Aq（aqua，水）的方式，以10mAq表示。

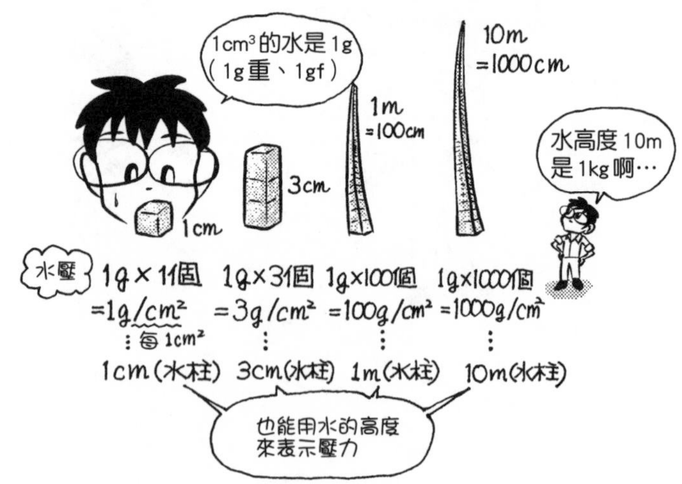

Q 以水柱來表示 1 氣壓是多少？

▼

A 約 10m（水柱）。

如下圖，從水中向上豎起上方塞住的管，水會上升到 10m 處。這是因為周圍的水受到大氣壓作用並壓迫所造成的現象。在普通的管中，水之所以不會上升，是因為上方向大氣開放，也承受來自上方的大氣壓作用。

在地球表面的大氣壓，稱為 1 氣壓（atm）。1 氣壓約 10m（水柱）。這是基本知識，必須記住。

此外，潛水 10m 時，大氣壓與 10m 高度的水壓相加，成為 2 氣壓＝20m（水柱）。潛水 20m 時，成為 3 氣壓＝30m（水柱）。

1 氣壓≒ 10m（水柱）

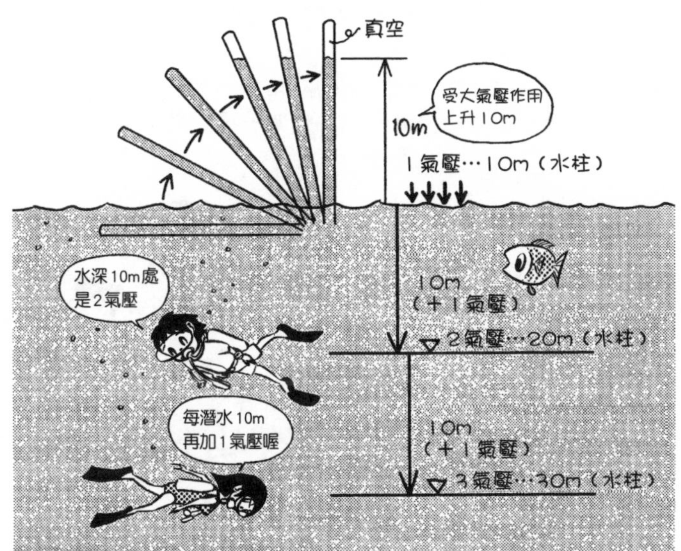

Q 一般的水龍頭所需水壓是多少？

▼

A 30kPa＝3萬Pa。

淋浴設備所需的水壓是70kPa，不用水箱而用大便沖洗閥沖洗也需要70kPa的水壓，約一般水龍頭的兩倍。請一併記住。

水龍頭下方通常設有調整水壓的閥。如果用和淋浴設備相同的水壓供水，水龍頭水壓過強。

大氣壓是10m（水柱）＝1000hPa＝/100kPa＝10萬Pa。3萬Pa的水壓是大氣壓的3/10，所以是3m（水柱）。

供水壓力等也常用kPa表示。壓力的單位非常複雜，除了水柱、kgf/cm^2、Pa、hPa、kPa等，也常用毫米汞柱（mmHg）等。採國際單位制，逐漸統一為N、Pa等單位，但反而因此欠缺現實感。Pa是N/m^2，所以是從N推導得出。N的定義源自動力學「以$1m/s^2$的加速度移動1kg物體的力」，當然不容易了解。

建築結構使用的單位，也從kgf/cm^2轉變為N/mm^2，愈來愈欠缺現實感。將來，體重可能也稱為N吧。順帶一提，體重50kgf的人約500N。

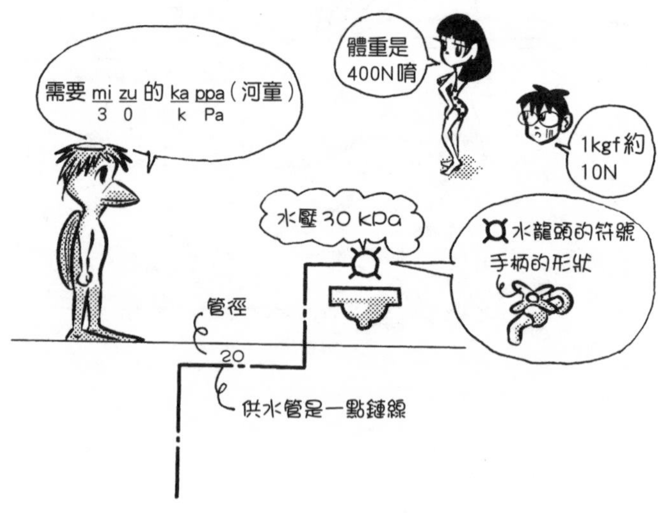

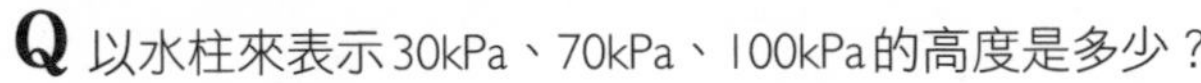

Q 以水柱來表示30kPa、70kPa、100kPa的高度是多少？

▼

A 3m、7m、10m。

1kPa＝1000Pa＝1000N/m^2。則，因為1kgf＝1kg×9.8m/s^2≒10kg・m/s^2＝10N→1N＝0.1kgf，所以1000N/m^2＝100kgf/m^2＝0.01kgf/cm^2＝10gf/cm^2。則，因為100gf＝1m（水柱），所以10gf/cm^2＝0.1m（水柱）。故，1kPa＝0.1m（水柱）。請記住這個換算公式，方便運用。

1kPa＝0.1m（水柱）

若實揚程（水位的高低差）18m，出水壓力30kPa，摩擦壓力5kPa，可以把各個項都改成水柱單位，再相加算出全揚程和。

全揚程＝18＋30×0.1＋5×0.1
＝18＋3＋0.5
＝21.5m（水柱）

Q 流量線圖是什麼？

▼

A 如下圖，以流量為縱軸、摩擦阻力為橫軸，表示管的流量的圖形。

下圖是硬質聚氯乙烯內襯鋼管的流量線圖（flow line graph）的一部分。事實上，圖中還畫了很多線。

流量以每1分鐘的公升數ℓ/min表示，摩擦阻力以每1m的摩擦阻力壓力kPa/m表示。圖形中的80A和65A是鋼管規格，表示內徑約80mm、65mm。加註A，表示單位是milli（千分之一）。

每1分鐘的流量，可以計算得出。因為可能安裝數個水龍頭，從同時使用的機率，訂出所謂供水負荷單位（water supply fixture unit）的基準值。規定公共用洗手盆為1，私人用洗手盆為0.5，私人用大便器為6等等。把這些供水負荷單位相加，得出總供水負荷單位，再用其他圖形算出同時使用流量（ℓ/min）。

接著，計算容許摩擦損失（allowable friction loss）。這是水壓因摩擦造成損失的閥值（threshold value）。運用「導致無法供水的極限摩擦壓力÷粗估的管的長度」，就可以算出容許摩擦損失。

在流量線圖中，從①同時使用流量、②容許摩擦損失，得出管徑為80A。①和②剛好在管徑圖形上交叉的情形並不常見，管徑圖形多半在交叉點略向上方（往安全側）。流速在2.0m/s與1.5m/s的正中間，所以可得知是1.75m/s。

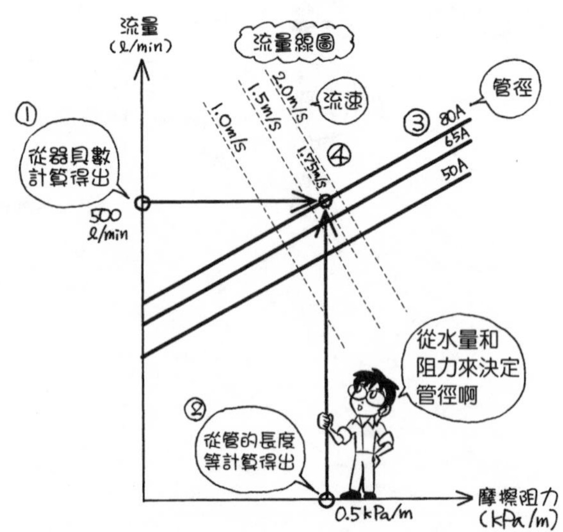

Q 熱水管為什麼不用鋼管而用銅管？

▼

A 因為不易生鏽。

若用鋼管製造輸送60～65℃熱水的熱水管，短時間就會生鏽。金屬在具有熱度的水中，容易產生反應。金屬容易溶解在水中成為正離子（plus ion, positive ion），結合負離子（minus ion, negative ion）的氧，產生反應而氧化。氧化的金屬通常稱為鏽。

依照離子化難易順序排列金屬，稱為**離子化傾向**（ionization tendency）。離子化傾向最小的金，在海水中也不會生鏽。

銅是不容易離子化的金屬，所以也不易氧化。而且氧化後的氧化銅成為安定的包層，保護內部的銅。氧化包膜能夠防止生鏽，鋁也具有同樣的性質，常用於窗框。

除了銅管之外，也用不鏽鋼管作為熱水管。不鏽鋼是鉻、鎳和鐵的合金，縮寫是SUS（stainless steel）。

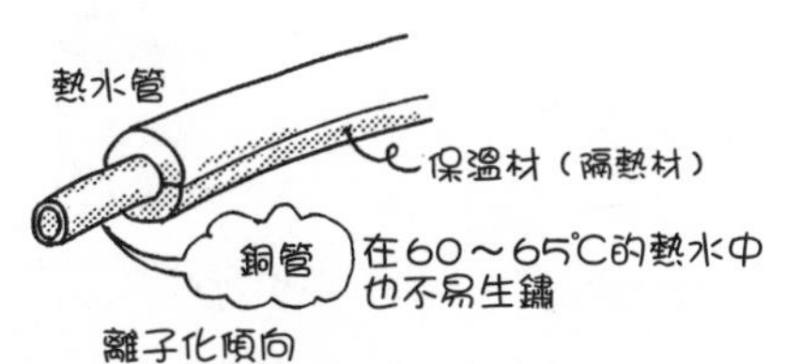

Q 可以讓鋼管與銅管接觸嗎？

▼

A 不可以，因為會生鏽。

離子化傾向不同的金屬彼此接觸，離子化傾向大的一方成為離子。因為金屬離子是正離子，會與負的氧離子結合成**氧化物**。金屬氧化物就是鏽，稱為電蝕現象（electric erosion phenomenon），也用在電池的原理中。

鋼管的主要成分是鐵＋微量的碳，主要是鐵。離子化傾向是鐵＞銅，所以鐵成為離子溶於水中。正的鐵離子吸引負的氧離子，成為氧化鐵，就是鐵鏽。

鍍鋅鋼管（白管）時，因為鋅＞銅，鋅較易氧化而生鏽。讓不同種類的金屬接觸，不只禁用於配管，在屋頂等與水相關的所有部分也禁止使用。

連接不同種類的金屬管時，金屬之間要夾隔樹脂，阻絕兩者的關係。必須使用特殊的接頭。

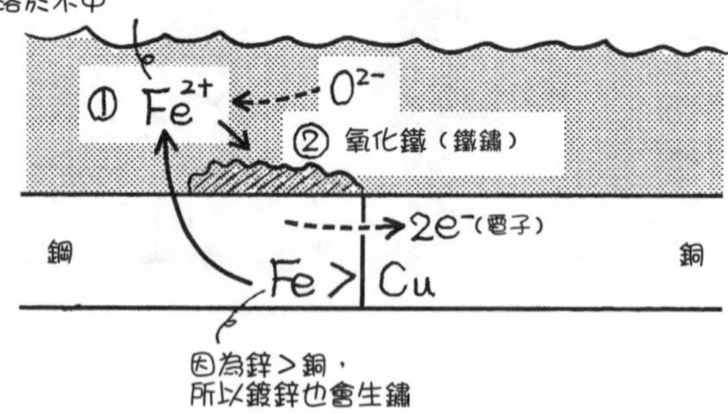

Q 銅管的鑞接熔接是什麼？

▼

A 使用焊錫（solder）或銀合金等的「鑞」進行熔接。

銅是軟質材料，無法像鋼管一樣轉接固定。因此，使用熔點低於銅的金屬進行熔接〔編註：銅的熔點是1083℃，錫232℃，鉛327℃，銀960℃〕。

用於熔解固定的鉛合金（焊錫）、銀合金（銀鑞）、銅合金（銅鑞）等稱為「鑞」。「鑞」並非蠟燭的「蠟」。電氣配線使用的焊錫焊接也是鑞接的一種。

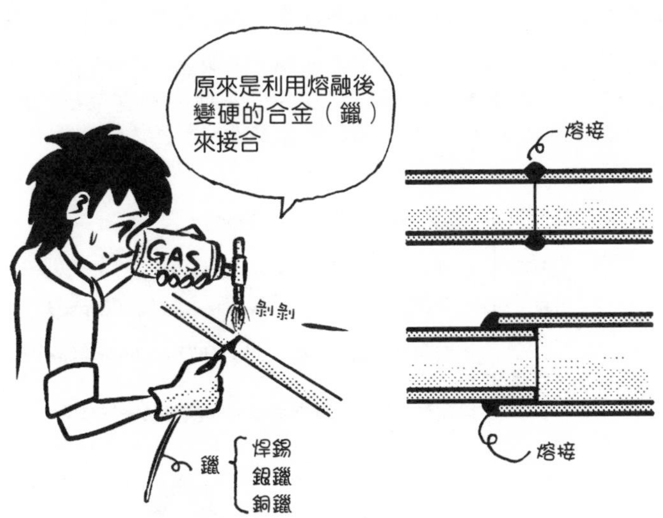

Q 除了銅管之外，可用於熱水供水的管有哪些？

▼

A 如下圖，聚乙烯管、交連聚乙烯管、耐熱性硬質聚氯乙烯管（high temperature hard PVC pipe）、耐熱性聚氯乙烯內襯鋼管（high temperature PVC lined steel pipe）等。

除了上述選擇，也使用不鏽鋼管。聚乙烯管最近逐漸成為主要使用選擇，也用於上下水道幹管和瓦斯幹管等。在建築設備中，聚乙烯管主要用於地下埋設管等。

交連聚乙烯管比聚乙烯管軟，常用於住宅內部的供水管和熱水管。套管集管器工法中所用的供水管和熱水管，也經常使用交連聚乙烯管。

硬質聚氯乙烯管的缺點之一是不耐熱，但耐熱性聚氯乙烯管改良成可耐熱約 70℃。普通聚氯乙烯管是灰色的，而耐熱性聚氯乙烯管是濃褐色，能夠立刻分辨。另外還有內襯耐熱性聚氯乙烯的鋼管。

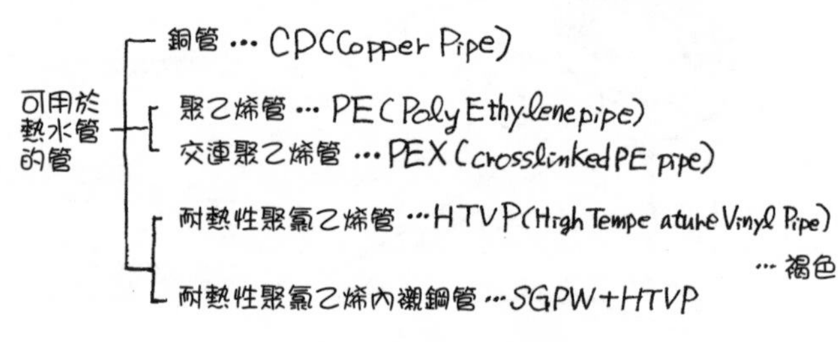

Q 熱水管為什麼需要保溫？

▼

A 為了讓熱水的溫度不會下降。

雖然在建築工程中稱為隔熱，但配管工程中通常稱為保溫。為了防止熱度擴散，就像要披上毛皮或棉被一樣。此外，有熱水時稱作保溫、冷水時稱作保冷的區別。

保溫時以隔熱材（保溫材）包覆在外側，通常使用玻璃棉、岩棉（rock-wool）、聚氨酯、矽藻土等。有些產品本身已經包覆隔熱材，如外附玻璃棉保溫筒等。石棉（asbestos）是禁止使用的。

冷水供水的水管，是在保溫材外圍，再包覆防濕材，防止結露。結露就像附在玻璃杯上的水滴，是空氣中水蒸氣接觸到冰冷表面所產生的現象。保溫材必須防止水蒸氣進入。防濕材有瀝青紙和聚乙烯薄膜等。

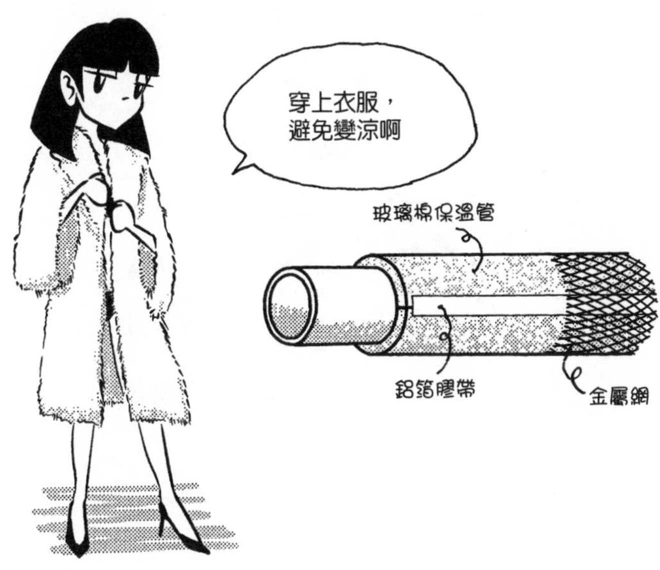

Q 伸縮接頭是什麼？

▼

A 用在熱水管等會膨脹收縮的水管接頭，可吸收伸縮的接頭。

水管受熱會膨脹，所以必須有吸收膨脹的接頭，也就是伸縮接頭（expansion joint，伸縮水管接頭）。

如下圖，伸縮接頭有**蛇腹型**、**套筒型**（sleeve type）等。bellows意為蛇腹，能夠如同彈簧般伸縮。sleeve意為袖子，就像手穿過袖子一樣穿過其他水管，藉由兩個水管的滑動伸縮。

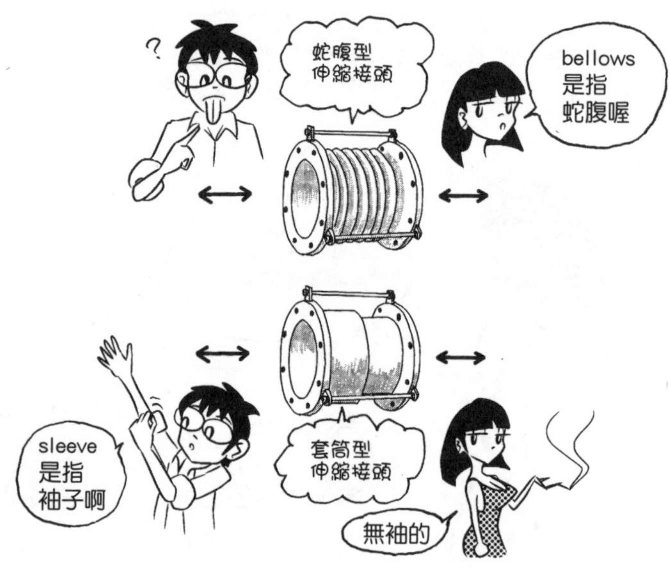

Q 彎曲型伸縮接頭是什麼？

▼

A 如下圖，利用管的彎曲來吸收水管伸縮的接頭。

bend是彎曲之意。彎曲型（bending type）伸縮接頭是管彎成U型或圓形等彈簧狀，能夠彎曲動作的伸縮接頭。

這種接頭又稱**伸縮彎管**（expansion bend）等，價格便宜卻占空間，常用在工廠等空間廣闊的地方。

除了**蛇腹型**、**套筒型**、**彎曲型**之外，還有使用稱為**球接頭**（ball joint）的伸縮接頭。這種接頭是將配管和軸錯開連動（曲軸），使球接頭能夠轉動。

伸縮接頭→蛇腹型、套筒型、彎曲型、球接頭

鋼線熱膨脹係數和混凝土相同，都是10^{-5}°C。1℃的變化，長度變化率為10^{-5}。100℃的變化，長度變化率為10^{-3}。1m＝1000mm的鋼管約伸長1mm。10m時約為1cm，20m時約為2cm。在長直線配管中，必須預留膨脹空間。順帶一提，鋼和混凝土的膨脹約略相同，表示鋼筋混凝土也會膨脹。

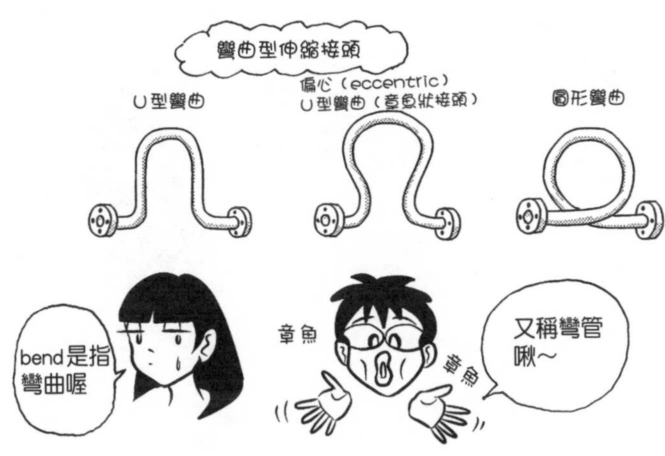

Q 旋轉接頭是什麼？

A 如下圖，利用三個以上的肘管連接，能夠因應伸縮的接頭。

從主管（main pipe）分歧到支管（branch pipe）時，若只以T型接頭分歧，容易受到主管的伸縮影響，缺少緩衝的空間。

如下圖，彎曲成幾個直角，這些地方就會成為像柔軟彈簧般的結構。旋轉接頭（swivel joint）中的elbow（肘管）意指肘，在配管上是指直角等彎曲的接頭。連接三個以上的肘管，就能獲得彈簧般的效果。

swivel的原意是轉環、旋轉台。轉環是釣具的一種，連結線和線時使用的金屬環。兩個金屬環個別迴轉，釣線不易纏繞。這就像猴子吊在樹上轉來轉去的模樣，所以日文中又稱猴環。

通常是連接肘管來作為旋轉接頭，也有既成品是原本就附有數個能轉動的接頭。

Q 自動放氣閥是什麼？

▼

A 如下圖，自動排出配管中空氣的閥。

水變成高溫時，會大量出現空氣或水蒸氣等氣體。設備上方若有凸出的部分，空氣容易滯留在那裡，稱為氣閘（air lock）、空氣滯留（air-trapping）等。空氣一旦滯留，水不易流動。

自動放氣閥（auto air valve）是自動將這類空氣排出的閥。閥中放入浮筒，藉以控制開關。自動放氣閥從水管上方稍微突起，以便排出空氣，主要用於熱水管。

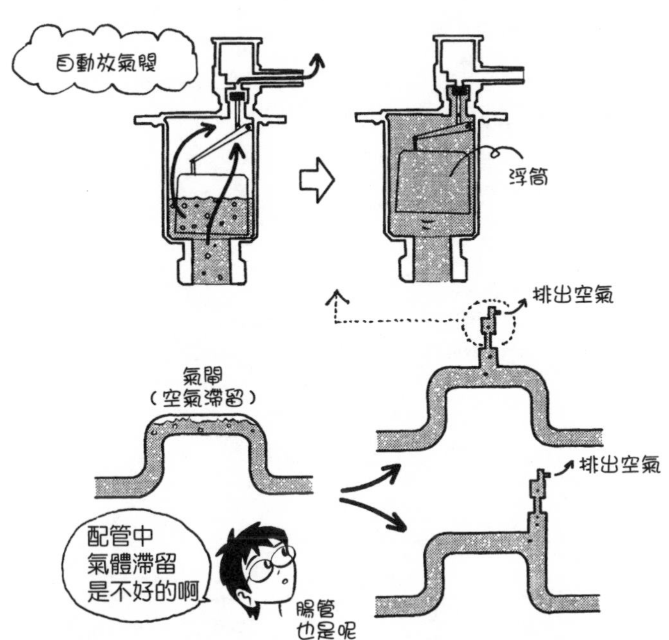

Q 鬆壓閥是什麼？

▼

A 為了避免熱水管內部水壓和水蒸氣壓過高，釋放水或水蒸氣的閥。

0℃的水加熱到100℃，體積約膨脹4%。膨脹會損壞配管，發生危險。熱水管不僅是水管本身膨脹，裡面的水也會膨脹。

為了釋放水膨脹所產生的能量，在熱水設備中採取了各種措施。其中之一就是鬆壓閥（relief valve），又稱**洩壓閥**（pressure relief valve）。relief是緩和、去除之意。

當水過度膨脹時，水壓讓彈簧受到壓迫而啟動閥。水排出到一定程度，水壓減弱就會關閉閥，水管內部的水壓恢復到安全範圍。這是為了防止壓力引起危險的安全閥。

鬆壓閥的符號是在閥上方加上彈簧的形狀。請順便記住，熱水管的符號是畫入與軸線垂直的一條短線的線。

釋放水管膨脹→伸縮接頭（蛇腹型、套筒型、彎曲型、球接頭等）
釋放水的膨脹→鬆壓閥

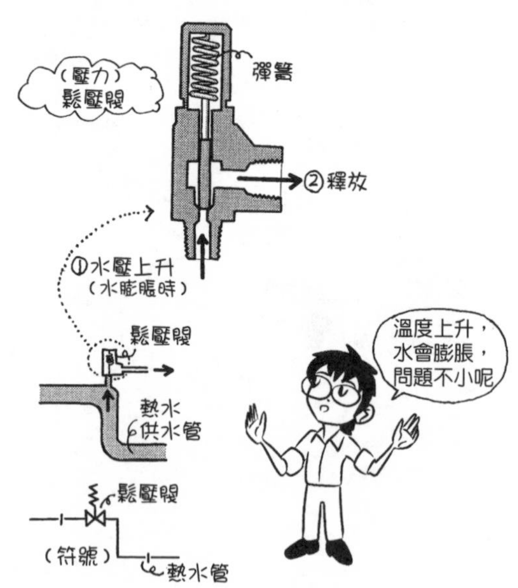

Q 鬆壓管是什麼？

▼

A 如下圖，安裝在熱水設備上，用以釋放過高水壓的管。

在下圖的系統中，燒好的熱水從儲存用的儲熱水槽，循環供水，熱水管鋪設到上方樓層。水燒熱之後膨脹，水壓隨之上升，如果沒有空間釋放水壓，會導致水管損壞。前面提到的鬆壓閥也是解決方法之一，還可以發展為更大規模的解決方式。

從儲熱水槽向上延伸鬆壓管（relief pipe），超過熱水管的最高處。如果設置在熱水管的下方，熱水經常會漏出。為了讓熱水送達熱水管的最上方，鬆壓管的出口要設置在更上方的位置。

雖然設計各有不同，但通常設置在高於熱水管最上方約5～6m處。這是利用一項原理，也就是熱水管內部的壓力，高於熱水循環所需水柱的5～6m時，熱水會從鬆壓管出口流出。這樣就能防止熱水管內部的壓力過高。

熱水管的出口向大氣開放，又稱**開放式釋水裝置**。為了節省而不浪費溢出的熱水，將這些熱水儲存在水槽中。這樣的水槽是**膨脹水槽**，作為儲存因膨脹而溢出的熱水之用。同理，鬆壓管也稱為**膨脹管**（expansion pipe）。儲存在膨脹水槽中的熱水，回送到儲熱水槽再利用。

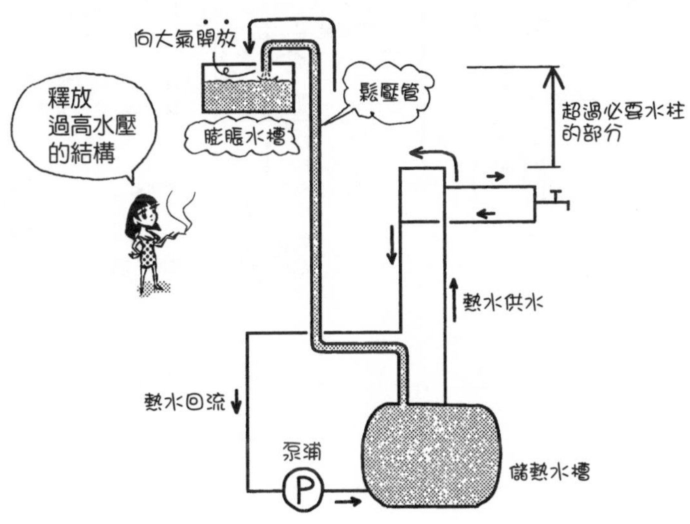

Q 密閉式膨脹水箱是什麼？

▼

A 如下圖，水箱內部密封壓縮空氣，排出過高水壓的裝置。

密閉式膨脹水箱（closed expansion tank）內的水和壓縮空氣，以隔膜隔開。隔膜（diaphragm）又稱橫隔。這種水箱也稱為**隔膜型密閉式膨脹水箱**（diaphragm type closed expansion tank）。

水壓上升時，隔膜朝空氣側膨脹，吸收水壓。水壓下降時，隔膜回復原狀。因為是釋放水膨脹的水箱，也稱為**膨脹水箱**。

密閉式是指對大氣呈密閉狀態。配管整體並沒有與大氣接觸的部分，污染的可能性很少，而且不需在高處設置膨脹水槽，維修也很輕鬆。然而，受到水壓破壞的可能性很高，所以需要膨脹水箱和鬆壓閥。未向大氣開放而釋放水壓的整體系統，稱為**密閉式釋水裝置**。

開放式→膨脹水槽＋鬆壓管…向大氣開放
密閉式→膨脹水箱＋鬆壓閥…與大氣隔絕

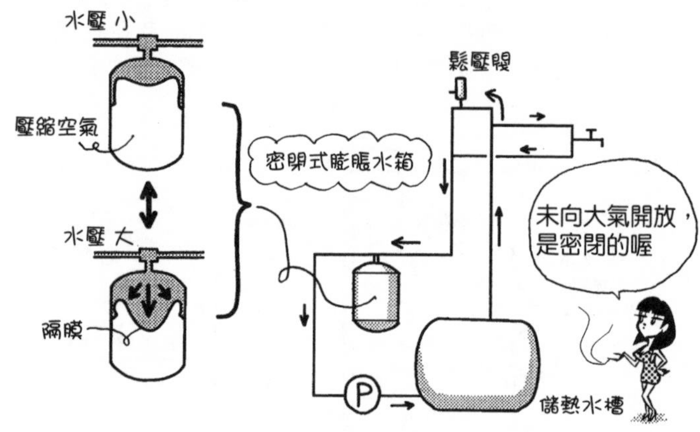

Q 1. 水管遇熱膨脹的對策是什麼？
2. 水遇熱膨脹的對策是什麼？

▼

A 1. 伸縮接頭、旋轉接頭等。
2. 膨脹水槽＋鬆壓管、密閉式膨脹水箱＋鬆壓閥等。

熱水管遇熱，水管和水都會膨脹。如果置之不理，水管到處損壞。

水管膨脹對策是用伸縮接頭，包括蛇腹型、套筒型、彎曲型等，還有可以轉動的球接頭。使用三個以上肘管的旋轉接頭，也是有效的方法。

水膨脹對策是在熱水管的上方，以鬆壓管排出膨脹的水，再將之注入膨脹水槽，還有對大氣呈密閉狀態的密閉式膨脹水箱加上鬆壓閥的方法。

下圖中描繪了伸縮接頭、熱水管、熱水回水管（return pipe）、接頭、鬆壓閥等符號。請一併記住膨脹對策。

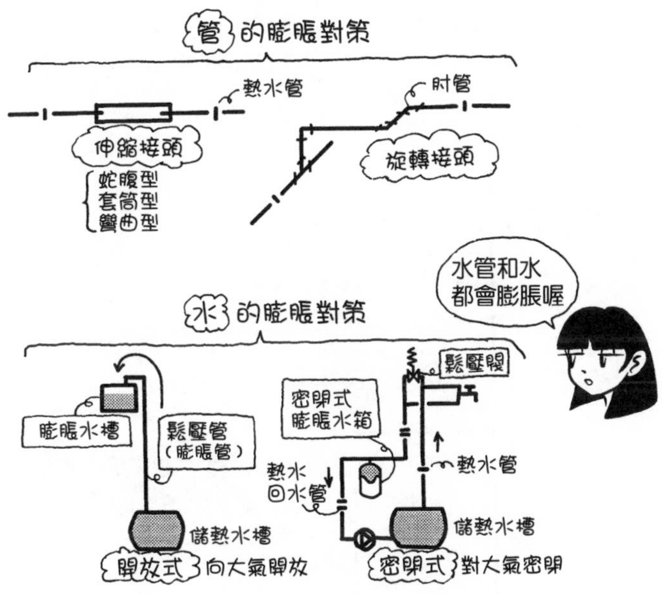

Q 儲熱水槽的熱水如何保溫？

▼

A 在鍋爐燒熱的高溫蒸氣或水，流動到內部的盤管（coil）或外部的熱交換器（heat exchanger）保溫。

直接用火讓儲熱水槽的水保溫很危險，所以這種作法不會用在大型槽，而是從外部鍋爐取得熱能來保溫。取得這種熱能的方法約可分為兩種，一是在內部保溫的方式，一是在外部保溫的方式。

盤管是多圈盤繞、蜷曲、彎行狀的管，以便擴大表面積，易於傳熱。

熱交換器是將高溫蒸氣的熱，傳送到儲熱水槽的水的機器。熱交換器產品中，有一類是為了促進高溫蒸氣與儲熱水槽之間的傳熱，裝入盤管；另一類則是在水與高溫蒸氣之間放置板狀物，板狀物呈纏繞彎曲狀，能夠擴大傳熱的表面積。

儲熱水槽是法律上認定的**壓力容器**（pressure vessel）〔編註：用以承裝處理具有壓力的流體的容器〕。有些儲熱水槽內建盤管，有些在外部設置熱交換器，屬於不同分類的壓力容器。外部設置熱交換器型式的儲熱水槽，日本檢查申請的基準已經放寬，加上不需在儲熱水槽內部安裝盤管，可以縮小水槽的尺寸，而且熱交換的部分設置在外部，還有容易維修的優點。

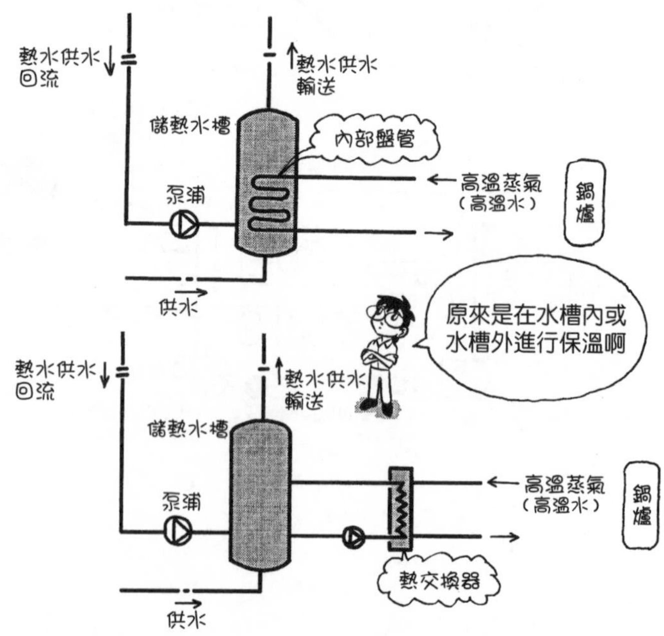

Q 儲熱水槽為什麼要循環熱水？

▼

A 為了隨時可用熱水。

根據儲熱水槽＋鍋爐的不同，一種是**中央式**（central system），在一個地方儲存加熱熱水；還有一種相對於中央式的**局部式**（partial system），在每個使用場所設置即熱式（instantaneous system）熱水器。

在旅館或醫院等地方，經常需要大量熱水，因此必須儲存一定量的熱水。儲熱水槽儲存加熱的熱水，然後循環熱水的方式，稱為**儲熱式**（storage system）。相較於當場加熱的**即熱式**，儲熱式可防止熱水供水不足。

為了隨時循環熱水，必須有供水管（送水管）和回水管兩個水管，稱為**雙管式**（double pipe system）。相較於僅由熱水器送水的**單管式**（single pipe system），雙管式熱水經常流動循環，可以隨時使用熱水。

通常是使用泵浦強制循環，所以又稱**強制循環式**（forced circulation system）。相較於這種方式，**自然循環式**（natural circulation system）是熱水冷卻後收縮、重量增加而下沉，加熱則膨脹、重量減輕而上升。

即熱式熱水器的單管熱水供水方式，必須暫時等候才能供應熱水，通常用於一般住宅。

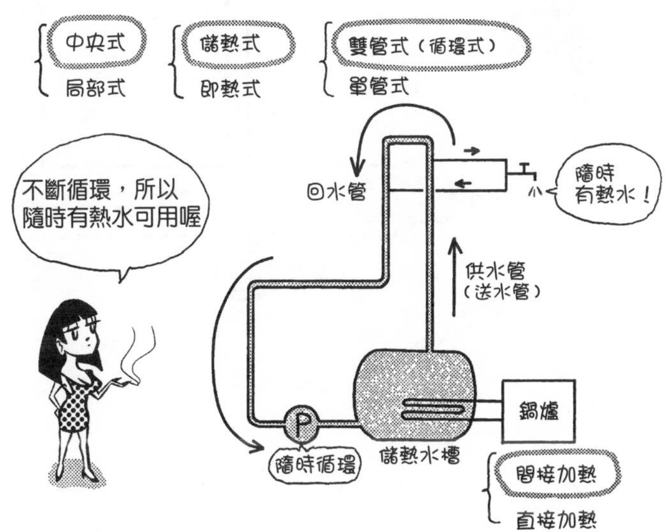

Q 逆迴路方式是什麼？

▼

A 如下圖，為了讓流量的分布均一，往回逆動回到原位的配管方式。

reverse是逆向、反方向之意。return是返回方向之意。reverse return（逆迴路）方式是輸送出去之後，再逆流返回原位的配管，通常設置在供水管或回水管。

下圖中，A在人物的前方，B在較遠處，A的回水管直接回送時，A部分流程縮短。熱水流經水管的全部流程，也就是全長，如果較短，表示阻力比B小；結果A部分流動順暢，B則斷斷續續。

此外，如果有多個支管或水龍頭，各有大小不同的阻力，以配管整體來說，流量會不均一，妨礙整體的流動。於是，將A的回水管設往B部分，也就是先逆流再回流，以便讓整體流動均一。

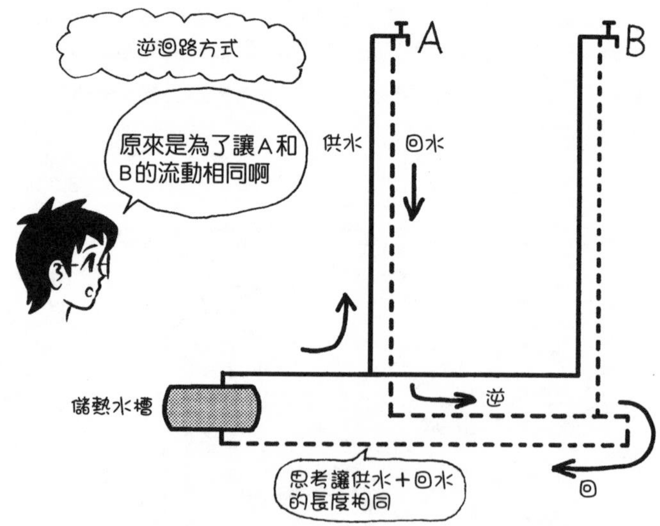

Q 向上式、向下式、向上向下式的熱水供水是什麼？

▼

A 如下圖，分歧支管時，輸送供水熱水的立管中熱水流動向上、向下、向上向下的方式。

中小規模的建物通常是**向上式**。**向下式**是先向上鋪設主管，然後向下直立配管，再從向下的主管分歧支管。

大型建物選用向上式時，需要好幾根向上鋪設的主管，最下方到最上方的橫向主管，都必須有粗大的直立主管。採用向下式時，只要向下鋪設的主管最後連接分歧橫管即可。因此，若是大型建物，向下式的配管成本稍低廉。

組合向上式與向下式，就是**向上向下式**。先向上鋪設進行分歧，再向下鋪設進行分歧。

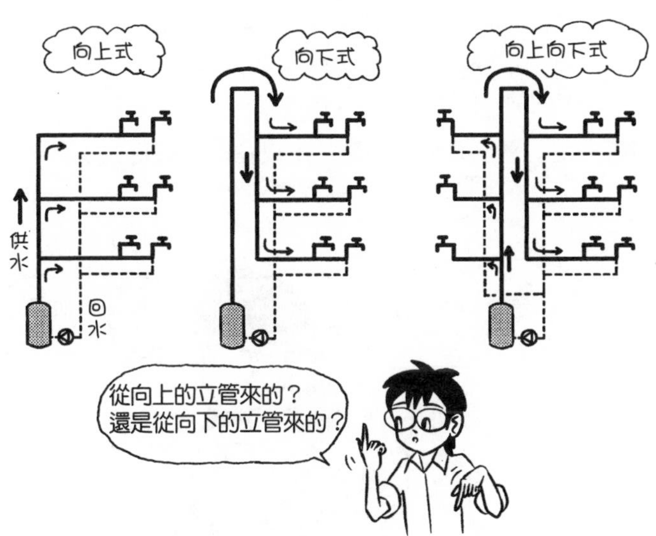

Q 住宅中每人每日熱水供水量是多少？

▼

A 60℃熱水約75～150ℓ。

熱水的溫度是55～60℃。若溫度低，有退伍軍人病屬菌（Legionella）等細菌增殖之虞。在醫院、高齡者療養設施等抵抗力弱的人所使用的建物，必須特別注意。此外，低溫熱水的熱水供水量增加，配管管徑必須加大。

60℃熱水在水龍頭與冷水混合為約40℃。熱水的使用量因人而異，這裡採用數據表的數值。

住宅中，每人每日約使用75～150ℓ，這個數據隨單人住宅、雙人住宅或三人住宅變動。

旅館的熱水使用比住宅浪費，每人每日約100～200ℓ。熱水使用量的計量方法，有每一人的用量、每一床的用量、每 $1m^2$ 的用量等不同類型。此外，也有以水龍頭器具的數量來計算的方式。

住宅的供水量　　→每人每日200～400ℓ
住宅的熱水供水量→每人每日75～150ℓ

順帶一提，熱水是把水加熱，所以在每人每日200～400ℓ的供水量中，包含每人每日75～150ℓ的熱水供水量。

Q 污水管的圖面符號是什麼？

▼

A 如下圖，半圓和實線組成的線。

污水管是指排放廁所排水的管。為了排放糞便，污水管是供水管、排水管中最粗大的管。

如果管橫向鋪設過長或立管中途大幅彎曲，真的會發生「塞爆」的情形。從基本設計階段開始，就必須大致預測污水立管通過的路徑。

管徑方面，一個大便器的排水為75mm以上，兩個以上大便器的排水為100mm以上。供水管管徑約為20mm，相較之下，污水管的管徑大得多。

由於是利用重力排放，必須有坡度。管徑75～100mm時，坡度為1/100以上。1/100的坡度是每100cm降低1cm之意。若坡度過於陡峭，水先行排出，也會導致糞屎流不出去的情況。

污水管使用硬質聚氯乙烯管、鍍鋅鋼管（白管）、耐火兩層管、鑄鐵管等。聚氯乙烯內襯鋼管使用在上水管，由於成本的考量，較少用於下水管。下水管生鏽產生紅水，也不會有任何問題。

耐火兩層管用在穿過防火區劃的地方。當聚氯乙烯管著火時，會從管洞中冒出火焰或煙霧。鑄鐵管是將熔解的鐵注入鑄型製成，多是鐵的再生品，抗鏽性強，常用於排水管。

一個大便器　　→ Φ75mm（1/100）以上
兩個以上大便器→ Φ100mm（1/100）以上

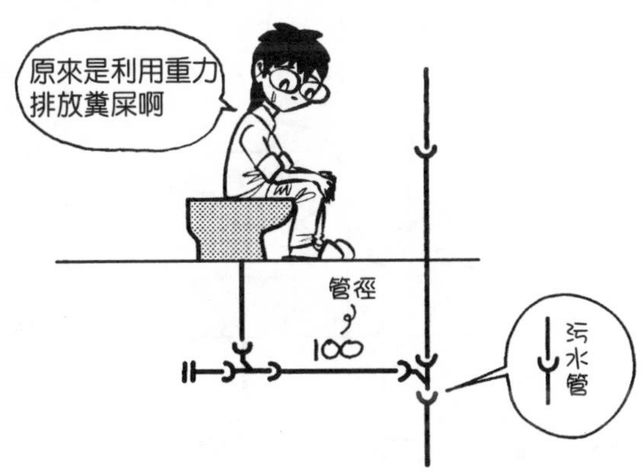

Q 雜排水管的圖面符號是什麼？

▼

A 如下圖的實線。

污水管的圖面符號是半圓＋線，雜排水管的符號只有線。複習一下，供水管是一點鏈線，熱水管是垂直交叉的短線＋線。水龍頭的符號是手柄記號的形狀，其中白色圓形是供水龍頭，黑色圓形是熱水龍頭，半圓白和半圓黑是混合水龍頭。

供水管　　→一點鏈線
熱水管　　→垂直交叉的短線＋線
污水管　　→半圓＋線
雜排水管　→線
供水龍頭　→圓＋四條短線
熱水龍頭　→黑色圓形＋四條線
混合水龍頭→左半圓黑、右半圓白＋四條線

雜排水是指洗臉、洗衣、廚房、洗澡等的排水。這種水含有清潔劑或污物，但固體物質含量不多。廚房的排水管則需要注意，因為有人會用排水管來排油，設置橫向短管才不易發生問題。

雜排水管的管徑，住宅內的支管約為50mm。如果合流的器具較多，管徑加粗為65mm、75mm、100mm。

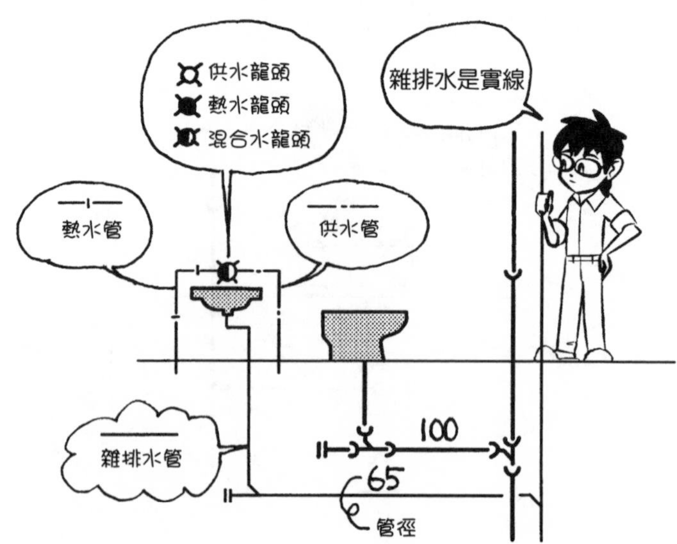

Q 大彎Y是什麼？

A 如下圖，排水管的接頭。

排水是利用重力排放，不像供水經常處於水壓加壓狀態。T型接頭也彎向流動方向，這種接頭的彎曲幅度同樣很大，所以稱為大彎（long radius，亦名長徑）。由於大幅彎曲成Y型，稱作大彎Y。為了讓T型接頭流動順暢，彎成Y型，所以也稱為TY接頭。

供水時施加水壓，而且水管是滿水狀態，即使水管向上繞到天花板再向下，水還是可以流動。但排水不能如法炮製。一切取決於如何在地板下以最短距離到達立管。橫向管過長，不容易設定坡度，又容易造成堵塞。

排水管即使只是彎曲直角，仍然必須使用**大彎肘管**（long radius elbow，亦名長徑肘管）。這種肘管比供水管肘管的半徑（曲率半徑〔radius of curvature〕）大上許多。

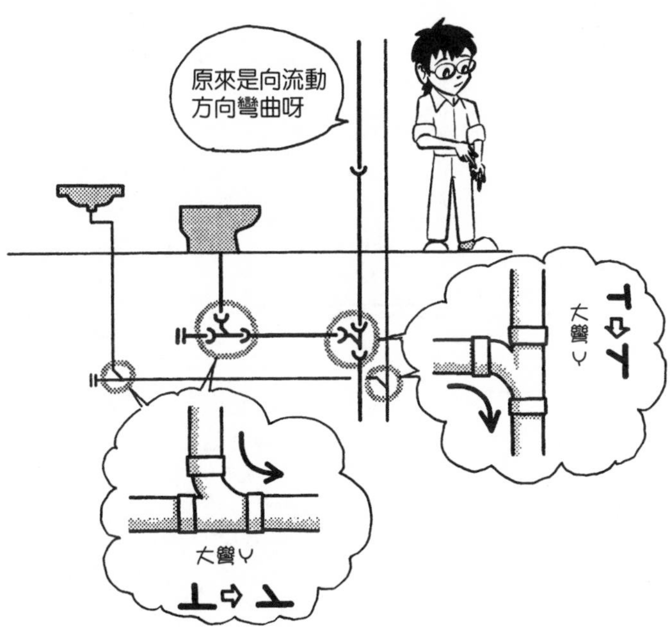

Q Y接頭是什麼？

▼

A 如下圖，使水管以45度合流的排水管接頭。

大彎Y是彎曲角度90度、彎成T型的連接接頭，因此也稱為TY接頭。

Y接頭是使排水管以45度合流，也稱為45度Y。

Y接頭以45度合流，所以器具設備也用45度肘管等形成角度。參見下圖，從上方觀看平面圖，也能看出有形成角度。Y接頭並非直接朝向正上方，而是以稍微平躺的狀態連接。

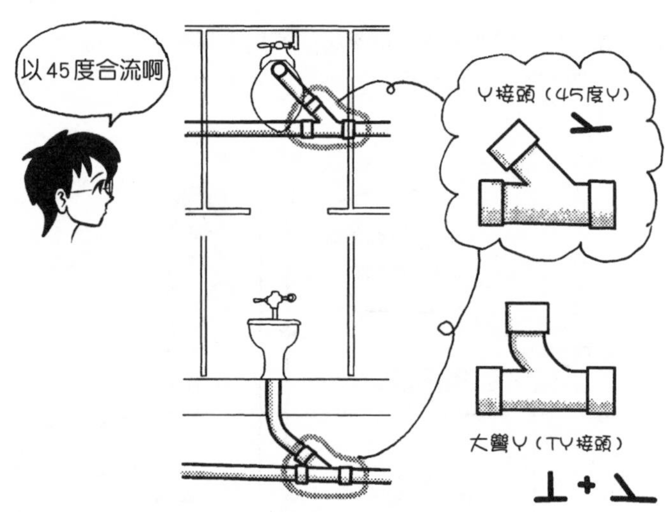

Q 地板下清潔口、地板上清潔口的圖面符號是什麼？

▼

A 如下圖，在排水管管端畫兩條線，以及在圓中畫兩條線。

地板下清潔口（under floor cleanout）是在排水管管端畫兩條線，畫成頂蓋的形狀，很容易記。彎曲排水管管端，向上鋪設到地板，再加裝頂蓋，就是地板上清潔口（floor cleanout）。以圓圈包住兩條線。從上方看，這個符號的形狀是圓形，也很容易記。

排水管容易堵塞，所以在各處預留能夠清掃排水管的設備。在排水管管端裝設旋轉式頂蓋，然後可以從這裡放入高壓洗淨機等清潔工具。

排水管未以肘管連接，而是連接大彎Y型管或45度Y型管等做成管端，以便進行清潔。地板下清潔口是在天花板或地板預設檢查口，方便維修清潔口。

地板上清潔口是只要打開頂蓋，就可以從地板上進行清潔，常用於辦公大樓和學校等公眾集合廁所的排水管管端。可以在廁所的地板找尋確認這種圓形頂蓋。

如果在混凝土層板下埋設排水管，公寓需要維修時必須取道樓下住家，還得擔心漏水或噪音等問題。公寓配管基本上是在層板上。辦公大樓和學校等可以打開下一樓層的天花板，所以可在地板層板下配管。

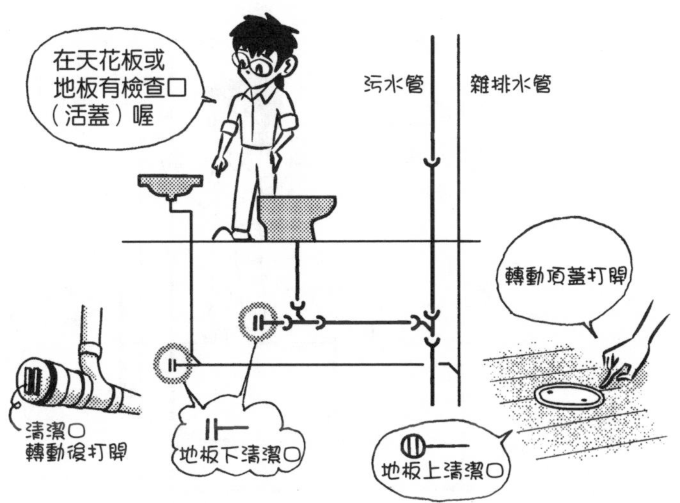

Q 通氣管的圖面符號是什麼？

▼

A 如下圖的虛線。

虛線是在實線之間等距空白的線，實線部分比點線部分長。

安裝通氣管，能夠使水流動順暢。如果沒有通氣管，水流到管中，會捲入空氣。如此一來，水上方的空氣比大氣稀薄。空氣壓比大氣壓小的狀態，稱為**負壓**（negative pressure）。負壓時，水被往上方拉扯。因此，洗臉盆或便器等器具的通水孔會吸入空氣，排流不順暢，發出咕咚咕咚聲。

醬油瓶都有空氣孔，這是為了順暢倒出醬油所做的設計。如果沒有空氣孔，空氣會設法進入醬油流出口，使醬油無法順暢倒出。這和通氣管的原理相同。

水流動時，壓縮處於水下的管內空氣，也會造成空氣壓大於大氣壓的情形。水下方的空氣成為**正壓**（positive pressure），抑制水流，阻礙流動。提供空氣給被壓縮的水下空氣，就是通氣管的工作。

通氣管是防止排水管內的空氣成為正壓或負壓，用以維持與大氣壓處於相同狀態。通氣管管端要向建物外的大氣開放。即使開放於室內，若房間本身是密閉狀態，也無法成為大氣壓的狀態，所以將通氣管通到外壁或管道間（pipe space）。

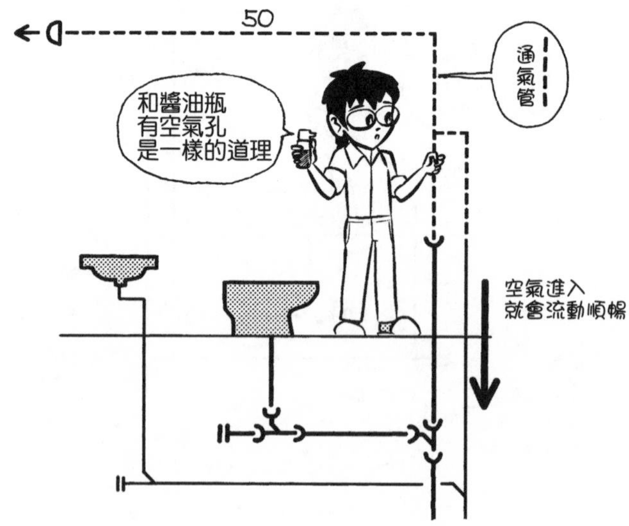

Q 通氣蓋的圖面符號是什麼？

▼

A 如下圖，半圓加箭頭。

vent cap（通氣蓋）的vent是指通氣口、排氣口、通氣管、排氣管等；通氣蓋是裝在通氣口和排氣口等的cap（蓋子）。這種蓋子不僅裝在通氣管，也裝在排氣管的出口。半圓是頂蓋的形狀，箭頭表示空氣的出口，代表向大氣開放。

頂蓋裝有**百葉窗板**（louver）。這種百葉窗板是重疊朝下的薄葉片，防止雨水滲入，並讓空氣流通。有些產品有遮罩（hood），更能防止雨水滲入。

通氣蓋裝設在通氣管和排氣管等穿過的防火區劃時，會加裝**防火風門**（fire damper，參見R184）。風門（damper）是指通風調節閥，damp有阻止、弱化之意。防火風門是用以遮斷火焰或煙霧的閥。它的結構是，焊錫遇熱熔解，閥就會關閉。由於貫穿的管道會流竄出火焰和煙霧，防火風門就是為了防止火焰和煙霧流竄的產品。只需指定要附設防火風門的通氣蓋即可。

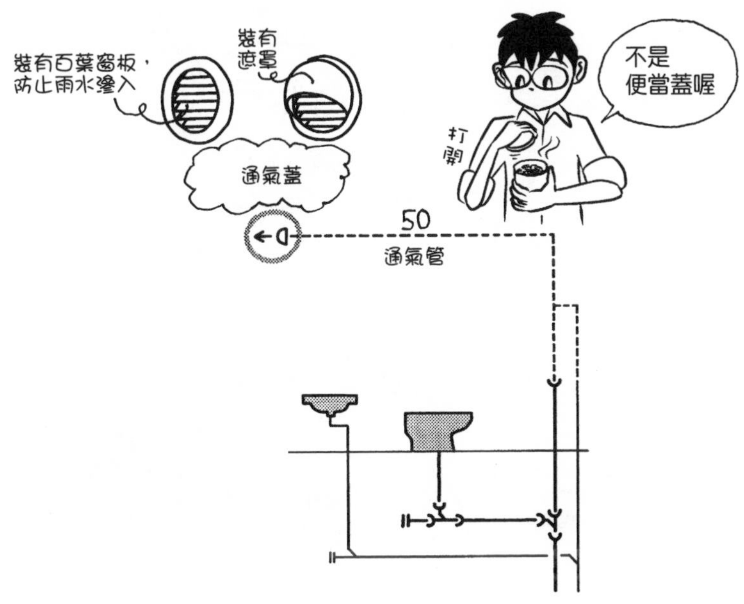

Q 如何在平面圖上畫立管？

▼

A 如下圖，把立管斷面的圓形和斜線組合起來。

建築平面圖是從上方所見橫斷視線高度水平面的圖。如果是設備圖，橫斷位置模稜兩可。圖中可以看到立管的斷面是圓形。然而，僅是這樣無法得知管是向上、向下或兩者都是，所以必須使用斜線。

向上的管在右上畫斜線，向下的管在左下畫斜線。請參見下圖仔細描繪的範例，根據向上或向下的方向，線與管斷面的圓形重疊。

從管斷面的圓形向上畫時，線重疊畫在圓的上方。管向上的情況，是在管斷面的上方延伸立管。為了表現出比斷面更向上延伸的印象，將表示立管的斜線重疊畫在圓上。

管向下的情況，橫管高於管的斷面。在管斷面的圓形上重疊畫上橫管的線，就能表現出橫管在上的感覺。

把線重疊畫在圓上，可以表現出管在上方的立體感覺。

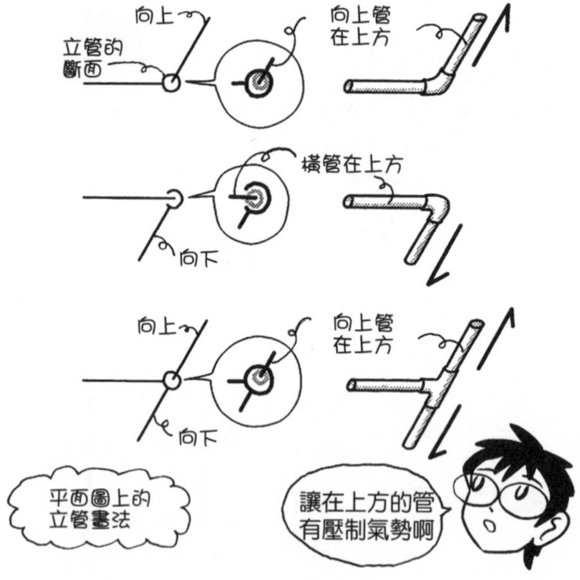

Q 管接頭的圖面符號是什麼？

▼

A 如下圖，以與管的線垂直的短線表示。

一般的接頭是畫縱向短線來表示連接處，就像畫上頓號一樣。

凸緣接頭是指在管端，以耳狀或有邊的凸緣，彼此用螺栓固定的接頭。凸緣接頭由兩個接頭組成，所以畫上兩條短直線。

活管接頭（union joint）是用於連接直線方向的接頭金屬零件。這種接頭是從兩管端旋緊螺紋連接。union有結合之意，但在配管中，所謂union係指直線狀的接頭。如果畫兩條短直線，就變成與凸緣接頭相同的符號。因此，管彼此相接時，連接處以大短線表示；活管接頭的連接處，則以兩條小短線表示。

這種管接頭的表示符號，有時會省略。

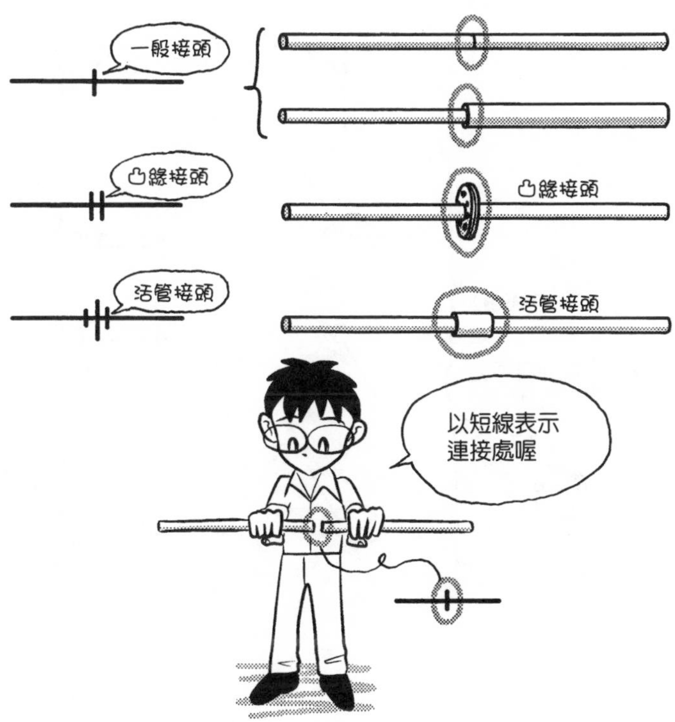

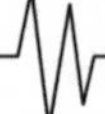

Q 肘管、三通接頭、立管的圖面符號是什麼？

▼

A 如下圖，以與管的線垂直的短線區別表示。

表示管的長線上，交叉畫上短線，看起來就像管與管連接在一起。其中可以看出是L型的肘管，還是T型的三通接頭。

平面圖中的立管符號，在表示立管的斜線上通常不加短線；只有表示水平方向的管才會加短線。平面圖是橫斷水平面的圖，斜線是想像的線，只是為了方便了解才加上，一般不畫入表示實際接頭的線。

至於斷面圖，可以看出橫管和立管的接頭，所以接頭畫小短線。

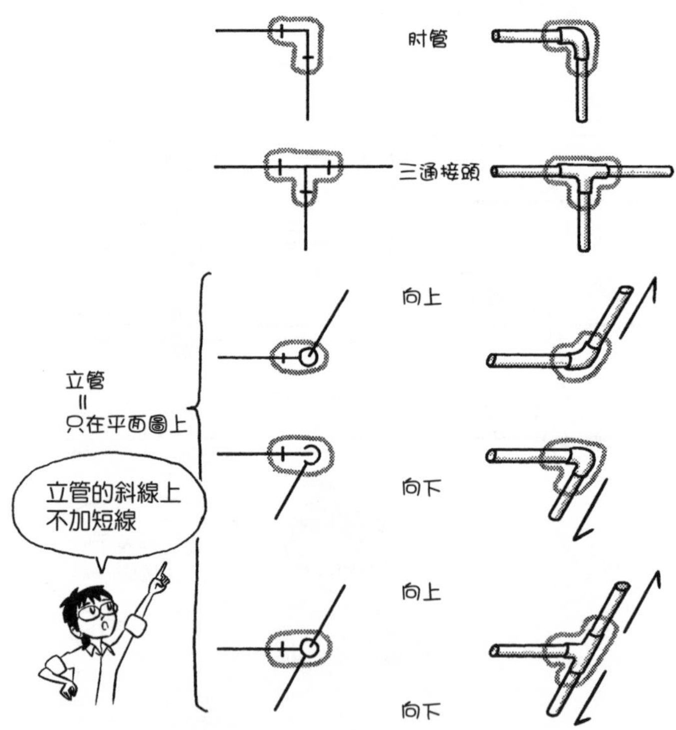

Q 沖洗閥的圖面符號是什麼？

▼

A 如下圖，把雙重圓的內圓塗黑。

沖洗閥的英文是flush valve。flush是沖刷、沖洗之意。不使用水箱，直接連接供水管，利用水壓沖洗。請注意是flush，而非相機的flash（閃光燈）。

下圖中，供水立管在地板上分歧橫向鋪設，然後向下鋪設到地板下。在管道間等地方，為了方便進行工程或維修，會在略高處做分歧。為了隱藏便器後方的配管，把管鋪設在地板下，然後在腰壁向上鋪設，分歧之後，再連接各個沖洗閥。

隱藏配管的牆壁也稱為lining（襯壁）。在配管內部加覆樹脂等也稱為lining（內襯），隱藏如廁設備向上的管的小型牆壁亦名lining（襯壁）。

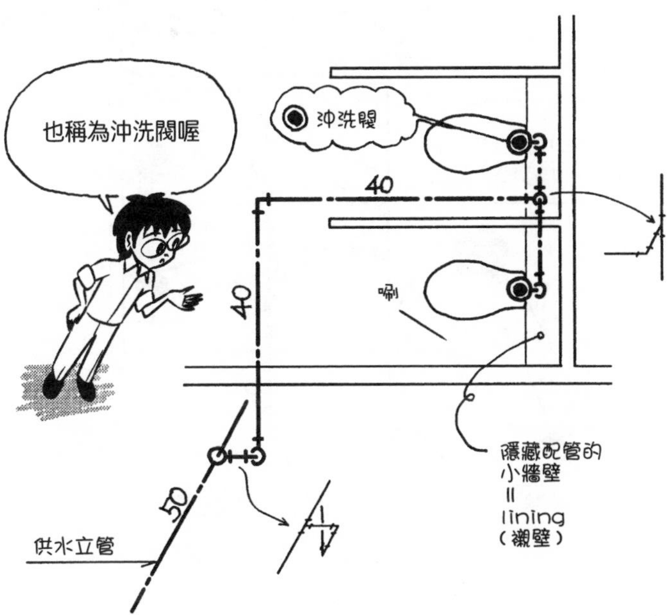

Q 排水口的圖面符號是什麼？

▼

A 如下圖的圓形。

排水口也稱為短立管。因為排水口能夠看到立管上方，以圓形表示。有時也在圓圈中畫上╳符號。

在下圖中，洗臉的排水合流至污水管。雜排水有時只到一樓，與污水分開排放，也有如下圖般在途中合流。

雖然立管在平面圖中畫成斜線，但有時會加上箭頭，表示水流方向。供水立管是箭頭向上，污水立管是箭頭向下。

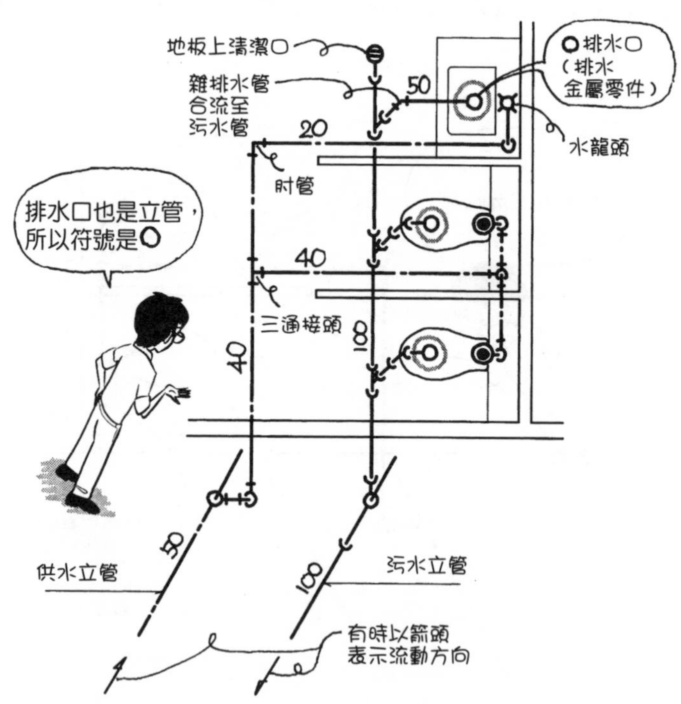

Q 地板排水口（地板排水金屬零件）的圖面符號是什麼？

▼

A 如下圖，在圓內畫滿影線（hatch）。

hatch是畫滿斜線、像陰影一樣的圖面畫法。

排水口的蓋子是格狀，符號看起來像格子。同樣的hatch，還有**活蓋**、**活板門**（trap door）之意。潛水艇或船甲板上的活板門，也開始使用在建築中。

地板排水口是清潔時排放水的排水口。地板上清潔口是打開頂蓋，清潔裡面的管的口。污水管容易阻塞，所以必須在各處設置地板上清潔口或地板下清潔口。

雖說是清潔口，但並非為了清潔地板用的，而是進行管的清潔的口。通常不會打開地板上清潔口的蓋子，讓清掃產生的污水流入。雖然地板排水口有時會作為臨時排水口，不過因為沒有存水彎（trap，參見R139），臭味會傳上來。

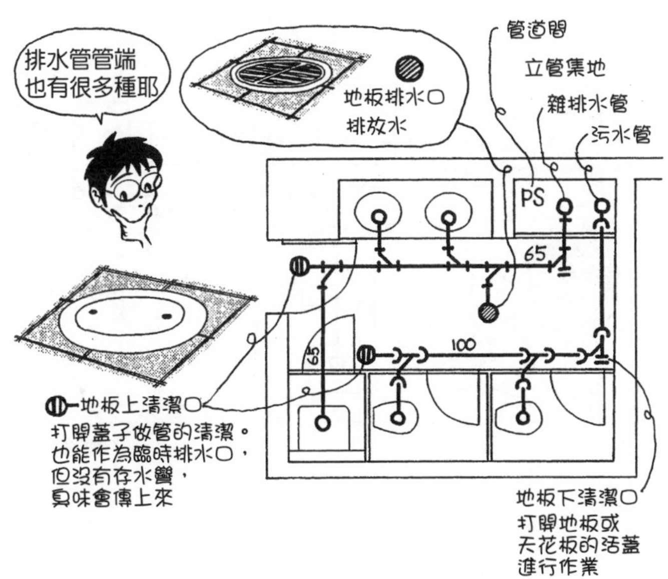

Q 如何安裝通氣管？

▼

A 如下圖，從排水管開始向上鋪設安裝。

通氣管用於輸送空氣到污水管和雜排水管等排水管，促進水流順暢。由於排水管連接通氣管，可以讓排水管內的空氣維持在大氣壓狀態。

通氣管連接在排水管的下方或同樣高度時，排水會進入通氣管中。為了避免發生這種情況，安裝通氣管必須從排水管開始便向上鋪設，連接通氣管。

在通氣管與排水管交叉處，通氣管要通過排水管的上方。圖面（平面）也要畫成通氣管在排水管的上方。

至於住宅或小型公寓等，直接從排水立管向上延伸，作為替代的通氣管。排水立管向上延伸，在管道間內或利用通氣蓋向大氣開放。雖然空氣只從上方進入，水流總比毫無任何處置更順暢。如果在室內設置立管，會傳出臭味或生蟲，所以不宜。

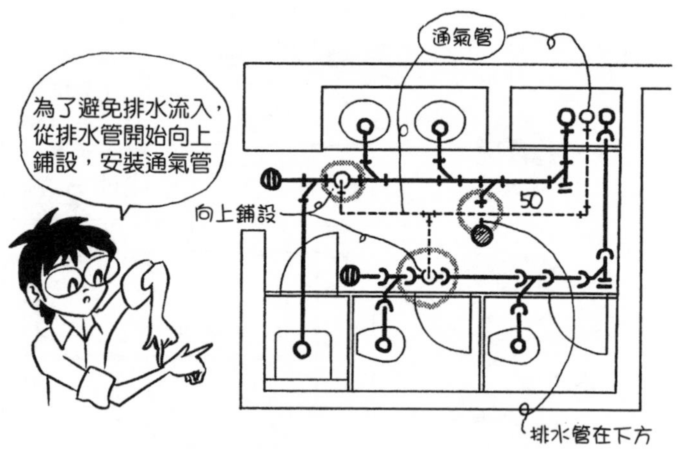

Q 伸頂通氣管是什麼？

▼

A 如下圖，將污水管等排水立管向上延伸，作為通氣管。

延伸管端部分作為通氣管，故名伸頂通氣管（stack vent）。伸頂通氣管多用於短距離的橫向排水管，或器具數量少的時候。這種通氣管是向上鋪設在管道間內或屋內天花板的上方等處。

伸頂通氣管的最上方安裝**通氣閥**（vent valve）。直接切斷排水立管，沒有通氣閥，會飄入臭味或飛進小蟲。加裝瑞典Durgo通氣凡而（Durgo air valve）等通氣閥，可以防止臭氣或小蟲侵入。排水管內部為正壓或負壓時，通氣閥便會開啟。Durgo通氣凡而是使用薄橡膠膜的通氣閥。

如果要排氣到屋內天花板的上方，天花板上方必須裝有供空氣進入的**供氣口**（air supply port），並在天花板裝設維修用的**檢查口**。

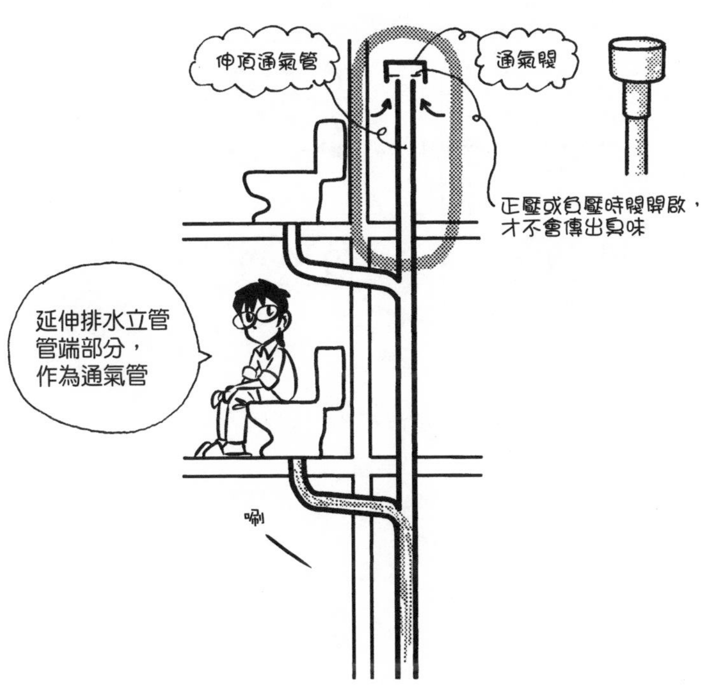

Q 環狀通氣方式、個別通氣方式是什麼？

▼

A 如下圖，在排水橫管管端連接一根環狀通氣管的方式，以及將器具分別連接通氣管的方式。

loop是輪之意。因為排水橫管與通氣管形成環狀，所以稱為**環狀通氣方式**（loop vent system）。環狀通氣管是連接在排水橫管最上流器具下方的下流側。在辦公大樓和學校等連接數個器具的排水中，常採用環狀通氣管的方式。

個別通氣方式（individual vent system）如字面所述，就是每個器具分別連接一根通氣管的方式。這是最好的通氣方式，不過成本過高，較少採用。

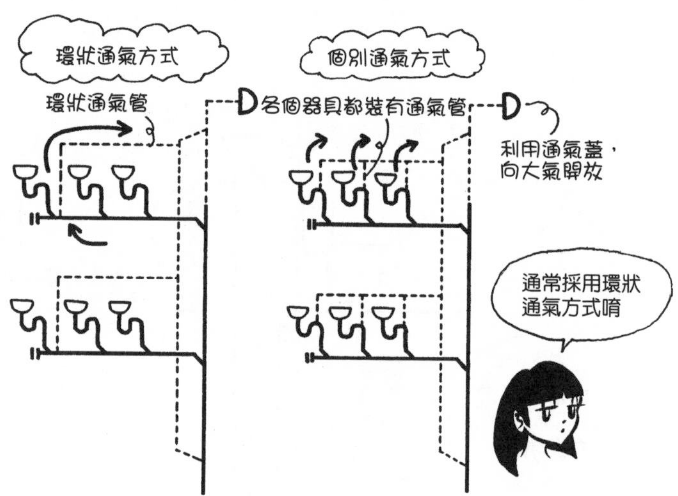

Q 為什麼要用排水陰井？

▼

A 用於建物排水管的接收、合流、方向轉換、轉接等，使流動順暢、維修方便，透過末端陰井，能夠清楚區分工程歸屬。

陰井是埋設在土裡的排水用箱型裝置，內部設有立管豎立處、雜排水管和污水管合流處、方向轉換處等。圖面符號是正方形。立管直接連接橫管，會導致水流混亂，流動不順暢。因此，水先進入陰井之後，再朝橫向流動，還可以混合空氣，流動比較順暢。此外，垃圾也能在這裡清除。

雜排水管和污水管合流時也是，先在陰井合流，流動更順暢。這裡並非指合流管中的排水，而是在陰井合流之意。

若橫管的方向轉換處也設置陰井，會讓流動順暢，也容易撈取垃圾。

橫管過長時，垃圾容易半途堵塞，不易收集，而且空氣無法進入，導致流動不順暢，所以在中途設轉接陰井。在直線部分，以管徑的120倍以內作為基準。管徑100mm時，每12m以下裝設陰井。

從建地內往道路出去的最後位置，設置末端陰井。以此為界，靠道路的部分屬於公共部分，靠建築的部分則是建造者的工程。陰井不只能夠讓水流動順暢，還能清楚區分工程歸屬。

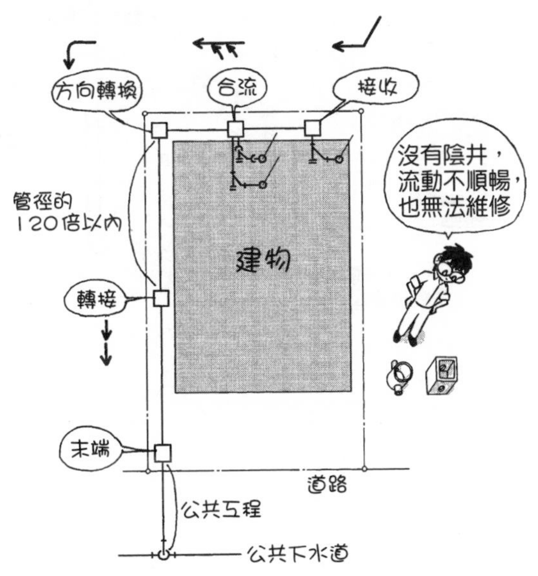

Q 污水坑陰井是什麼？

▼

A 如下圖，底面有半圓形斷面的溝狀陰井。

invert是逆向或倒拱形等之意。內部挖有倒拱形溝的陰井，稱為污水坑陰井（cess pit in invert）。

排放污水的陰井中，混有糞尿或廁紙等。如果是普通的陰井，恐有淤積底部之虞。因此，在底部做成與排水管相同斷面的溝，讓固體物質能流動順暢，就是污水坑陰井；因為用於污水，又稱**污水陰井**。

污水坑陰井是在混凝土製的四方箱型底部有溝，有些是樹脂製圓筒的底部有溝。

污水坑陰井的圖面符號是在正方形中畫上圓形。這個圓形是表示人孔的形狀。為了防止污水的臭氣傳出來，設有**防臭人孔蓋**（deodorant manhole cover）。450mm^2、深度800mm的陰井，寫作450$^{□}$×800H。

陰井為圓筒狀時，也會畫成圓形輪廓。這種情況是在圓形之中再畫個圓形，成為雙重圓，內側的圓表示防臭人孔。

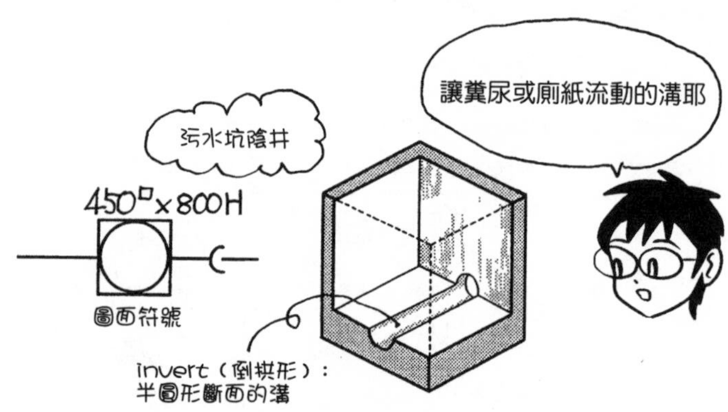

Q 雨水陰井是什麼？

▼

A 如下圖，底部沉澱淤泥的陰井。

雨水會夾帶屋頂的塵埃或泥土一起流下。雨水立管的水，先流到雨水陰井，在那裡沉澱塵埃或泥土之後，再排放到下水管。由於是沉澱泥土，也稱為**沉砂井**（grit chamber）。

立管不經過陰井而直接連接橫管，會產生渦旋。如此一來，不僅難以流動，泥土也會一起排放出來。長期下來，橫管會被泥土淤塞。

雨水陰井和污水、雜排水用的污水坑陰井，結構不同。這種陰井的圖面符號是正方形或圓形，直接呈現陰井的形狀。

雨水和污水＋雜排水通常分別排放到不同的下水管。有時會在末端陰井的外側、道路側建置公共陰井。這是為了方便公共單位進行工程或維修而設置的陰井。下水未分成雨水與污水時，合流於建地出口的末端陰井。

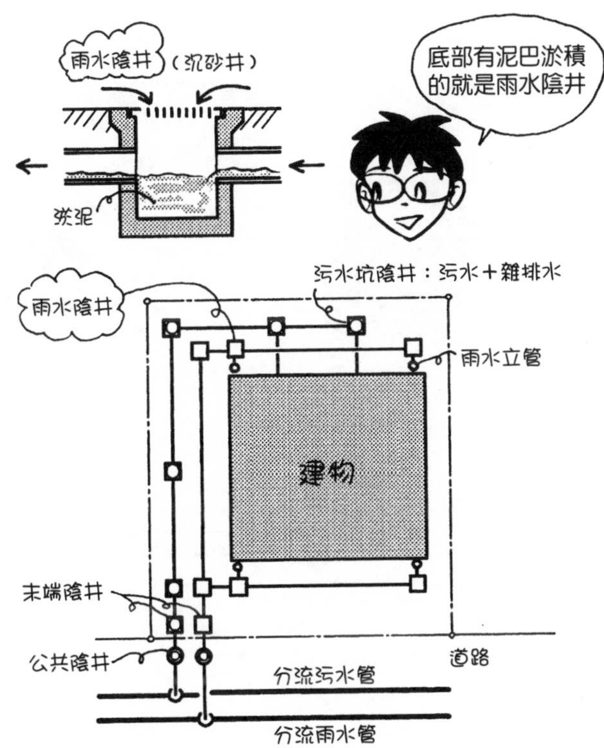

Q 滲透井是什麼？

▼

A 讓雨水在建地內滲透再進行處理的陰井。

排放至分流雨水管的雨水，最後放流到河川。在多是柏油路的都市，大雨時有河川氾濫之虞。因此，有些地區規定雨水滲透的義務，也就是雨水必須在建地內滲透。順帶一提，筆者所住的城市便規定了這項義務。

這時必須使用滲透井。滲透井是多孔、無底的混凝土箱或圓筒，也稱為**雨水滲透井**。

滲透井的底部和周圍塞滿砂石，使雨水容易滲透到土中。若是大型屋頂，則用多孔的管，稱為**滲透排水管**（infiltration pipe）或**滲透溝**（infiltration trench）。

trench的原意是戰爭中使用的溝、塹壕，後來用於意指一般的溝。由於埋設滲透排水管的洞是橫長形的溝，所以稱為trench。此外，安置配管類的混凝土溝，也稱為trench。

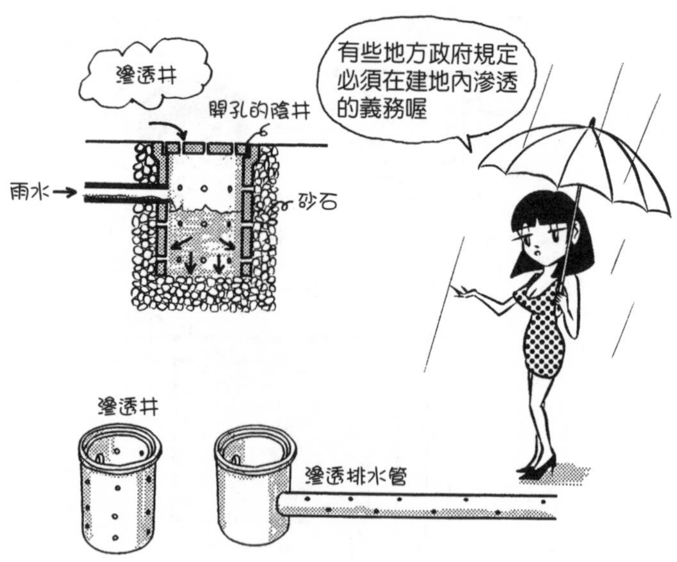

Q 跌水井是什麼？

▼

A 連接彼此高度不同的排水管的陰井。

drop是落下之意。跌水井（drop well）是讓排水向下流的陰井。

建地內深度約40cm的排水管，與深度約120cm的公共陰井連接時，便會使用跌水井。

彎曲排水管會造成水位突然降低，產生渦旋，導致流動不順暢，垃圾也容易堵塞。為了避免這種情況，安全的作法是設置跌水井降低水位。一般而言，調整深度時會使用跌水井。

為了使跌水井中流動順暢，有時也設置如下圖的跌落管（drop pipe）。此外，若有污水進入，還會裝置倒拱形溝（半圓形斷面的溝）。這是一般污水坑陰井的深底版本。

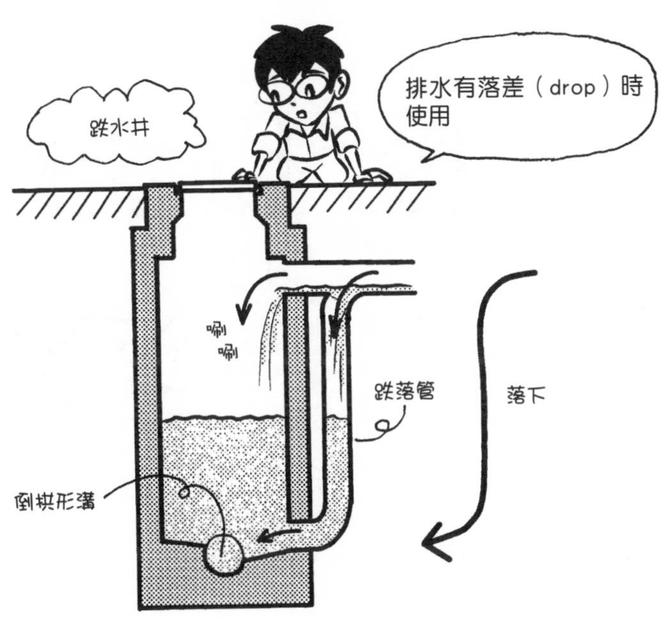

Q 存水彎井是什麼？

▼

A 如下圖，為遮斷污水側的空氣而設存水彎的陰井。

雨水或雜排水與污水合流時，可能產生污水臭味、生蟲或有毒氣體。因此，在陰井中設存水彎，遮斷污水管的空氣。存水彎就是為了這項目的設置的（參見R139）。

存水彎井（trap well）的圖面符號，是在陰井形狀的正方形中，註記trap的T字。污水坑陰井是正方形中畫上圓形，雨水陰井（沉砂井）是正方形。

廚房的流理台等器具設存水彎，能夠密封陰井的存水彎與器具的存水彎之間的空氣。這個空氣若為正壓，存水彎會噴出水；若為負壓，存水彎的水被吸入。基本上禁止使用雙重存水彎（double trap）。

為了避免雙重存水彎，必須在存水彎與存水彎之間的排水管裝設通氣管使空氣進入，或是設置一般的陰井使空氣進入。

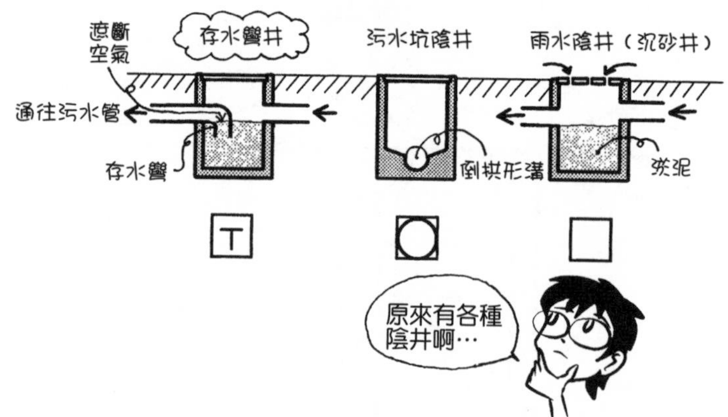

Q 低於下水管的地下室等處如何處理排水？

▼

A 如下圖，做成排水槽，利用泵浦抽水排放至下水管。

高於公共下水管的排水，從立管流入陰井，連接下水管，利用重力隨時排放。然而，若是低於下水管的地下室，無法靠重力排放，必須利用泵浦抽水。

為了以泵浦抽水，設置排水槽，將排水暫時儲存槽內。通常只需在地下室設置基礎梁高度的底坑即可。這是混凝土製層板所建構的空間，利用這個地方設置排水槽。

排水槽可分為污水槽、雜排水槽、地下儲水空間，也有不區分而合流的型態。

排水槽中預留裝設泵浦的窪地，稱為**泵坑**（pump pit）、**吸水坑**（suction pit）、**集水坑**等。排水槽底部設定出坡度，朝向泵坑，讓水容易流動。

泵坑安裝兩部以上排水泵浦，輪流運轉。即使一部故障，另一部還能繼續運轉，應付緊急狀況。

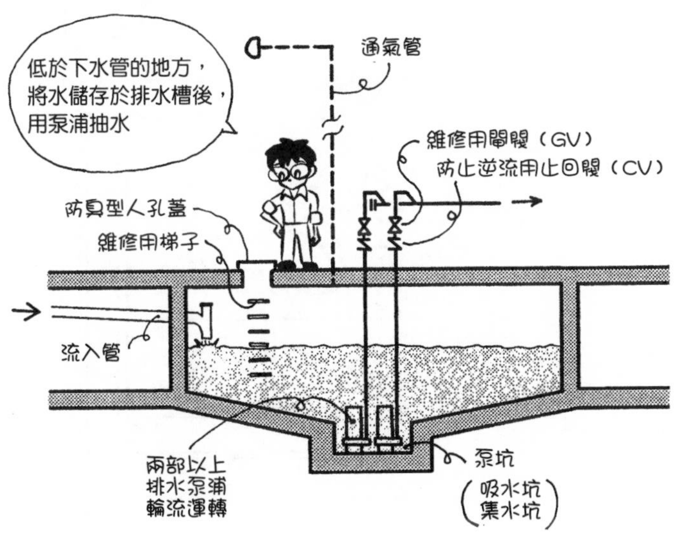

Q 存水彎是什麼？

▼

A 排水管彎成S型、P型等，可以存水，防止傳出臭味或生蟲的裝置。

trap的原意是圈套、陷阱，這裡係指設法密封住水的機關。被封閉起來的水稱為**封水**（sealing water）。

封水可以防止排水管內部的臭味或傳出有毒氣體、生蟲。封水不佳，除了導致嚴重的臭味，還會大量滋生小蟲。

筆者曾經住過封水不佳的中古家族公寓。不僅臭氣沖天，地板上還爬滿小蟲，真是嚇壞了。除了廁所和盥洗室，甚至擴及房間。房間長期無人居住，封水蒸發，就會導致這種情形。清掃時補充足夠的水，便能輕鬆恢復原狀。房間沒人住時，以食用保鮮膜封住排水口，水不易蒸發，也可防止傳出臭味或生蟲。

Q 封水深是什麼？

▼

A 如下圖，封水的深度。

封水的深度，並非管的最下方到封水最上方的深度。封水是從有效的最低水位開始測量。少於這個最低水位，封水沒有效用，最低水位以下的水不能算是封水深。

封水深太淺，水馬上蒸發。而且，排水管內部產生負壓時，也會隨即被吸收而缺水。必須有一定程度以上的水位。

相反地，如果封水深太深，容易淤積污垢。封水不易流動，失去自我清潔功能，會導致堆積物淤塞。

一般而言，封水深以約50～100mm為宜。

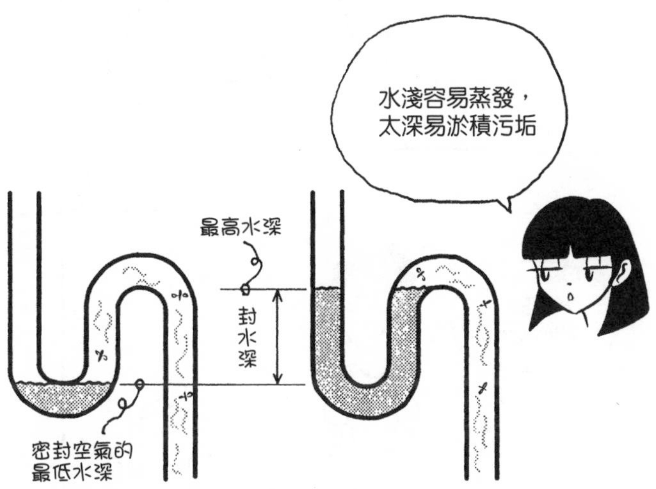

Q S型存水彎、P型存水彎、U型存水彎是什麼？

▼

A 將排水管彎成S型、P型、U型而做成封水的存水彎。

洗臉盆的下方，常可看到S型存水彎和P型存水彎。S型存水彎通往地板下；P型存水彎通往牆壁，與排水管連接使用。兩者的封水深皆需約50～100mm。

Q 碗型存水彎是什麼？

▼

A 如下圖，呈倒扣碗狀的存水彎。

碗型存水彎（bowl trap）又稱鐘型存水彎（bell trap），源自鐘（鈴）倒置的形狀。

碗型存水彎用於浴室或廁所的地板排水口、洗衣機底盤的排水口、流理台的排水口等。排放水時會產生大量垃圾，所以在碗型存水彎上方裝設收集垃圾的過濾網。格狀的排水口蓋子，稱為排水孔蓋。

碗型存水彎的管不必彎來彎去，不占空間。不過設置在地板下時，高度低的碗型存水彎比較容易使用。

打開存水彎上方的蓋子，就能清潔內部。即使有毛髮堵塞也能立即清除。雖然彎曲排水管的S型存水彎和P型存水彎容易排出污物，但有毛髮堵塞等不易清除的缺點。

打開流理台等地方的排水孔蓋，便能看到碗型存水彎。碗可輕鬆取出，然後排水管就出現了。

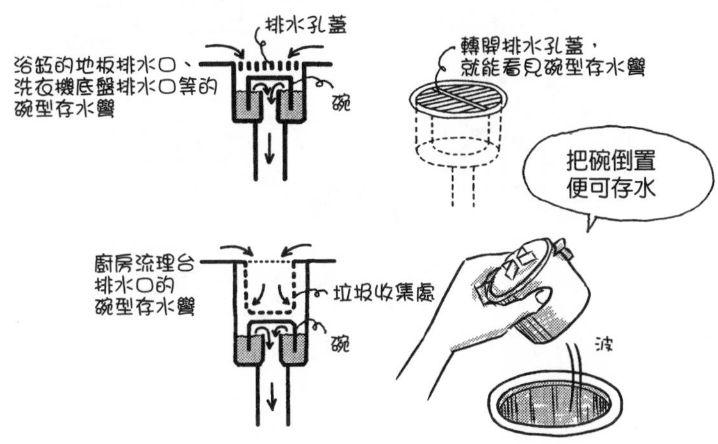

Q 倒碗型存水彎是什麼？

▼

A 如右下圖，碗口朝上置放的存水彎。

一般的碗型存水彎如左下圖，碗口朝下放置。在碗與立管之間以封水遮斷空氣。這種存水彎通稱碗型存水彎、鐘型存水彎。

倒碗型存水彎（reverse bowl trap）是碗口向上存水。在碗的側邊開孔，向側邊排水。從碗的上方插入管子，藉以遮斷空氣。

倒碗型存水彎向側邊排水，所以可以降低排水管的高度。從混凝土層板到地板表面的高度，公寓是約20cm。如果要在其間鋪設排水管，倒碗型存水彎最有效率。

因為不占高度空間，倒碗型存水彎多用在套裝衛浴或洗衣機底盤的排水口。洗衣機底盤的排水口承接洗衣機水管的排水，以及底盤的排水，較為複雜。可以在套裝衛浴的排水口確認倒碗型存水彎。

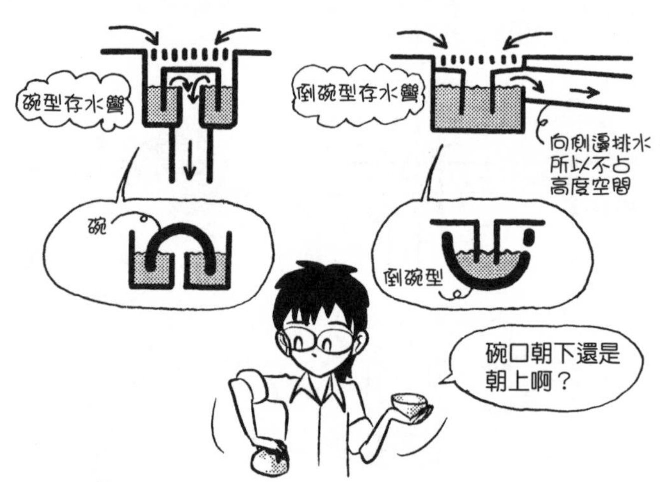

Q 鼓式存水彎是什麼？

▼

A 如下圖，圓筒狀的存水彎。

drum是鼓之意，通常也表示較粗的圓筒。鼓式存水彎（drum trap）是在圓筒狀中做成封水，防止排水管的空氣上升。

這種存水彎的特徵是，由於封水多，即使一次大量排水，封水也不易消失。封水消失稱為**破封**。能夠打開蓋子清理垃圾，也是鼓式存水彎的優點。對於必須儲水使用清洗的地方等，鼓式存水彎最有效率。

只要在容器裡儲水，就能成為存水彎。然而，讓水流入的管裝在容器上方，空氣會相通；若沒有遮蓋，也會和空氣相通。必須把管裝在下方，用蓋子密封，才能遮斷空氣。若無法遮斷空氣，排水管內部的臭味會傳出來，或者傳出有毒氣體或生蟲。請再次記住存水彎的基本事項。

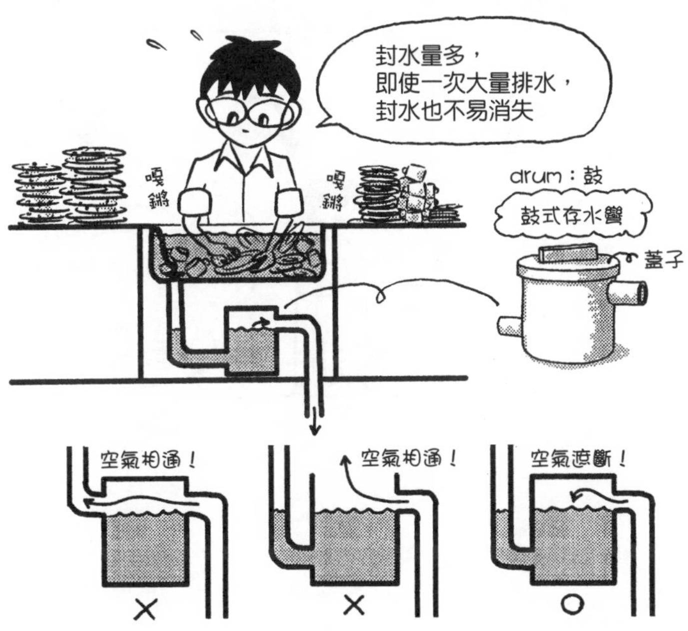

Q 大便器用什麼樣的存水彎？

▼

A 如下圖，在便器內部形成S型的存水彎。

雖然有各種形狀，不過基本上是S型存水彎。在S型存水彎做成封水，防止下水的臭味傳出或生蟲。

存水彎偶爾會發生糞便堵塞。此時急忙沖水會導致溢出，造成更大的困擾。可以利用前端有橡皮杯（rubber cup）的工具馬桶疏通器，推擠糞便或抽出變成小塊後再沖洗。

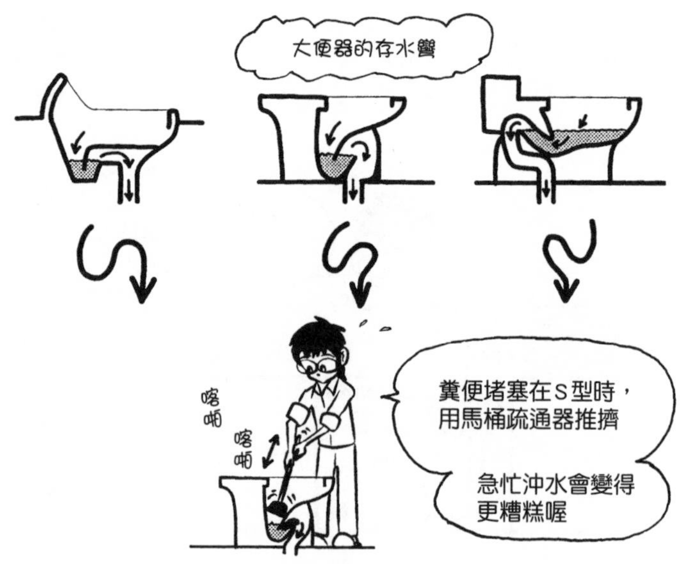

Q 小便器用什麼樣的存水彎？

▼

A 如下圖，一般是在便器內部內置P型存水彎或碗型存水彎。

下圖是內置P型存水彎的壁掛式小便器（wall-hung urinal），以及內置碗型存水彎的立式小便器（pedestal urinal）。在碗型存水彎的碗中，設有容易用鐵絲勾起的洞。

立式小便器也稱為stool式。stool是凳子、擱腳凳之意，但stool式小便器在日本是指立式、落地式的大型小便器。

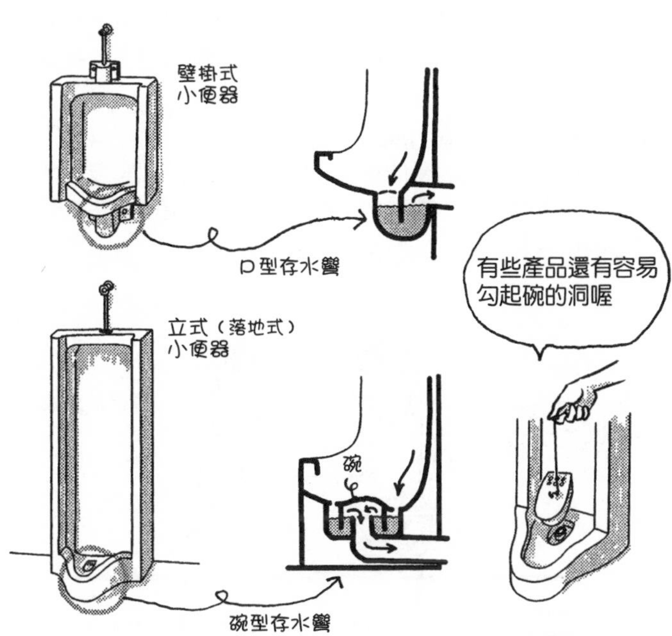

Q 油脂截留器是什麼？

▼

A 如下圖，去除混在餐廳廚房等排水中的油或垃圾的器具。

雖然油脂截留器（grease separator）也稱為**分油存水彎**（grease trap），其實功能並非存水彎，而是去除油脂和垃圾等的器具。在排水的部分也裝有截留器。截留是指截阻油或垃圾流動並留集之意。

grease是半固體狀、糊狀的油。烹調用油或垃圾混在排水中。菜屑等大塊的垃圾，先被網狀的篩籃篩掉。油比水輕，所以浮在水面。去除這類垃圾的器具稱為**過濾器**。

打開油脂截留器的蓋子，去除篩籃內的垃圾或浮在水上的油脂。餐飲店等最好每天打烊後清除垃圾和油。存水彎也附有蓋子，每兩、三個月清潔一次存水彎內部。

油脂截留器若是較陽春的型態，也可以直接放在流理台旁。不過油脂截留器通常用於收集流理台的排水和地板排水，所以設置在地板下。如果裝設在混凝土層板上，地板必須增高，預留油脂截留器的高度空間。

除了油脂用之外，還有毛髮用、砂用、汽油用等截留器。

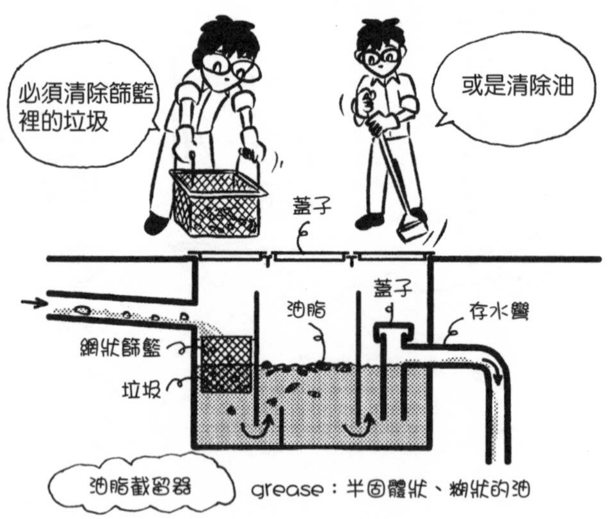

Q 可以使用雙重存水彎嗎？

▼

A 不可以。

如下圖，若做成雙重存水彎，空氣被封閉在中間。被密封的空氣變成負壓或正壓。

想要排水時，被密封的空氣變成負壓，阻止流動。若變成正壓，上方的封水會從排水口噴出。再者，流到下方的水因為空氣被抽走變成負壓，吸引上方的封水，導致封水全部流掉。

為了防止這種不良作用密封空氣，禁止使用雙重存水彎。如果無論如何都得安裝，在空氣被封閉的部分裝設通氣管，避免變成正壓或負壓。

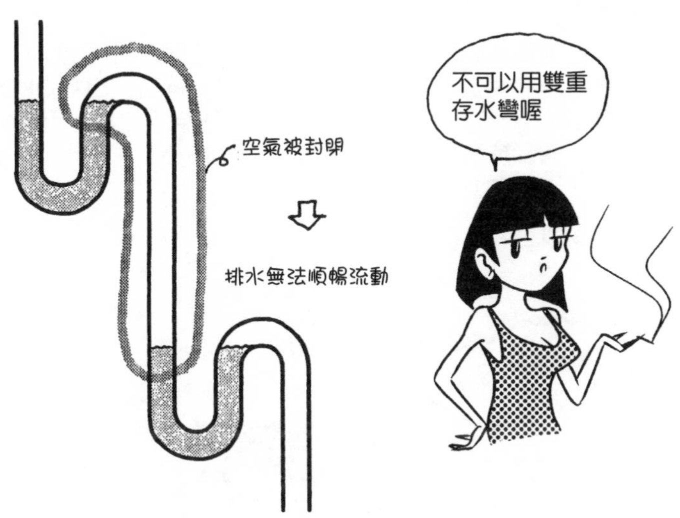

Q 虹吸現象是什麼？

▼

A 如下圖，在U型管中吸水上升的現象。

想以軟管抽出浴缸的水時，先吸出軟管中的空氣，讓軟管內充滿水，再將彎成U型的軟管前端放在低於水面下的位置，水就會自動流出。下圖以吸出玻璃杯中的水作為範例，說明虹吸現象（siphonage）。讓U型管中充滿水，使吸出口B點低於水面A點。

管內的A點，受到向上的大氣壓力。即使水沒有直接接觸大氣，作用於周圍水面的壓力仍會傳到水中。若與周圍的水面同樣高度，會受到相同壓力＝向上的大氣壓力作用。

B點在下方，因為向大氣開放，大氣壓力作用向上。A點、B點都受到向上大氣壓力的作用（下圖左）。

設U型管的頂點為O點。比較OA的水重量與OB的水重量，OB比較重（下圖中）。當作用於A點和B點的向上壓力相同時，因為OB比較重，OB向下流動。若OB向下流動，無法只有OB向下流動，因為如果隔開OA與OB，會形成真空，所以OA和OB都向B移動。因此，水會往B的地方流動（下圖右）。

吸水上升的U型管，稱為**虹吸管**（siphon）等。

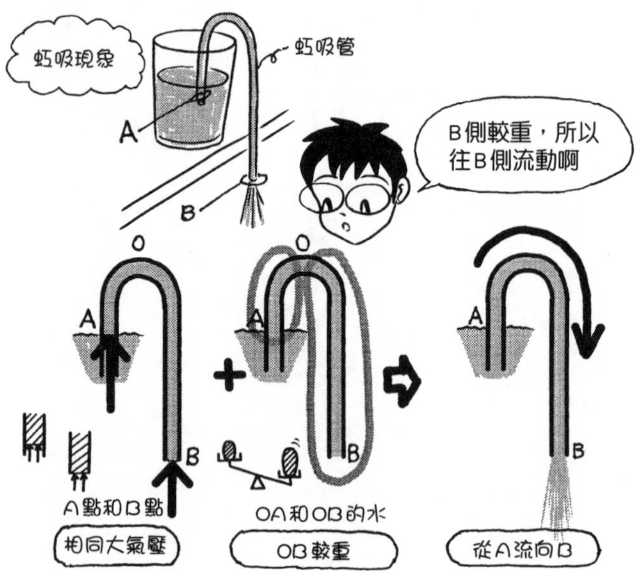

Q 虹吸現象引起的破封是什麼？

▼

A 如下圖，滿水狀態時，封水因虹吸現象被吸出來。

大量排水時，排水管成為滿水狀態。當S型管達滿水，S型管的部分變成虹吸管的狀態。這時繼續這樣排水，就會吸出封水。

這就是虹吸現象引起的破封。由於這是排水自行產生的虹吸現象，又稱**自虹吸現象**（self-siphon phenomenon）。

排水管在滿水狀態流動，稱為**滿管流**（full flow）。水管內部的空氣消失，只有水流動。滿管流時，容易出現**自虹吸**。

在可能大量排放水的排水管，避免使用S型存水彎和P型存水彎，必須使用封水多的鼓式存水彎。

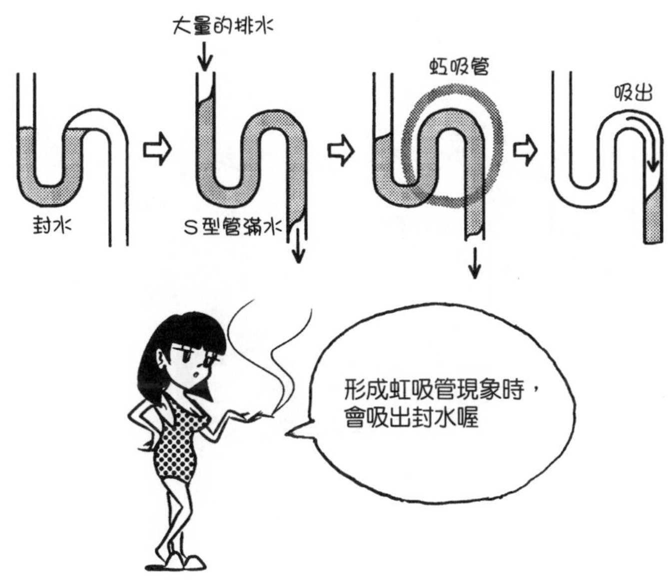

Q 毛細管現象引起的破封是什麼？

▼

A 毛髮或細線等的空隙之間所形成的毛細管吸封水上升的現象。

毛細管現象（capillary phenomenon）又稱**毛管現象**。這是水在毛髮般的細管中上升的現象。水面沿著細管兩側面上升，形成凹形。同時水面因表面張力的作用力而收縮。凹形的水面收縮，結果變成向上的力。這就是毛細管現象的原理。

存水彎中如果有毛髮和細線積存，將形成細管狀的空隙，吸水上升到這個空隙裡。因此，毛細管現象也會造成封水消失。

〔**破封的原因**〕

自虹吸現象

毛細管現象

蒸發

排水管內空氣的負壓和正壓等

Q 用於淨化槽的好氣性微生物和厭氣性微生物是什麼？

A 經由供給空氣來分解污物的微生物，以及在無空氣的水中分解污物的微生物。

污物經過微生物的分解、沉澱，把排水變成乾淨的水。這種微生物大致可分為「喜歡」空氣（氧氣）的**好氣性微生物**（aerobic microorganism），以及「不喜歡」空氣（氧氣）的**厭氣性微生物**（anaerobic microorganism）。排水是先排入放有厭氣性微生物的槽內，接著排入放有好氣性微生物的槽內。

在好氣性微生物的槽內，必須經常送入空氣。這個機器稱為**鼓風機**（blower），指吹入空氣的機器。其實鼓風機是輸送空氣的泵浦，然後連接有很多洞的管。

分解、沉澱的污物必須定期清除。此外，也要定期加入微生物。淨化槽的維護成本其實頗昂貴，設計階段和採購階段必須詳細調查。

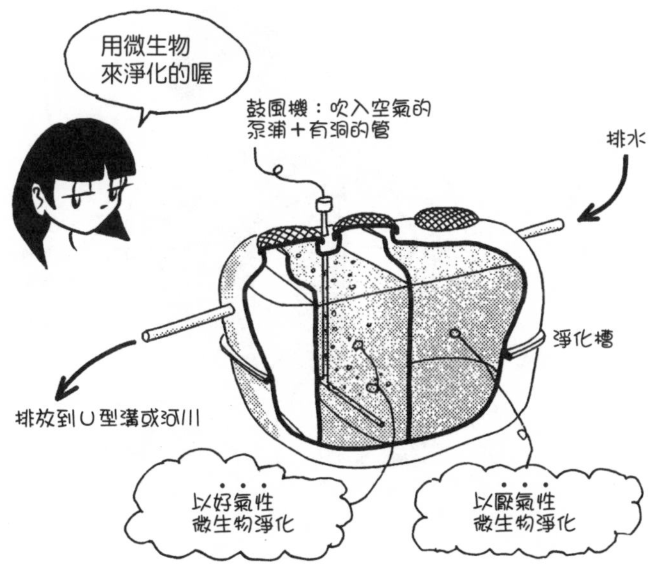

Q 曝氣槽、淨化槽的濾板槽是什麼？

▼

A 讓好氣性微生物接觸空氣用的槽，以及放入加進厭氣性微生物過濾用墊板的槽。

曝氣（aeration）是暴露於空氣、接觸空氣之意。曝氣槽（aeration tank）是讓好氣性微生物活躍的槽，又稱接觸曝氣槽（contact aeration tank）。

過濾是讓液體等通過有很多小孔的膜，去除雜質。過濾用的材料稱為過濾材（filter media）。以過濾材製成的墊板或內含過濾材的墊板，都是過濾墊板。

下圖的網與網之間放入碎石等過濾材，讓厭氣性微生物附在過濾材上。放入過濾墊板讓厭氣性微生物活躍的槽，就是濾板槽（plate tank）。

污水和雜排水合流，排入如下圖的淨化槽。因為是匯集污水和雜排水一起淨化，所以稱為**合併式淨化槽**（combined purification tank）。

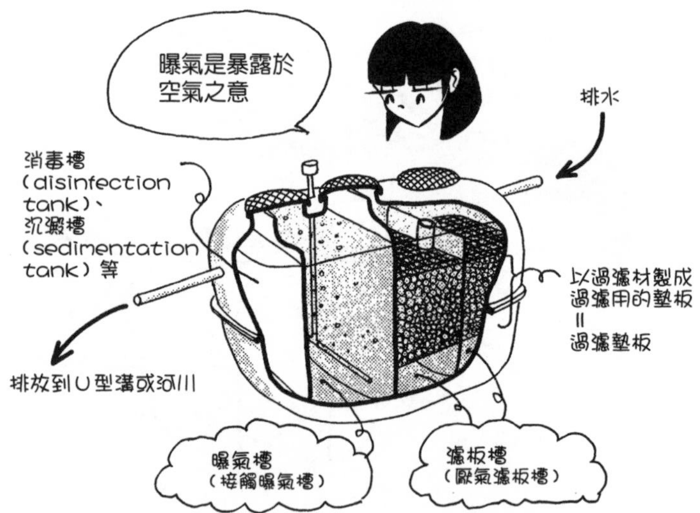

Q BOD是什麼？

▼

A 生化對氧氣的需求量，水質指標的一種。

混有多量有機物的水，有機物腐敗，氧氣減少。腐敗就是氧化，指溶解於水中的氧氣與有機物反應，成為氧化物。若水中的氧氣減少，魚或水草等無法生存。

氧化分解有機物需要多少氧氣，以BOD表示。BOD是biochemical oxygen demand的縮寫，直譯是生化需氧量，即生化上分解污物所需的氧氣量。除了BOD之外，也用COD（chemical oxygen demand，化學需氧量）等。

測量淨化槽排出的水的BOD，確認是否在基準以下，才放流到河川等。

BOD通常指在五天內、溫度20℃下，淨化1ℓ的水，需要多少mg的氧氣，以mg/ℓ表示。

5mg/ℓ以下，魚可以在河川等處生存；3mg/ℓ以下，水尚可飲用。淨化槽排放放流水的標準，根據淨化槽大小或地區各異，有20mg/ℓ以下、30mg/ℓ以下、60mg/ℓ以下等規定。

BOD大＝有機物多＝污染度大

Q ppm是什麼？

▼

A 100萬分之1（10的6次方分之1）。

ppm是parts per million的縮寫，表示100萬分之1的輔助單位。

part是部分之意，「part per～」就是「～分之1」的意思。

ppm是非常小的比例。以0.000001表示，不如用1ppm比較容易理解，方便使用。這是用於濃度等的輔助單位。

水的質量是每1ℓ約1000g，每1mℓ（1cc）約1g。m（milli）是指1000分之1。1mℓ是1000分之1ℓ，也稱1cc。

BOD的單位是mg/ℓ（milligram per liter），表示要分解有機物，1ℓ的水中需要多少mg的氧氣。ℓ是體積，mg是質量。

ppm是一種比（ratio），通常必須統一分母和分子的單位。試著將BOD的1mg/ℓ換算為ppm。1mg是1/1000g，1ℓ的水約1000g。分母和分子統一為g，則

1mg/ℓ＝（1/1000）g/1000g＝1/1000000＝100萬分之1＝1ppm

1mg/ℓ改為質量比，就是1ppm。BOD通常以mg/ℓ表示，不過以質量比表示ppm，數值幾乎相同。BOD也會以ppm表示，就是因為數值與mg/ℓ相同。

BOD：□mg/ℓ＝□ppm

因為水1ℓ是1000g，上述等式成立。用在其他物質，這個等式不成立。

Q 沖洗閥是什麼？

▼

A 將供水壓力直接用在洗淨便器的閥。

flush是沖洗之意；相機的閃光燈是flash，唸起來相近，詞彙不同。valve是閥。flush valve（沖洗閥）就是讓水急速流動的閥，也稱為**洗淨閥**。

沖洗閥不用水箱，直接利用水壓沖洗。這種閥常用於一時間多人使用的情況，如使用頻率高的學校、電影院、劇場、工廠等的廁所。沖洗閥分為大便器用和小便器用。

由於短時間排放大量的水，供水量少時，會造成鄰近水龍頭缺水之虞；再加上沖水聲太大，而且必須維持一定程度以上的水壓，住宅不使用沖洗閥。住宅幾乎都是用儲水的水箱式。

水箱式分為設置在高處的**高位水箱**（high flush tank），以及設置在便器附近的**低位水箱**。

洗淨方式→沖洗閥式（洗淨閥式）
　　　　　水箱式（高位水箱、低位水箱）

Q 真空斷路器是什麼？

▼

A 沖洗閥突然關水或斷水等，導致供水管內變成真空（負壓）時，輸送空氣維持大氣壓，防止逆流等的裝置。

為了避免出現負壓，從外部吸入空氣，就是真空斷路器的作用。vacuum breaker（真空斷路器）的vacuum是真空，breaker是破壞者之意，直譯是破壞真空的裝置。雖然不會完全真空，仍會形成空氣稀薄、大氣壓以下的狀態。

如果成為負壓，會產生吸水上升的作用力，導致水不易流動或逆流。為了避免出現這種狀態，所以安裝真空斷路器。

其實，這就像醬油瓶的流出口有兩個孔一樣。掩蓋其中一個孔時，瓶子內部的空氣變成負壓，產生吸醬油向上的作用力，無法順利向外流動。如果打開兩個孔倒醬油，讓空氣進入瓶中維持大氣壓，便能流動順暢。

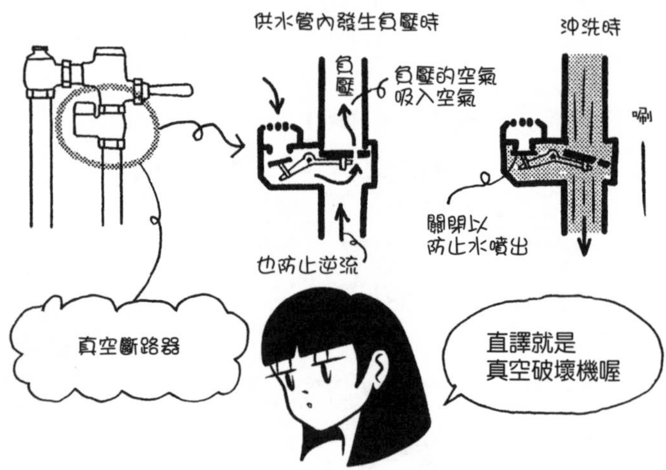

Q 便器洗淨方式的沖落式、虹吸式是什麼？

▼

A 利用水的落差排出的方式，以及利用虹吸現象造成吸引力排出的方式。

沖落式（wash down）和虹吸式（siphonic）的排水道（drainage channel），斷面相似。但排放水時，排水道是否殘留空氣，兩者大不相同。虹吸式排水道為滿水狀態，全部排水道成為虹吸管，利用虹吸現象的吸引力排出。

另一方面，沖落式是利用上升的水面向下沖的力道排出，不是利用虹吸現象。為了形成足夠的落差，最初的水面設定在下方。從上方觀察，沖落式的水面比虹吸式小。

此外，沖落式是利用水向下沖的力道排放，洗淨聲音比虹吸式大。考量虹吸式聲音小、排出力強、污物不易附著、臭味容易消散等優點，虹吸式優於沖落式。

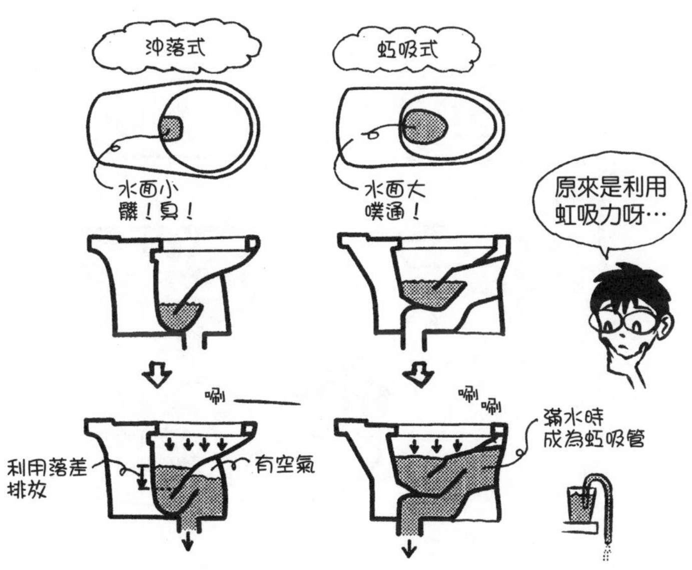

Q 便器洗淨方式的渦流虹吸式、噴射虹吸式是什麼？

▼

A 虹吸式加上渦流作用的方式，以及虹吸式加上噴射作用的方式。

渦流虹吸式（siphon vortex）的渦流（vortex）是渦旋、龍捲風之意。除了虹吸現象，還加上渦流作用來排出。在偏離中心軸的地方開孔，水從那裡流動形成渦旋。這種洗淨方式不會混入空氣，所以洗淨時較安靜。

渦流虹吸式的便器，可以把水箱放低，水箱與便器能夠合為一體，所以稱為**單體馬桶**（one piece toilet）。單體（one piece）是單個（one）部件（piece），即一體之意。

噴射虹吸式（siphon jet）的噴射（jet）是噴出之意。雖然飛機的噴射也是jet，不過日文書寫上會採用不同字音來區別。噴射虹吸式有噴出水的噴水孔，洗淨時從噴水孔噴出水。

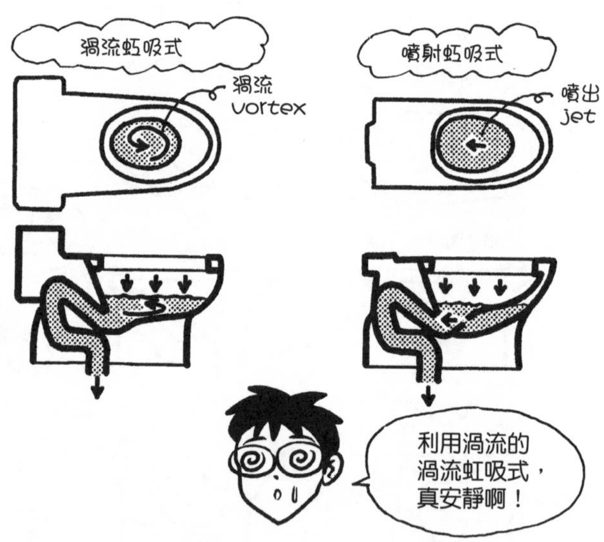

Q 便器洗淨方式的噴射式是什麼？

▼

A 以水噴出為主要力道的排出方式。

blow是吹，out是出去，blow out是噴出之意。雖然與噴射虹吸式同樣運用水噴出的原理，不過噴射式（blow out）並未利用虹吸現象，僅靠水流的力排放。

因為必須加強水流，噴射式通常使用沖洗閥。水箱式缺乏水流的力，無法使用沖洗閥。由於水流強，噴射式的缺點是洗淨聲音大。

然而，噴射式具有水面廣不易堵塞、不易受到污染、不易發臭的優點，不在意聲音大小的公共廁所適合使用這種洗淨方式。

沖落式、虹吸式、渦流虹吸式、噴射虹吸式都可以使用水箱和沖洗閥。通常渦流虹吸式使用水箱，噴射式使用沖洗閥。

	沖落式	虹吸式	渦流虹吸式	噴射虹吸式	噴射式
水箱式	○	○	○	○	×
沖洗閥式	○	○	△	○	○

○ 可以　　△ 應該可以　　× 不可以

Q 便器洗淨方式的直沖式是什麼？

▼

A 將污物暫放在沒有水的地方，洗淨時利用水的力道排出的方式。

在沖落式中，污物是落在便器的水中；而在直沖式（washout）裡，污物落在便器上，然後藉由水的力道排出。雖然這種方式水不會回彈，不過容易附著污物，也有臭味，主要用於蹲式便器。在公共廁所、公司或學校廁所，有不特定的多數人使用，所以多半不喜歡用臀部會接觸的西式便器。因此，有些地方會設置一定比例的蹲式便器。這時通常使用有沖洗閥的直沖式。

沖落式→西式便器，污物落入水中，以水面下沖力道排出
直沖式→蹲式便器，污物落在便器上，利用水的力道排出

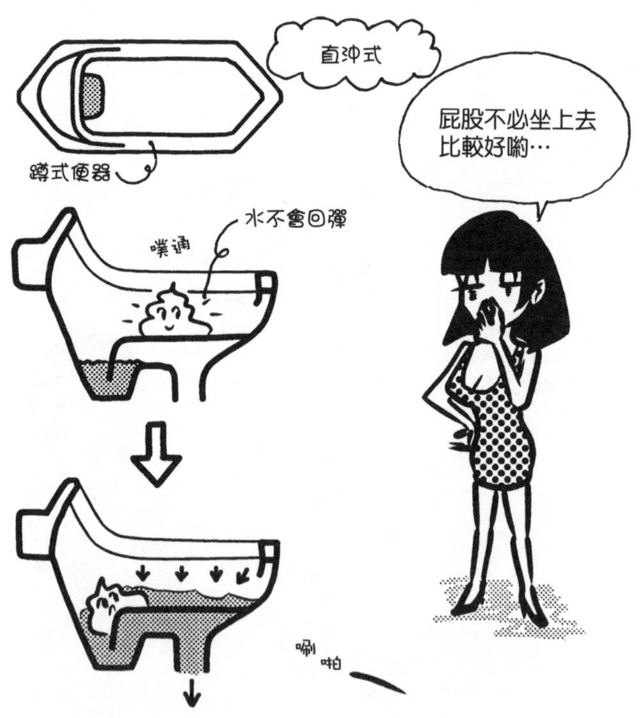

Q SK是什麼？

▼

A 如下圖，清潔用拖布盆。

SK原是TOTO的商品型號。SK後面附有數字，指明各種各樣的清潔用排水盆（sink）。實際上，這個商品型號SK一般直接作為清潔用拖布盆的名稱。

當然，其他廠商使用其他拖布盆的型號，SK狹義上是TOTO製清潔用拖布盆。

清潔用拖布盆裝設在公共廁所的清潔用具間等，用以清洗拖把或抹布，用水桶裝水。為了方便這類清潔作業，拖布盆做得又大又深，設置在較低的位置。

Q 污水盆是什麼？

▼

A 如下圖，裝設在陽台或洗衣機旁等處，清潔、澆水用的排水盆。

slop sink（污水盆）的slop是污水、排泄物之意，sink是排水盆；原意是排放污水和污物的排水盆。污水盆的縮寫是SK，與清潔用拖布盆相同，但在日本SK常指住宅清潔用拖布盆。

廠商目錄或分租公寓中所用的污水盆，比清潔用拖布盆小，而且形狀漂亮。談到SK，總讓人想到公共廁所常見的清潔用拖布盆，所以才想出污水盆的名稱。污水盆比清潔用拖布盆小，設置在住宅裡也不會覺得設計突兀不搭調。

在陽台裝設污水盆，有作為盆栽澆水、園藝用工具或運動鞋等的清潔、清洗尿布、清洗帶土的蔬菜等多種用途。把污水盆設置在室內的洗衣機旁，也很方便。

Q 珐瑯是什麼？

▼

A 釉藥塗在鐵等金屬上，經過烘烤使表面形成玻璃質（hyaline）的材料；不易生鏽，不易髒污或損傷等，用在浴缸等地方。

洗臉盆或便器多是瓷製，但浴缸太大，使用瓷的質材容易破裂，所以常用不鏽鋼或FRP（玻璃纖維強化塑膠）等。

不鏽鋼觸感冰冷，而FRP看起來很廉價。若使用壓克力等樹脂做成大理石質感的人工大理石，外觀和觸感具有高級感。

珐瑯（enamel）的表面是硬玻璃質，不容易附著污垢或損傷，外觀光澤具有高級感，平滑表面的觸感佳。

如果珐瑯的表面損傷剝離，內層的金屬會露出來。這時必須在生鏽之前修理。

珐瑯也用在流理台的門板，比貼木皮的門板更有高級感。如果不喜歡現成品（工業產品），偏好在作業現場製作浴缸，檜木等木材、石材、磁磚等很受歡迎。不過考慮維修問題，住宅多採用現成品。

Q 瓦斯的微電腦瓦斯表是什麼？

▼

A 內藏小型電腦的瓦斯表，自動偵測異常關閉瓦斯的裝置。

my com 通常是 personal computer（個人電腦）的簡稱，但這裡是 micro computer（微電腦）之意。micro gas meter 是內藏微電腦的瓦斯表。

當瓦斯軟管鬆脫，瓦斯流量會大增。微電腦瓦斯表偵測這種異常流量，自動遮斷瓦斯。

此外，當瓦斯長時間不斷外洩，或發生大地震等，微電腦瓦斯表也能偵測到，遮斷瓦斯。進行瓦斯幹管工程等，瓦斯供給壓力下降，也會自動遮斷瓦斯。

有能夠判斷危險的頭腦的瓦斯表，就是微電腦瓦斯表。瓦斯表的種類因瓦斯公司而異。

在 LPG（液化石油氣）的瓦斯表中，有些裝有三個顯示燈。根據三個顯示燈的關燈或亮燈方式，可以了解是在哪種異常狀態下關閉，以及如何復歸（reset）。

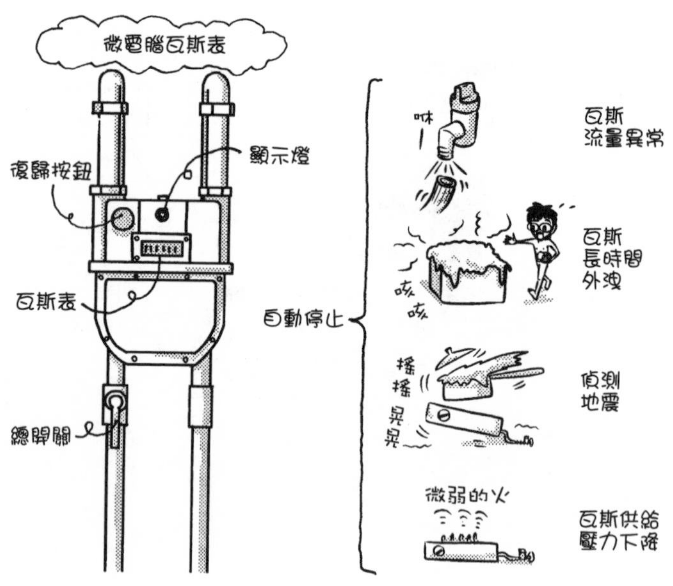

Q 瓦斯安全龍頭是什麼？

▼

A 裝有安全溢流閥（excess flow valve）的瓦斯龍頭。

fuse（保險絲，熔線）是當電力流量過大、遇熱熔解，遮斷回路的電線和其裝置。cock是旋塞、活栓。fuse cock（瓦斯安全龍頭）就是類似電力保險絲的活栓。

瓦斯安全龍頭是在活栓內部裝上尼龍製的球，瓦斯的強力流動讓球往上浮，將孔堵住，關閉瓦斯。目前使用的瓦斯龍頭，就是已經安裝安全溢流閥的龍頭。

當連結瓦斯龍頭的軟管脫落，或瓦斯器具異常而導致瓦斯流量過大，瓦斯安全龍頭會自動遮斷瓦斯供給。雖然微電腦瓦斯表也會遮斷溢流，但瓦斯龍頭內建了這種功能。這種作法是為了盡量設置多重安全閥。

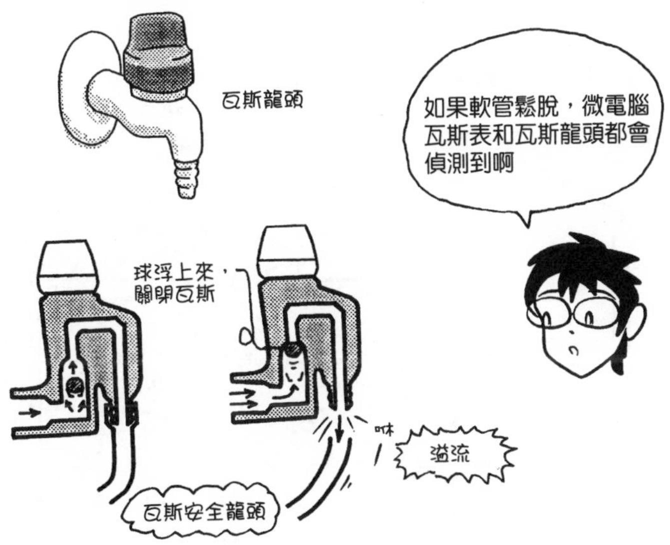

Q 為什麼要區分瓦斯、供排水的PS與電氣的PS（EPS）？

▼

A 防止外洩滯留的瓦斯因電氣火花引起爆炸。

PS是pipe space（管道間）的縮寫，為了配管預留的空間，通常安裝鐵門便於維修。電氣（electric）的PS也稱為EPS（電氣管道間）。

此外，容納計量器類的箱子，簡稱MB（meter box，電表箱）。因為也有兼用PS的MB，會寫上PS或MB的符號加以表示。

PS → pipe space（管道間）
EPS → 電氣的pipe space（電氣管道間）
MB → meter box（電表箱）

為了讓外洩滯留的瓦斯不會因為電氣火花引起爆炸，將電氣的幹線與瓦斯的幹線分開較安全。管道間無法分開時，盡量隔開電氣與瓦斯。

然而，瓦斯熱水器使用電力，插座必須安裝在管道間內。要徹底隔開電氣與瓦斯並不容易。

因此，必須設法讓瓦斯不會滯留在管道間內。城鎮瓦斯以甲烷為主，滯留在上方；LPG（液化石油氣）以丙烷為主，滯留在下方。設有瓦斯管的管道間，可在上方和下方預留空氣流通的地方，讓瓦斯不會滯留。

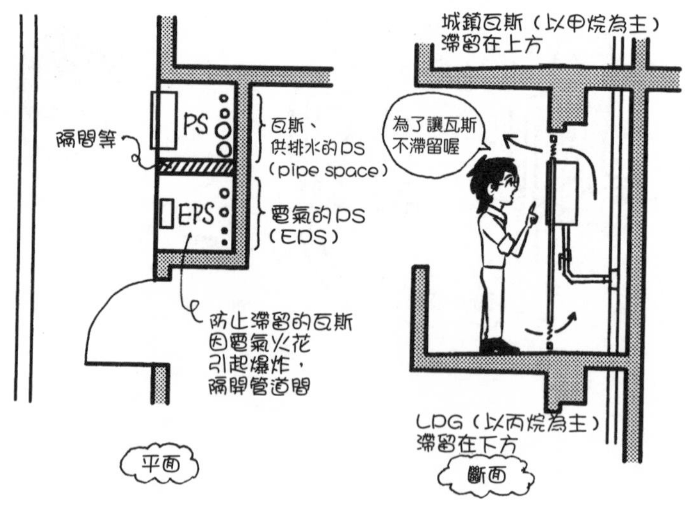

Q 密閉式瓦斯器是什麼?

▼

A 如下圖,不用室內的空氣進行燃燒,也不排氣至室內,設置在室內的瓦斯器。

密閉式瓦斯器(sealed gas appliance)又稱**密閉式燃燒器**(sealed burner)。密閉是指對室內空氣而言,處於密閉隔絕的狀態。瓦斯器從室外取得空氣,瓦斯排氣至室外。室內空氣不會因為燃燒受任何影響。瓦斯器雖然安裝在室內,機器內部的空氣與室內遮斷。

排氣方式包括機器內部安裝風扇的**密閉強制供排氣式**(FF式,forced draught balanced flue),以及利用空氣被加熱上升來排氣的**半密閉自然排氣式**(CF式,conventional flue)。

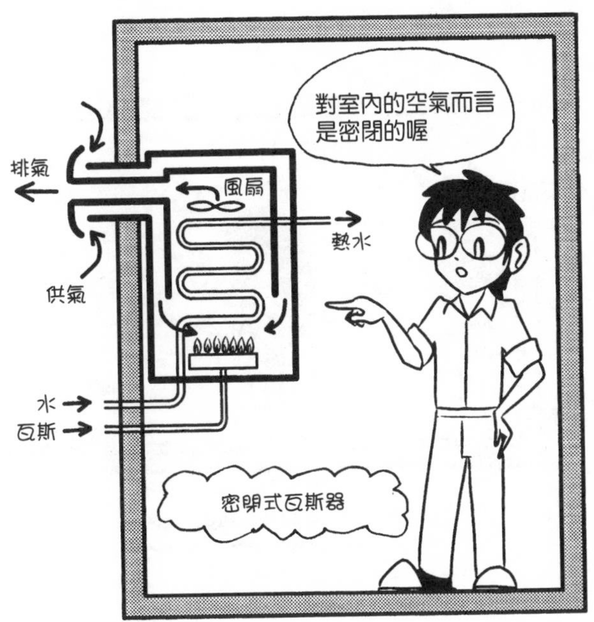

Q 開放式瓦斯器是什麼？

▼

A 使用室內的空氣進行燃燒，燃燒的瓦斯排氣至室內的瓦斯器。

廚房的瓦斯爐是典型的開放式瓦斯器（non-sealed gas appliance），使用室內的空氣進行燃燒，也排氣至室內。換言之，燃燒的部分向室內開放。由於使用室內的氧氣、向室內排放污染的空氣，所以開放式的危險性比密閉式高。

常見的開放式瓦斯器產品，包括使用瓦斯的風扇暖爐或使用燈油的風扇暖爐。由於是使用室內的氧氣進行燃燒的產品，在溫暖的空氣中排放混合了二氧化碳等的物質。這種使用燈油的風扇暖爐，稱為**開放式燃燒器**（non-sealed burner）等。

使用開放式瓦斯器時，必須採取對應措施，包括在室內預留供氣口、啟動換氣扇、定期打開窗戶換氣等。

Q 半密閉式瓦斯器是什麼？

▼

A 使用室內的空氣進行燃燒，排氣至室外的瓦斯器。

半密閉式瓦斯器（semi-sealed gas appliance）是只有排氣密閉、供氣開放的燃燒器。對室內而言，只有一半是密閉的，所以稱為半密閉式。

因為使用取自室內的氧氣，室內的氧氣會隨著燃燒減少。此外，由於從上方排氣，如果空氣無法進入室內，將無法排氣。換言之，空氣沒進也沒出。因此，要設置供氣口，讓室外的空氣能夠進入。

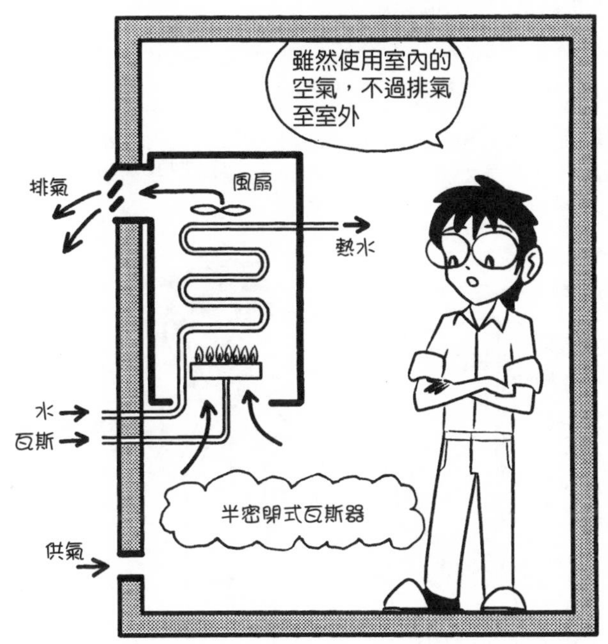

Q 瓦斯熱水器的16號、20號、24號是什麼？

▼

A 1分鐘內能夠供應水溫+25℃熱水的能力，16號是16ℓ、20號是20ℓ、24號是24ℓ。

一人住的單人房用16號，四人家庭約用24號。若只用淋浴，16號已足夠，不過如果淋浴的同時也有其他地方在用熱水，要改用20號或24號，家庭最小必須用20號。

試著換算為熱量的單位cal（卡）。使1g（1cc、1mℓ）水的溫度提高1℃所需的熱量為1cal。這就是cal的定義（正確地說，是14.5℃的水在1大氣壓下提高為15.5℃的熱量）。

1ℓ是1000g（1000cc、1000mℓ），所以1ℓ水的溫度提高1℃，需要1000cal＝1kcal。提高25℃需要25kcal。

16號是在1分鐘內供水16ℓ，所以16×25＝400kcal，20號是20×25＝500kcal，24號是24×25＝600kcal，這是各型號最少能夠產生的熱量。

20號：1分鐘內供應水溫+25℃的熱水20ℓ

Q 風管是什麼？

▼

A 空氣通過的管道。

duct的原意是動植物的水等通過的管或導管，由此延伸將筒狀的東西也稱為 duct。建築中所謂的duct，通常是指風管（air duct）。

公寓的廚房、廁所、浴室等處的換氣扇中，通常裝設風管連接到外牆。風管有矩形斷面或圓形斷面的型式，也有蛇腹型可彎曲的撓性風管（flexible duct）。

在大型設施裡，有從機房利用風管輸送空氣，使室內成為冷暖房的設計。在這種情況下，天花板上方有多條風管通過。

讓聚集成束的多條電線通過用的塑膠筒，也稱為duct。此外，安裝照明設備的軌道，稱為**照明管槽**（lighting duct）（**配線槽**〔wiring duct〕、**管軌**〔duct rail〕、**燈用軌道**〔lighting rail〕）。

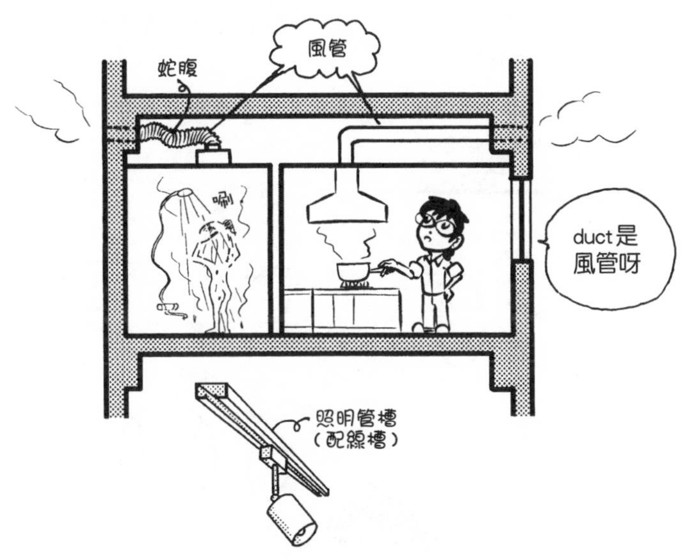

Q 螺旋風管是什麼？

▼

A 如下圖，金屬板捲成渦卷狀形成的圓筒狀風管。

spiral是渦卷、螺旋之意。螺旋風管（spiral duct）並非風管本身團團圍成渦卷狀，而是用渦卷式的製法。

將約0.5～1.2mm的鍍鋅鋼板或不鏽鋼板，用機器一圈一圈捲繞成型。板與板的接合是互相彎曲連接。

板與板彎曲接合的方法稱為**接縫**（seam），通常是如下圖的**槽縫**（flat lock seam，平接法〔double seam〕）。槽縫源自固定接合足袋的鉤狀金屬零件「甲はぜ」〔編註：足袋即分趾鞋襪，拇趾與其餘四趾分開，呈Y型，以叫作甲はぜ的金屬製小鉤扣住固定〕。

在圓筒狀的管上，縫的部分呈渦卷狀，不易壓壞。這種風管適合大量生產，所以市面上也有許多既成品。相較於矩形風管，螺旋風管空氣阻力小，空氣的流動速度變得比較快。

由於螺旋風管是圓形斷面，雖然也稱**圓形風管**、**圓風管**，不過也有製法與螺旋風管不同的圓形風管。

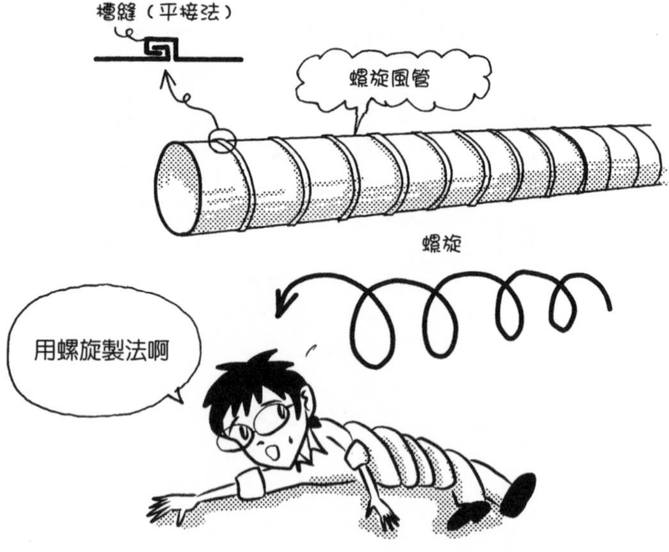

Q 如何製作長方形風管（矩形風管）?

A 如下圖，彎曲金屬板後，固定接縫，做出角柱，藉由凸緣相互接續，展延長度。接縫有槽縫和匹茲堡扣縫（Pittsburgh lock）等。

從管凸出去的耳狀或有邊緣的部分，稱為凸緣。為了方便維修，供排水管也用凸緣接合。

利用凸緣的部分彎曲鋼板，再以山形鋼（angle iron，L型斷面的鋼材）補強（reinforcement）。接合面裝入橡膠等**密合墊**（襯墊），防止風管內部的空氣外漏。

以往是在工程現場製作風管，但板金作業聲音吵雜，現在幾乎都是在工廠生產，然後現場組合。凸緣的接合也有利用**接合夾**（joint clip）固定的方法。利用接合夾時，不需要栓緊螺栓，能夠提高作業效率。

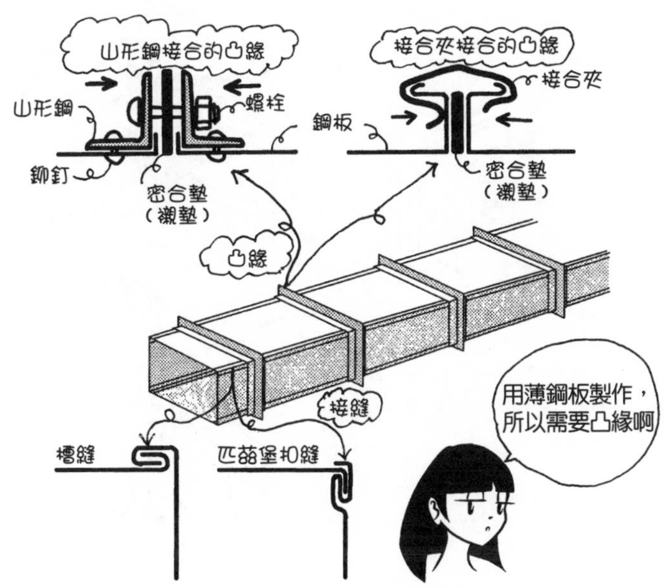

Q 菱形支撐是什麼？

▼

A 如下圖，裝上肋條（rib），使其呈對角線，補強板子。

組成風管的鋼板面積較大時，會變扁彎曲，造成風管變形或發出振動聲。為了避免發生這種現象，彎曲鋼板，做成突起狀，設置小型梁，也就是**肋條**。裝上肋條，使其呈對角線，能有效補強板整體。

菱形支撐（diamond bracing）名稱加上diamond（兼有「菱形」和「鑽石」之意），是因為加裝的方式呈對角線的組合，近似鑽石切割的角度。日文中diamond brake（即日文的「菱形支撐」）的brake（制動器），應該是brace（拉條）的相似音錯用字。

在大型風管中，常用菱形支撐簡單容易地補強。

Q 風管的桿補強是什麼？

▼

A 如下圖，在風管的長邊裝上鋼棒補強。

rod是棒或釣竿等的意思。裝上棒來補強，稱為桿補強（rod reinforcement）。桿補強所用的桿，也稱為**繫桿**（tie rod）。tie是緊緊固定的意思，tie rod是用來牢牢固定的棒。

桿補強所用的棒是鋼棒。在約9mm或12mm的鋼棒兩端切割成螺紋山，再以螺帽固定。

大型風管受限於天花板上方的高度，只能橫向裝設。如果風管的長邊太長，容易變形，所以中間裝上桿來補強。若是不使用桿，可沿著風管軸的方向裝入山形鋼補強。

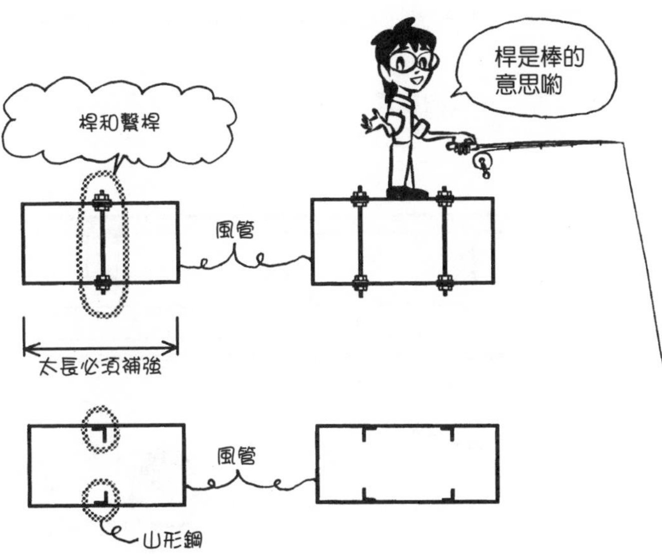

Q 風管的寬高比是什麼？

▼

A 風管長邊與短邊的比。

aspect是外觀、面向之意，aspect ratio（寬高比，亦名長寬比、縱橫比）是面的長邊與短邊之比。螢幕畫面的寬高比，是長邊與短邊的長度比。寬高比是工學普遍使用的辭彙。

面近乎正方形，也就是寬高比近1時，空氣流動順暢。寬高比愈大，面愈扁平，空氣阻力增加。即使斷面面積相同，高度愈低、面愈扁平者，空氣流動愈不順暢。

下圖中，╳記號表示風管的斷面。如果沒有標註╳，很難知道管內是中空的空洞，所以加上這樣的記號。寬1000mm、高250mm，寬高比是1000/250＝4。

梁下尺寸較小時，只能縮短風管高度，增加寬度，也就是壓縮寬高比，以便容納風管。

從梁下到支撐天花板的板條，兩者之間的空間就是容納風管通過的尺寸。如果包裹保溫材，風管的有效尺寸必須進一步縮小。

Q 如何把風管設置在天花板上方？

▼

A 以懸吊螺栓（hanger bolt）或金屬嵌入件（insert），從混凝土層板吊起山形鋼或輕量C型鋼（C shaped lightweight steel）等，然後安裝風管。

無論風管以多麼薄的鋼板製成，也不能直接安裝在天花板上。如果這樣直接安裝，振動直接傳到天花板，會成為噪音源。

因此，必須從上方的混凝土層板懸吊風管。以直徑約9mm或12mm的懸吊螺栓來吊起山形鋼等。懸吊螺栓要裝在上方的混凝土層板上，必須使用金屬嵌入件。

在模版組裝階段裝上嵌入件，再鋪上預拌混凝土（ready mixed concrete）固定，就會埋設在混凝土中。金屬嵌入件的部分是陽螺紋，然後裝入懸吊螺栓的陰螺紋（嵌入），所以稱為金屬嵌入件。

懸吊螺栓的位置要事先埋設金屬嵌入件，所以風管的位置、懸吊螺栓的位置等，都必須在模版組裝施工時決定。

Q 風管的漏斗是什麼？

▼

A 如下圖，逐漸變窄的漏斗狀風管。

hopper（漏斗）是指漏斗狀裝置。倒出砂石或水泥以便裝箱的裝置，或是裝入水泥或砂石的漏斗型貨車，也稱為hopper。

輸送的空氣分歧配送之後，空氣慢慢減少。為了不改變流速，風管必須逐漸變窄。因此，做成斜的漏斗狀裝置。

如下圖，只有單邊傾斜的，稱為**單漏斗**。這種裝置順著輸送方向，但逆著出風口（air outlet）方向傾斜向上。順著輸送方向，兩邊都傾斜的，稱為**雙漏斗**。雙漏斗用於從風管中心向下方吹出，以及裝有出風口時等地方。

也有不使用漏斗，以**肘管**分歧逐漸變窄的方法。

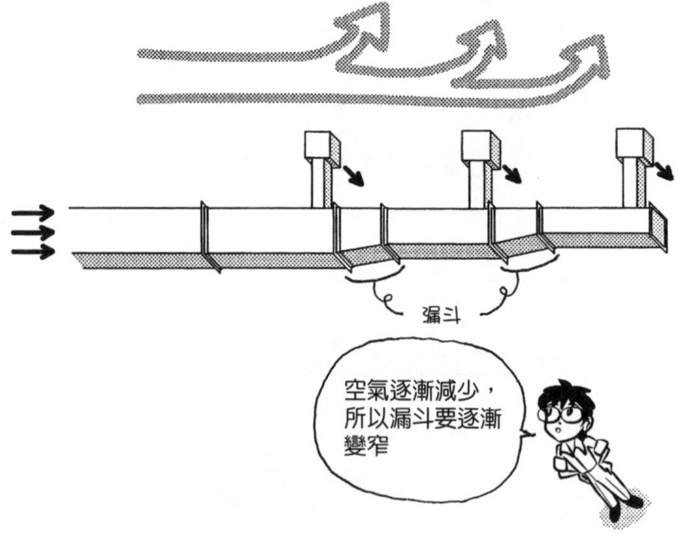

Q 風箱是什麼？

▼

A 如下圖，裝設在風管的合流、分歧點、吹出或吸入部分等的盒狀裝置。

chamber（風箱）的原意是房間，從如房間般的容器，延伸到把盒狀、箱型的裝置稱為chamber。空調中的所謂風箱，是指連接風管的箱子。

風管的合流和分歧點空間有限時，會使用風箱。此外，通往房間的吹出或吸入部分也使用風箱。連接不同的器具時，中間裝設箱型裝置，工程比較容易。

因為風箱是箱型裝置，所以缺點是空氣阻力大。裝設風箱，風管的合流和分歧工程較輕鬆容易，但使用漏斗或肘管可以流動得更順暢。

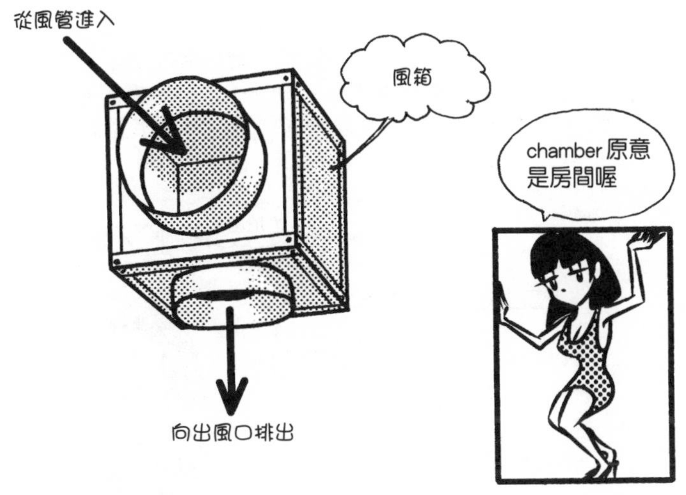

Q 風管的肘管是什麼？

▼

A 如下圖，改變風管方向的圓弧狀零件。

elbow是肘的意思，風管肘管和供排水管的肘管一樣，都是用於改變方向的零件。

矩形風管中，沿著切割成圓弧狀的零件彎曲鋼板，就能成為肘管；不過圓形風管就沒那麼簡單。

圓形風管的肘管製法，包括沖壓彎曲法（press bending）和型材彎曲法（section bending）。

press bending的press是沖壓之意，也就是用機器沖壓成型（press forming）。bend是彎曲的意思。沖壓彎曲薄鋼板成型為圓弧狀的半圓筒，再牢固結合表裡，製成肘管。

section bending的section是分割的意思。型材彎曲法是分割、連接為圓弧狀型態的製法。因為型態像蝦子的背部，也稱為**蝦節肘管**（shrimp elbow）。大直徑的風管或曲率半徑大的風管，都屬於型材彎曲法。

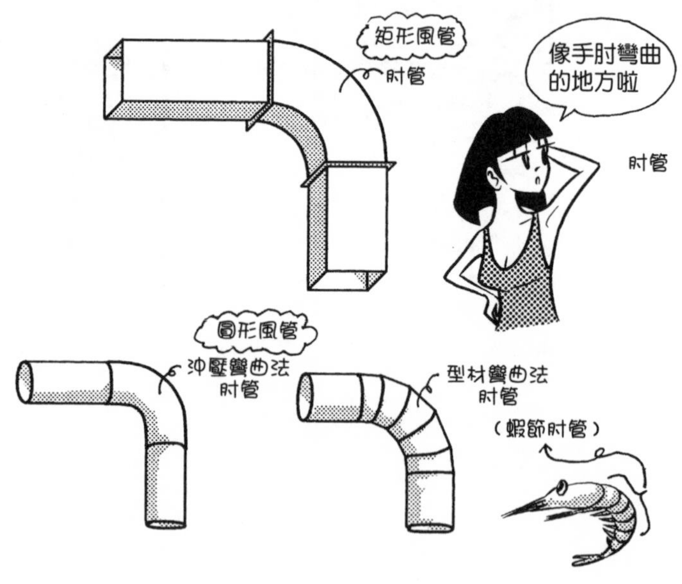

Q 導葉是什麼？

▼

A 讓空氣流動順暢的導向葉片。

guide vane（導葉）的vane是指風車、渦輪、直升機等的葉片。導葉是引導空氣用的葉片，也稱為導向葉片。

導葉安裝在肘管內部，減少空氣阻力，使流動順暢。如下圖，導葉的構造是組合小葉片，使空氣流動順暢。

Q 風門是什麼？

▼

A 調整風管內空氣流動的裝置。

damp是抑制潮濕和力道等之意。damper（風門）從抑制力道之意，延伸為調節空氣流動來調整風力的裝置。

如下圖，調整風量的葉片形狀，有平行形、對向形、蝴蝶形等。轉動葉片的方法，則有手動運行、電動運行及全自動運行。

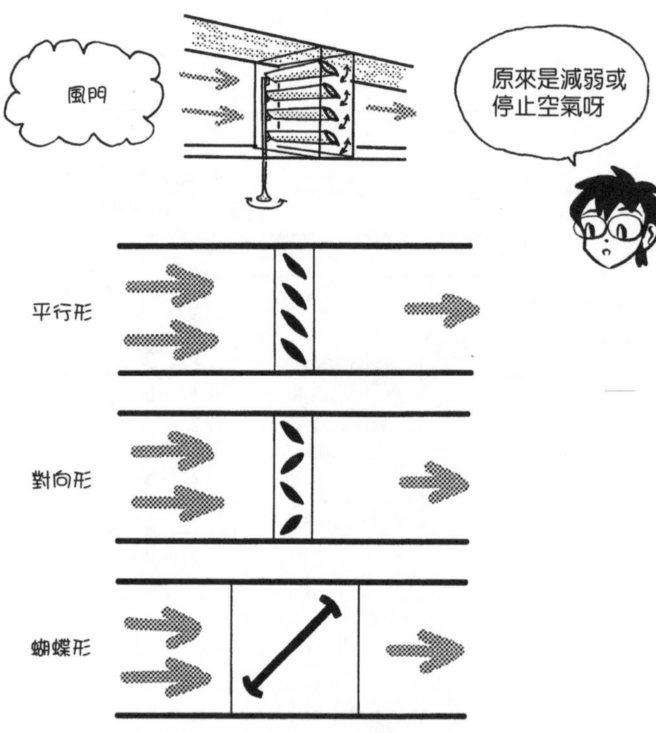

Q 防火風門是什麼？

▼

A 反應火災熱氣等而關閉風管的風門。

防火風門的英文是fire damper，有時圖面上標記縮寫FD。

防火區劃是讓火勢不要擴大的區劃，以鋼筋混凝土等不易燃的牆壁或地板圍成。在防火區劃內，風管通過時風口是打開的，但當火災發生，必須關閉風口。這時發揮作用的就是防火風門。

防火風門以熔線等固定葉片，火災時遇熱熔解，葉片自動關閉。換氣扇的風管等、小型風管，也一定裝設了防火風門。觀察大廈的排氣口等處，就知道裡面裝有小型防火風門。

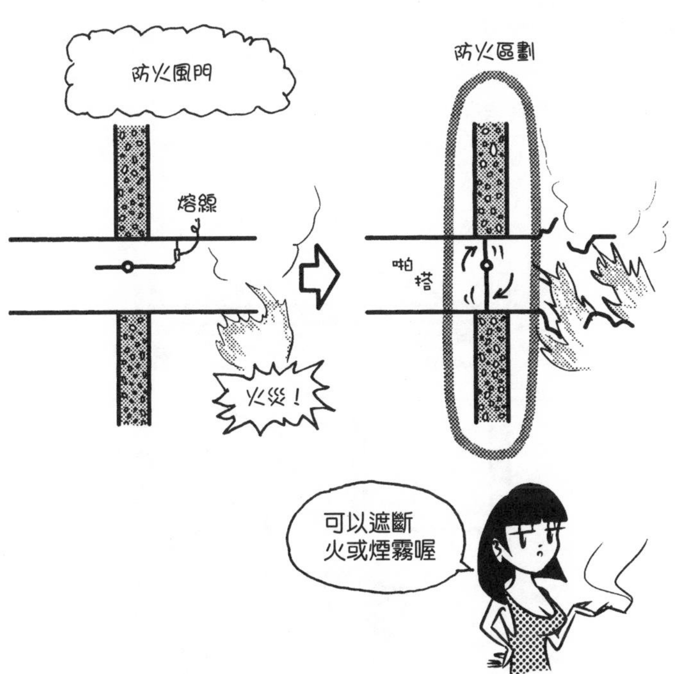

Q 套筒是什麼？

▼

A 為了讓設備的配管或風管通過，在牆壁、梁、地板預留的洞。

sleeve是袖子。風管等配管通過梁或牆壁時，就像手穿過袖子一樣，所以稱為套筒。

風管通過在防火區劃所設的套筒時，風管與套筒的間隙間，填入膠泥等不燃物。此外，安裝防火風門，才能在火災時關閉風管。

常見的套筒是安裝在大廈住家的空調冷媒管、洩水管（drain pipe，抽水的管）用的套筒。事先在牆壁預留套筒，方便住戶日後可以設置空調。一般來說，大廈的換氣風管是在梁的套筒中穿出的。

在結構體上預留套筒時，由於對結構有負面的影響，套管周圍必須用鋼筋混凝土等補強。如果設計階段不知道套筒的位置，無法進行補強，設定風管穿過的套筒位置時，要特別細心考量。

配管盡量優先考慮通過梁下，但當梁下無法取得足夠的空間，只好利用套筒。在樓層不高的大廈或旅館等處，必須設置梁的套筒。

Q 通氣蓋是什麼？

▼

A 裝設在排氣管、通氣管管端的蓋子。

vent cap（通氣蓋）的vent是排氣管、通氣管、排氣孔、通氣孔之意，也就是煙霧或空氣進出的孔或管；再加上cap（蓋），所以是通氣蓋。英文名也稱為vent terminal cap。terminal是終端的意思。至於vent這個字，ventilate是通氣（動詞），而ventilation也是通氣（名詞）的意思。請一併記住。

為了防止雨水滲入，通氣蓋裝有並排朝下葉片的百葉窗板，或者加裝遮罩。此外，內部裝上篩網，防止蟲類侵入。總之，是防止雨水滲入和蟲類侵入。

通氣蓋多半是鋁製、不鏽鋼製等的既成品，大型通氣蓋則必須訂做（圖面符號參見R122）。

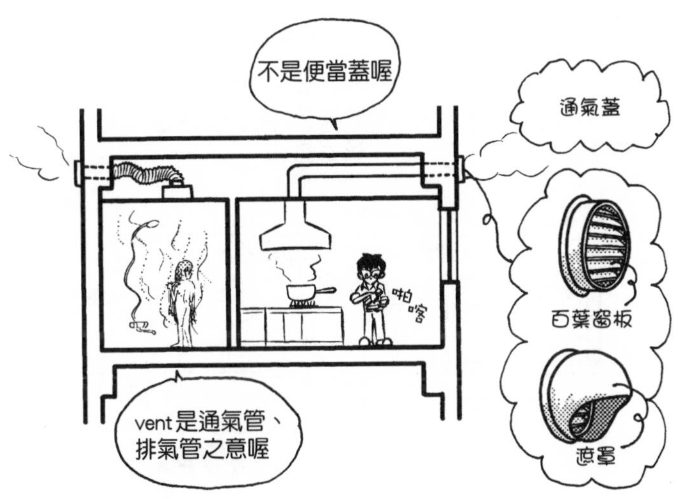

Q 玻璃棉風管是什麼？

▼

A 如下圖，為了保溫、消音、輕量化，以玻璃棉做成的風管。

玻璃棉是將玻璃纖維做成羊毛狀。由於玻璃棉內部充滿氣泡，所以具有輕盈且不易導熱的性質（隔熱性）。此外，玻璃棉能吸收空氣的振動，也具有吸音效果。

將玻璃棉製作成型為風管的型態，內部覆上不織布（不經編織製成的布），外部則包覆鋁質薄膜。

風管內部的空氣，開暖氣時是暖和的，開冷氣時是冰涼的。為了不讓暖空氣變冷、冷空氣變暖，以玻璃棉包覆來保暖或保冷。此外，空氣的振動（聲音）能被玻璃棉吸收，不會外傳。

冷空氣通過風管時，進入玻璃棉內部的濕氣變冷，有結露之虞。在外側貼上鋁膜，可以防止濕氣進入玻璃棉內部，避免內部結露。

鋼板製風管的保溫方式，是在風管外側預留鐵絲，再把玻璃棉墊穿過鐵絲，折彎鐵絲固定即可。為了防止結露，必須在玻璃棉外側黏貼防濕材。

空氣合流、分歧的地方，風切聲很大，所以有些風管僅在肘管或風箱使用玻璃棉。此外，為了消音，也有僅在出風口前的風箱使用玻璃棉，稱為**消音肘管**（muffler elbow）、**消音風箱**（muffler chamber）。

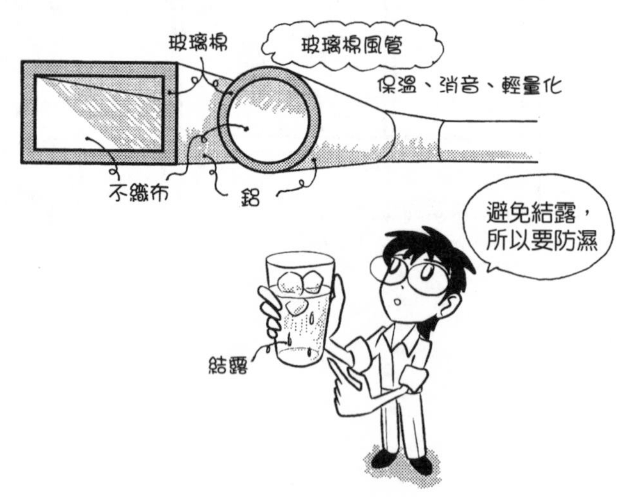

Q 帆布接頭是什麼？

▼

A 如下圖，為了不傳導振動或振動音，帆布材質製的風管接頭。

帆布接頭（canvas joint）和配管的彈性接頭（撓性接頭）一樣，都是為了防止傳導振動而安裝在風管上的接頭，又稱**彈性接頭**、**彎曲接頭**等。

使用送風機（supply air fan）等馬達機器，免不了會產生振動或振動音。送風機直接連接鋼板製風管，振動和振動音會傳遍各個房間。因此，為了避免傳導振動，風管中夾裝以柔軟的帆布材質製成的接頭。

Q 擴散型出風口是什麼？

▼

A 如下圖，重疊三、四層圓錐狀方向板的天花板出風口。

擴散型出風口（diffuser air outlet）的日文說法是anemostud型出風口，又稱anemo、anemostud。

anemo是風的意思。stud是飾扣、鉚釘，這裡所指anemostud型出風口的stud，應是anemostat（穩流管）的stat的相似音錯用字。

圓錐狀葉片容易擴散吹出的空氣，所以多用在天花板低的房間等處。

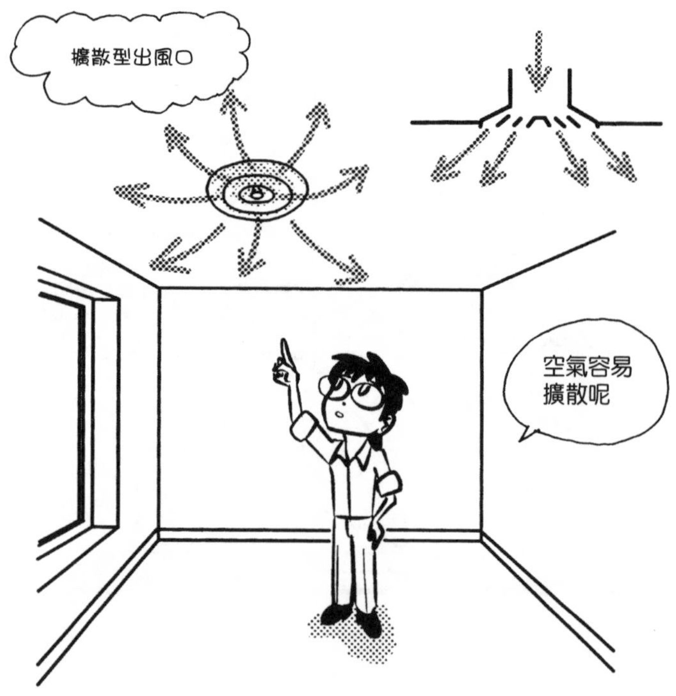

Q 圓盤型出風口是什麼？

▼

A 如下圖，裝有盤型擋板（baffle）的出風口。

pan是平底鍋形、盤狀之意。洗衣機底盤是放置洗衣機的盤狀器具。圓盤型出風口（pan-type air outlet）是在出風口的漏斗狀裝置下方，裝設阻擋空氣流動的盤型擋板。

雖然圓盤將空氣分散、擴散到周圍，不過擴散性較佳的出風口是擴散型出風口。

向周圍、四方擴散的出風口，稱為**輻流出風口**（radial flow outlet）。「輻」是指如車軸般向四方擴散之意。

輻流出風口→擴散型、圓盤型

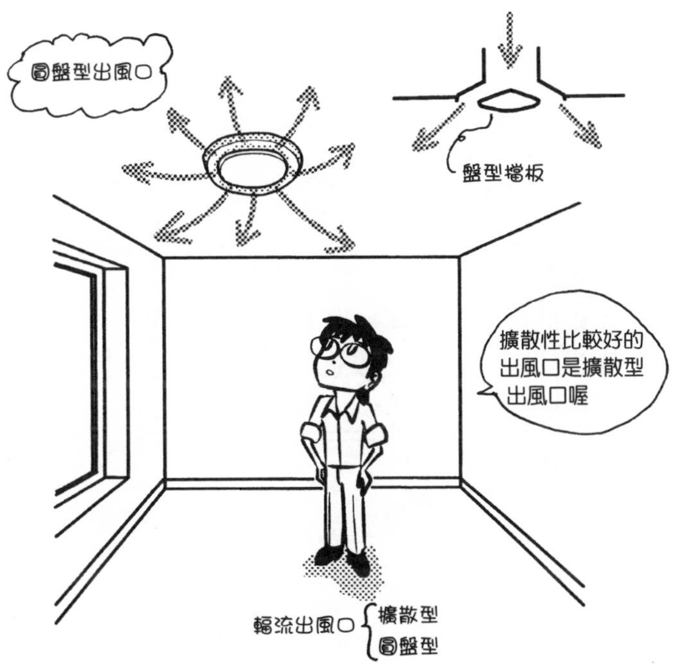

Q 線型出風口是什麼？

▼

A 如下圖，直線狀的出風口。

線型（linear）又稱槽型（slot）、微風型（breeze）等。slot是細縫、溝的意思，breeze則是微風。

線型出風口（linear air outlet）用於吹向周邊區（perimeter zone）。perimeter是周邊部分的意思。周邊區是指窗邊或外壁側的熱負荷（heat load）大的部分。相對於周邊區，建築物的內側、內部，稱為內部區（interior zone）。

由於線型是直線狀，剛好可以安裝在窗戶的上方，既可作為出風口，也能當作吸風口（suction outlet）。在內部區中，使用把空氣擴大到周圍的擴散型，再搭配從窗戶上方向下吹出空氣的線型出風口。

有些線型出風口產品與照明製成一體化。這種產品是在日光燈兩側裝上線型出風口，主要用於大型辦公室。

Q 噴流出風口是什麼？

A 如下圖，裝有決定氣流方向的噴嘴（nozzle）的出風口。

天花板高的劇院或大廳等處的出風口，吹出空氣的到達距離必須很長。因此，必須確定氣流軸。

藉以調整氣流軸方向的就是噴嘴。這個裝置是將出風口變窄，以便吹送空氣。噴嘴的形狀就像吹口哨一樣，能夠集中空氣，決定空氣的方向。

線型出風口、噴流出風口（jet nozzle air outlet）等能夠吹出固定軸向的氣流，稱為**軸流出風口**（axial flow outlet）；相對地，擴散型出風口、圓盤型出風口等，稱為**輻流出風口**。

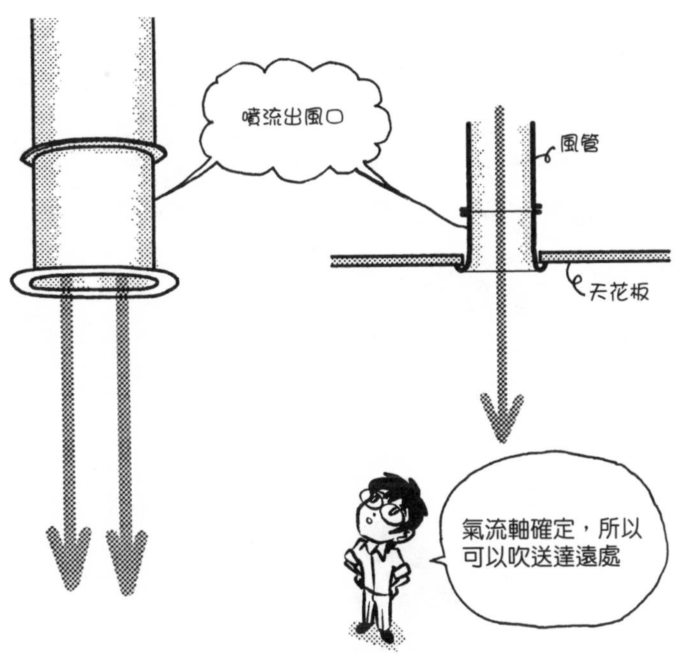

Q 球型噴流出風口是什麼？

▼

A 如下圖，能夠改變吹出方向的噴流出風口。

球型噴流出風口（ball-type jet nozzle air outlet）又名球型導向送風頭（punkah louver），據說punkah louver是源自bunker louver（煤艙百葉窗）的相似音錯用字。在噴流出風口中，球型噴流出風口是能夠改變風向的出風口。

punkah是指印度從天花板懸吊下來的大扇子。因此，從天花板懸吊下來的電風扇也稱為punkah。louver是重疊數張薄板，能夠調整空氣的方向，或是防止雨水滲入的裝置，又稱盔甲。球型噴流出風口常用於廚房或工廠的局部冷暖空調等。

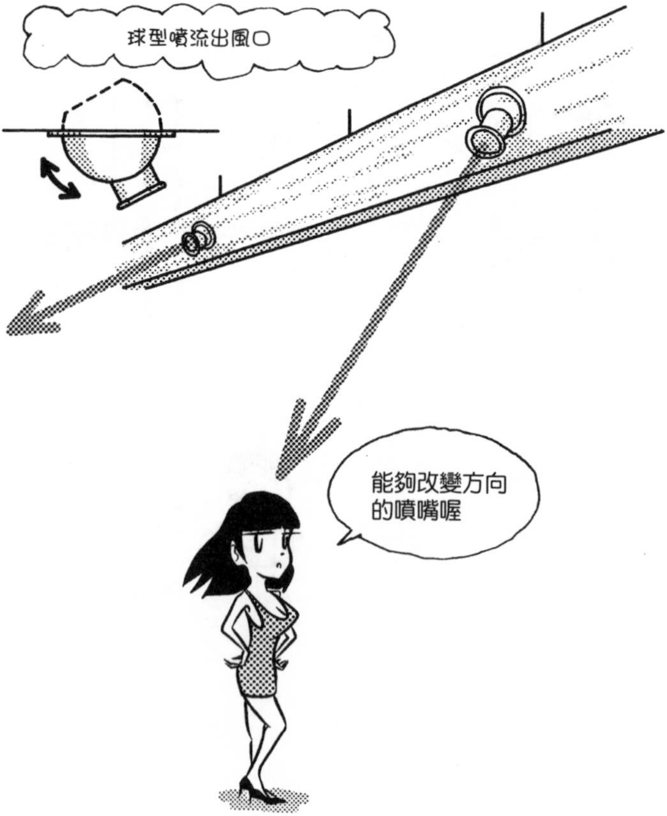

Q 格柵型出風口是什麼？

▼

A 如下圖，裝有格狀葉片的出風口。

grill的原意是烤魚等用的網、格子等，延伸為裝有格子的出風口，稱為格柵型出風口（grille air outlet）。

格柵型出風口大多是葉片狀的格子，用葉片來調整空氣的方向。網型的格子較罕見。

葉片水平裝設的，稱為**H型格柵**（H-pattern grille）；垂直裝設的，稱為**V型格柵**（V-pattern grille）；水平、垂直兩方向裝設的，稱為**HV型格柵**（HV-pattern grille）、**VH型格柵**（VH-pattern grille）。縮寫V和H，取自horizontal（水平的）、vertical（垂直的）的首字母。水平葉片在前方是HV型，垂直葉片在前方是VH型。

格柵型出風口通常用可動式葉片。這種可動式的格柵型出風口，稱為**萬用出風口**（universal air outlet）。格柵型出風口也可作為吸風口使用。

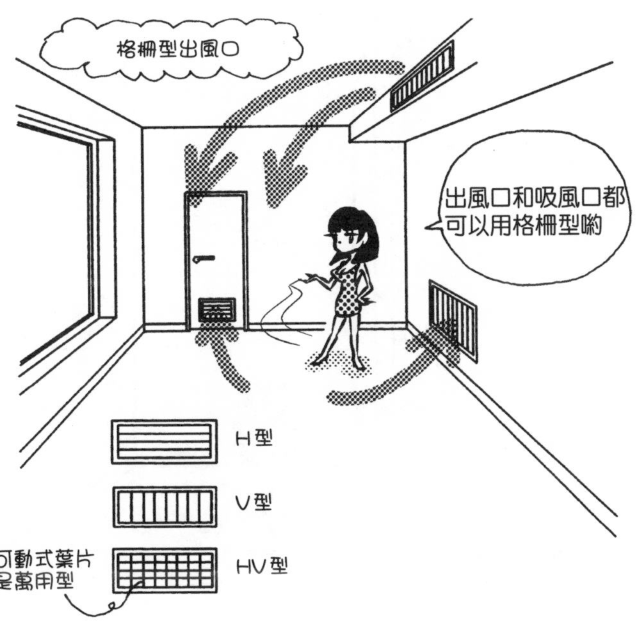

Q 地板型出風口是什麼？

▼

A 如下圖，設在地板的出風口。

在像大廳這樣天花板高的空間，如果把出風口裝設在天花板附近，不容易吹到人活動的區域。因此，常在地板上設置出風口，稱為地板型出風口（floor air outlet）。

在辦公大樓等處，為了日後能隨時改變配線的配置，地板會做成雙層。這種雙層地板稱為**活動地板**（free access floor），在混凝土層板上鋪設地板。讓空氣在雙層地板之間流通，就能成為地板型出風口的空調型態。

Q 在音樂廳或劇場等地方的空調中利用觀眾席來設置的出風口是什麼？

▼

A 如下圖，利用觀眾席座位的下方或後面等，讓空氣向後流動的出風口。

在大型的大廳，即使從兩旁的牆壁或天花板用噴流出風口吹送空氣，但因空間廣闊，通常效率不佳。與其如此，不如在人的附近設置小型空氣流動裝置更有效率，所以設計出利用觀眾席的空調。

雖然這是地板型出風口的一種，為了避免腳阻礙空氣流動，所以出風口安裝在椅子之中。

利用座位下方的空間做成風箱，再連接風管。由此經由椅背板，讓空氣向背後流動。

Q 截底是什麼？

▼

A 廁所或盥洗室等處門的下方，預留少許間隙，讓空氣流通的裝置。

在廁所或盥洗室等處，內部會裝設換氣扇。但如果空氣無法從外面進入，就沒法抽出空氣。

因此，在門上裝設門格柵通氣口（door grille），或在門的下方預留間隙。如文字所示，undercut（截底，門底部空間）就是截去下方。截底通常約20mm。

門格柵通氣口通常是百葉窗型，避免從外面看見裡面。有些門裝設門格柵通氣口，也有截底。

客廳必須二十四小時換氣。不僅是廁所和盥洗室，一般寢室等的門，也開始注重讓空氣流通。

Q 空氣方式是什麼？

▼

A 僅利用空氣的空調方式。

如下圖，利用送風管（supply air duct）、回風管（return air duct），調節各個房間的空氣，稱為空氣方式（air system）。送風管也稱為**送氣風管**（air sending duct）。supply是供給之意，所以有時取supply air的首字母SA作為圖面符號。

如果把空氣送入房間，從房間排出等量空氣到外面，房間裡會有適溫空氣流動。也就是把空氣還給空調機。從外面送回空氣，所以稱為**回風管**。

return是返回之意，所以取return air的首字母RA作為圖面符號。有時用這些縮寫，稱為SA風管、RA風管。

從回風管返回的空氣，在空調機加熱或冷卻後，再透過送風管回送到各個房間。

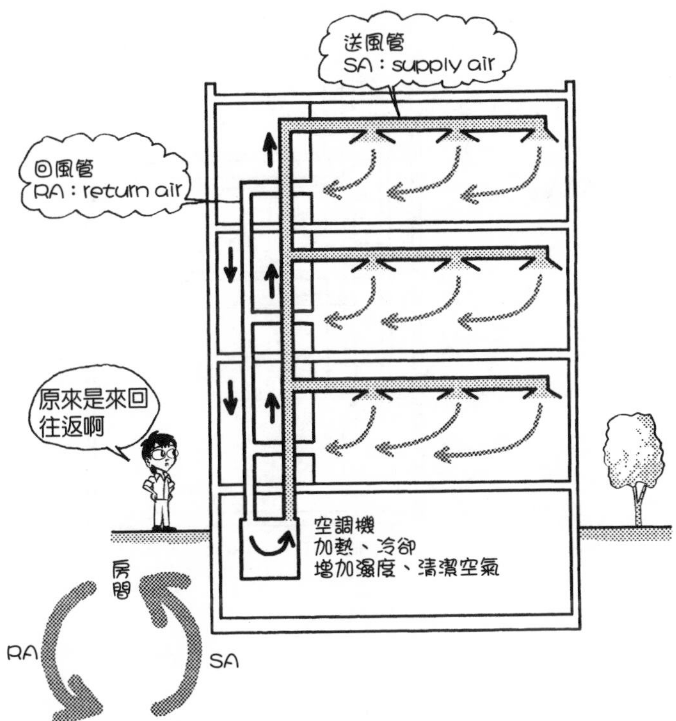

Q 空氣方式的空調方式中排氣風管、外氣風管是什麼？

▼

A 如下圖，排氣於外的風管和引入外氣（outside air）的風管。

送風和回風一再反覆循環，空氣會愈來愈髒，不僅二氧化碳增加，香菸煙霧和粉塵也會累積。然而，不回風而僅一味排出空氣，能量損失增加。

因此，在送風、回風的循環當中，慢慢排放時間已久的空氣，吸入新鮮空氣。把時間已久的空氣排放於外的風管是**排氣風管**（exhaust air duct），吸入新鮮空氣的風管是**外氣風管**（outside air duct）。

為了與換氣的排氣風管做區別，空氣方式中的排氣風管和外氣風管也稱為**空調排氣風管**、**空調外氣風管**。排氣的縮寫是EA，外氣是OA。以縮寫為名，也叫作**EA風管**、**OA風管**。

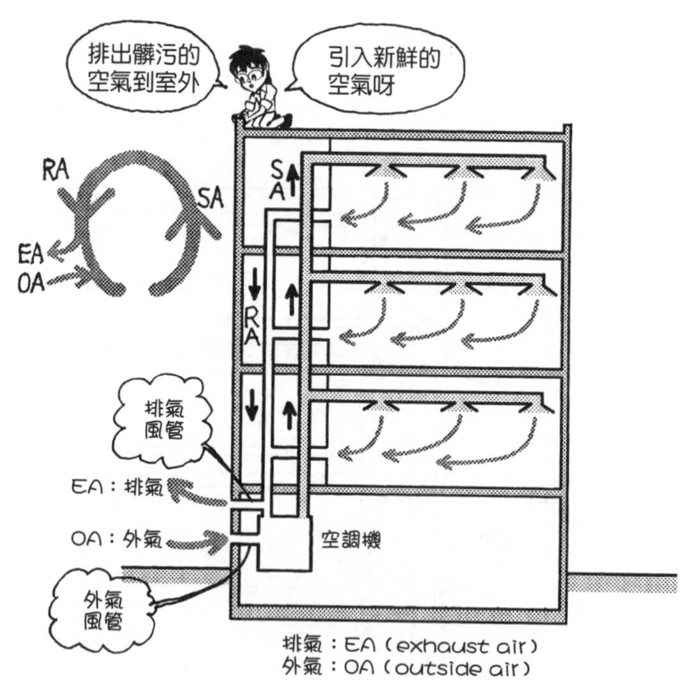

Q 利用空調機加熱和冷卻空氣的結構是什麼？

▼

A 如下圖，從熱源設備搬運來的熱，搬運到空調機後傳至空氣中。

空調機內設有加熱器和冷卻器。這是彎曲的線圈狀管子（加熱盤管〔heating coil〕、冷卻盤管〔cooling coil〕）。盤管中有加熱或冷卻的水、蒸氣、熱媒（heating medium）或冷媒等通過。

空氣通過盤管時，被加熱或冷卻。做成線圈狀的目的是增加與空氣接觸的面積，容易傳熱。因為是從水、熱媒等把熱交換到空氣中，也稱為**熱交換**（heat exchange）。

加熱、冷卻水或熱媒等的熱源設備，通常設置在空調機的外側。為了容易維修，同時方便確保安全，大型系統的空調機與熱源設備是分離的。加熱用的熱源設備稱為**鍋爐**（boiler），冷卻用的是**冷凍機**（refrigerator）。

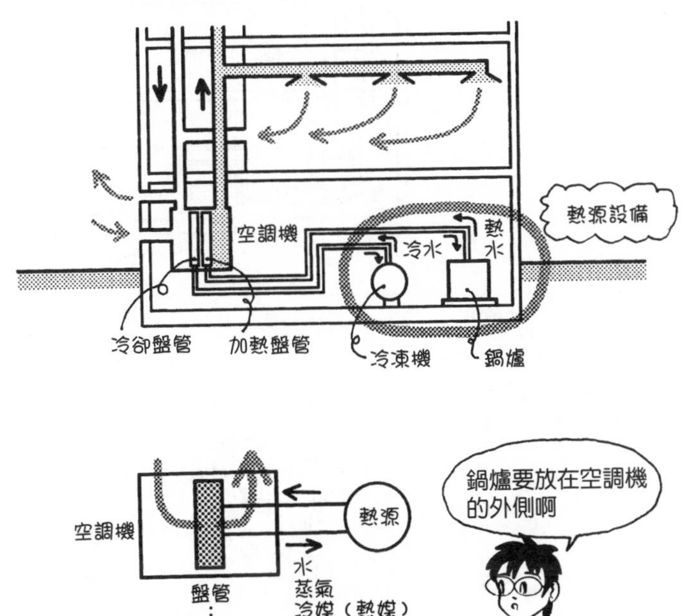

Q 空調箱是什麼？

▼

A 系統的中央設置的一個大型空調機。

air handling unit（空氣調節箱，簡稱空調箱），直譯是處理空氣的裝置，其實就是一種空調機。不過空調箱是指用風管把空氣輸送到各樓層、各個房間的（中央系統）大型空調機，也取首字母簡稱AHU。

空調箱是把去除空氣髒污的**濾網**（filter）、加熱和冷卻空氣的**加熱盤管**和**冷卻盤管**、增加空氣中水蒸氣的**加濕器**（humidifier）、輸送空氣的**送風機**等，全部裝入機箱（case）的空調機。

從空調箱鋪設風管到各個房間，輸送冷風和熱風。

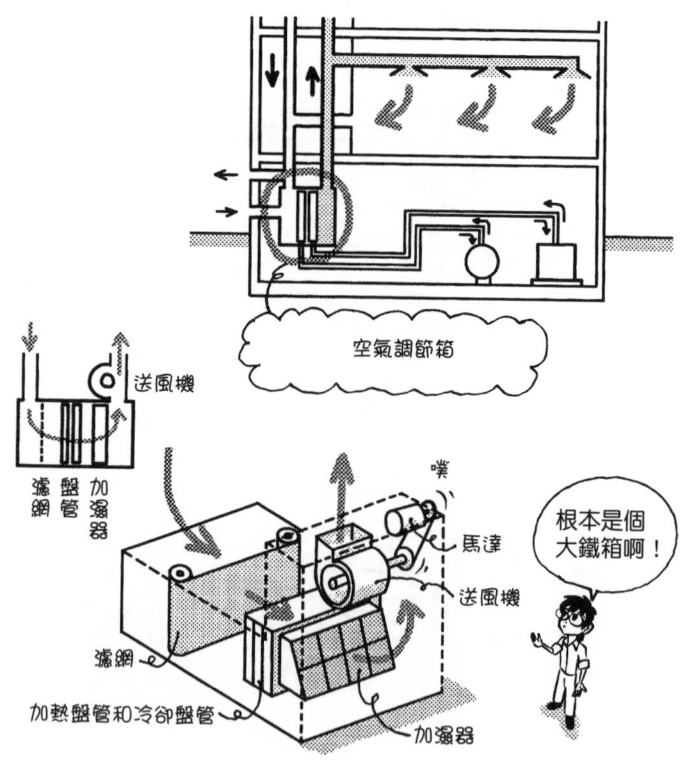

Q 各樓層空調箱式是什麼？

▼

A 如下圖，在各樓層設置空調機，再用風管把空氣輸送到室內的方式。

在各個樓層設置空調箱的方式，稱為各樓層空調箱式（floor-by-floor air handling unit system）。unit（組合件）是一組的單位的機械、裝置之意。

若在地下室設置空調機，用直風管輸送到各樓層，直風管會占用空間。至於各樓層空調箱式，只需從鍋爐、冷凍機輸送熱水和冷水到各樓層的空調機，所以幾乎不占空間。

此外，相較於在一個地方設置大型空調機，各樓層空調箱式可以在各樓層進行個別的調整。如果只想關掉三樓的空調，很容易操作。

大型建物通常採用各樓層空調箱式。當各樓層面積非常大時，還會進一步分區個別安裝空調機。

各樓層空調箱式必須在各樓層預留設置空調機的空間。

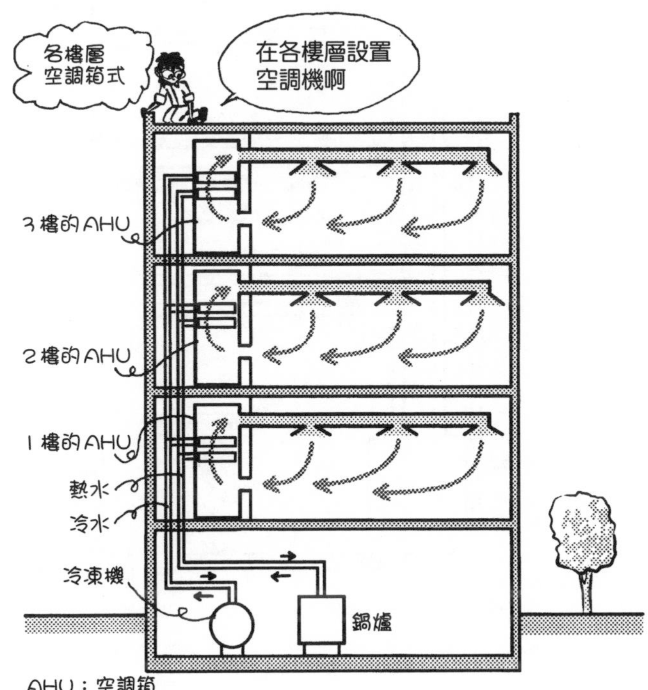

Q VAV裝置是什麼？

▼

A 改變吹出風量的裝置。

VAV是variable air volume（變風量）的縮寫，直譯是可變化的空氣量。**VAV裝置**（VAV unit）也稱為**變風量裝置**。總之，這是調整風管風量的裝置。

以單一風管吹出時，直接送出空調機產生的溫度和濕度的空氣，不容易在各個房間分別調節溫度。

因此，設計從風管便調節風量和溫度等的方法。調整方法包括以風門或噴嘴等調窄風管，或是同時吸入室內空氣進行調節，或是將吹出的空氣一部分排出到室外。

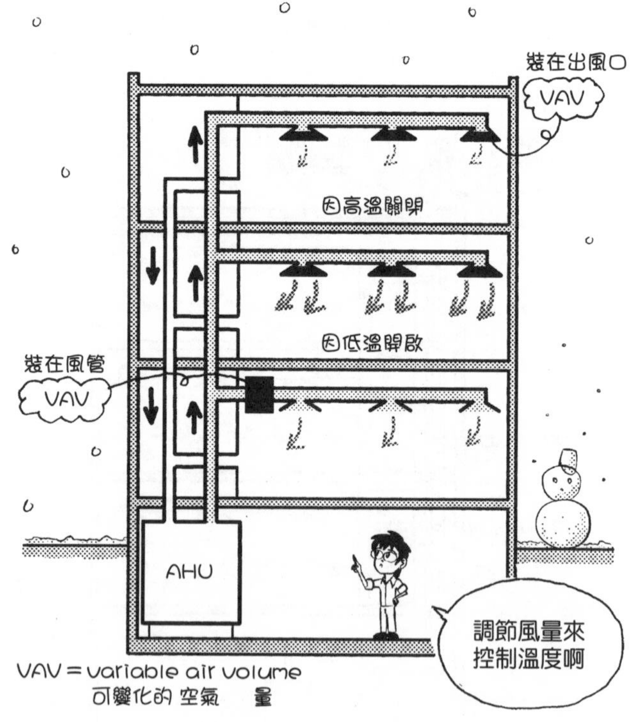

Q 雙風管式是什麼？

A 如下圖，設置熱風和冷風的風管，藉由在出風口混合來調整溫度的方式。

從空調機分別吹出熱風和冷風，這是分別通過加熱盤管和冷卻盤管的空氣。兩種空氣在房間出風口裝設的混合式空調箱混合，就能依照熱風與冷風的混合程度，調整溫度。

混合式空調箱可以進行溫度調整。由於需要兩個風管系統，必須預留更多空間，也增加成本，只有開刀房、實驗室等特殊用途的房間採用雙風管式。

風管為一個（單一）或兩個，分別稱為**單風管式**（single duct system）和**雙風管式**（dual duct system）。用單風管式調整溫度時，以VAV增減風量。若用雙風管式，則以混合式空調箱調整熱風與冷風的混合程度。

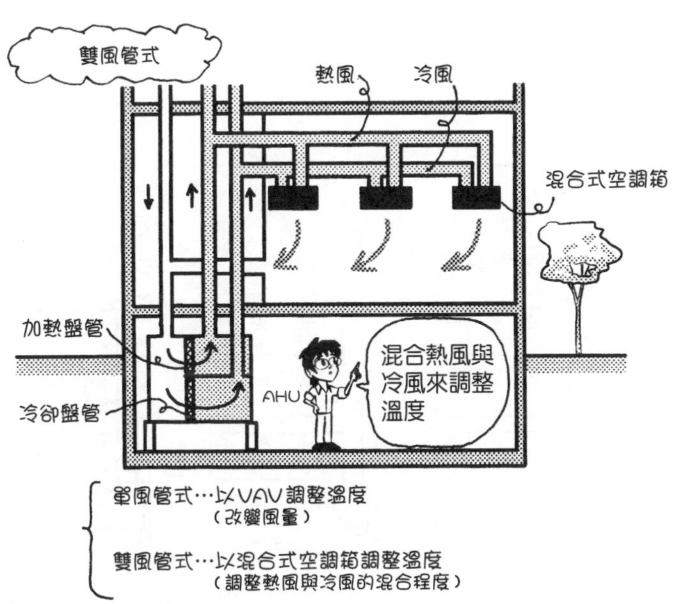

Q 用風管輸送空氣的空氣方式有哪些？

▼

A 如下圖，有定風量單風管式（single-duct constant air volume system）、變風量單風管式（single-duct variable air volume system）、雙風管式。

這裡統合前面說明的風管方式。在空調機調整溫度的空氣，直接以一條風管輸送的是單風管式。

單風管式當中，不可在各處調整風量的是**定風量單風管式**。取constant air volume（定風量）的縮寫，定風量單風管式也簡稱**CAV式**。

單風管式當中，可以在各處調整風量的是**變風量單風管式**。可以調整風量的裝置是VAV。取variable air volume的縮寫，這種系統整體也稱為**VAV式**。

熱風和冷風以兩條風管輸送，在各處的混合式空調箱混合來調整溫度的是**雙風管式**。

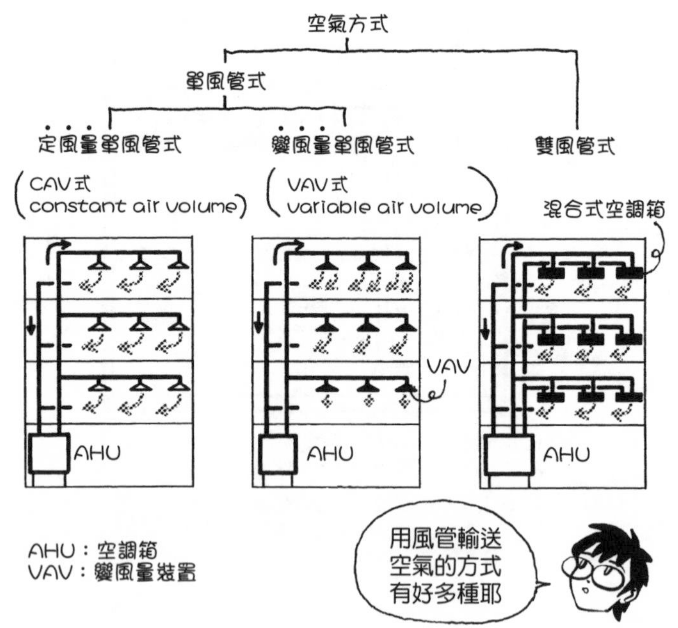

Q 水方式是什麼？

▼

A 向各個房間輸送熱水或冷水，以風機盤管（fan coil unit, FCU）空調系統等調整冷暖氣的方式。

下圖以暖氣為例。**空氣方式**是在中央的空調機製造的熱風，直接以風管輸送。**水方式**（water system）是從鍋爐輸送熱水到各個房間，在風機盤管空調系統（參見R210）或對流器（convector）（參見R213）的盤管中，循環熱水，製造熱風。

空氣方式→從中央輸送空氣
水方式　→從中央輸送水

水方式並非空氣通過風管，只是細水管的循環，所以設備空間不大。此外，還有容易個別運轉、個別控制的優點。風機盤管空調系統可以調整各個房間風機出力的強弱或停止。

然而，風機盤管空調系統或對流器只是循環室內的空氣，換氣或加濕等問題必須另行考量。

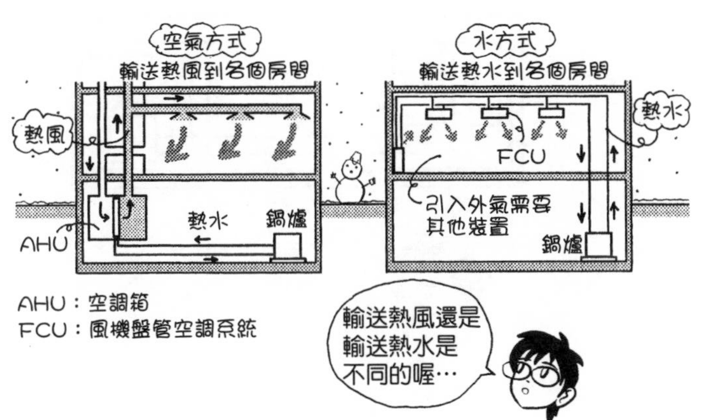

Q 空氣與水並用方式是什麼？

▼

A 用風管輸送熱風或冷風的同時，輸送熱水或冷水到風機盤管空調系統，來製造熱風或冷風的方式。

下圖以暖氣為例。這是空氣方式與水方式並用的系統，相較於空氣方式，具有容易個別控制的優點。

為了跟空氣與水並用方式（air water system）的系統區別，有時會稱空氣方式為**全氣方式**（all air system），水方式為**全水方式**（all water system）。

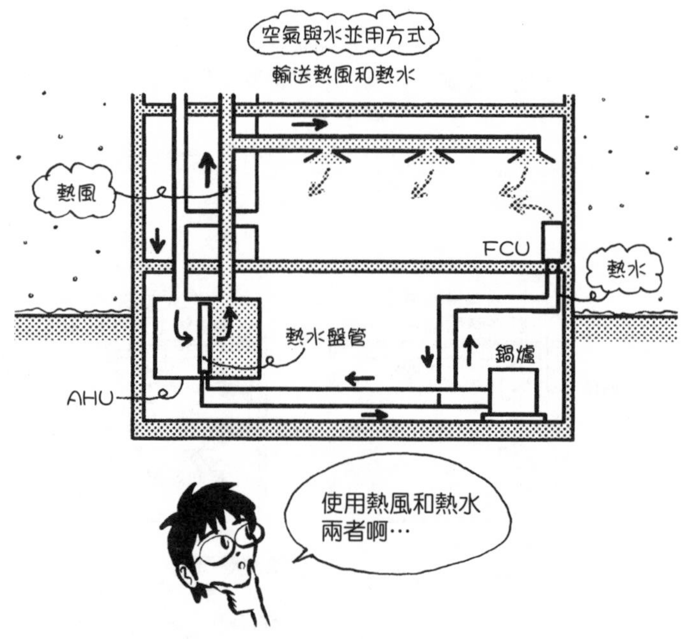

Q 如何以輸送熱的媒體來分類空調方式？

▼

A 有空氣方式、水方式、空氣與水並用方式、冷媒方式（refrigerant system）。

空氣方式是利用空調箱加熱或冷卻空氣，通過風管輸送到房間。鍋爐、冷凍機與空調箱分離設置。

水方式是利用鍋爐、冷凍機所加熱或冷卻的水，輸送到各個房間，以風機盤管空調系統、對流器等加熱或冷卻空氣。

空氣與水並用方式是以空調箱輸送空氣的同時，也輸送冷熱水，吹出空氣的同時，啟動風機盤管空調系統等。

冷媒方式就像熱泵（heat pump）（參見R215），藉由冷媒進行室內機與室外機的熱交換。廣義而言，冷媒、熱媒是成為熱媒體的物質，所以水、水蒸氣、空氣也包含在內。狹義而言，除了水和水蒸氣，冷媒是指替代氟氯烷（freon）、二氧化碳等。這裡提及的冷媒方式，是狹義的冷媒。

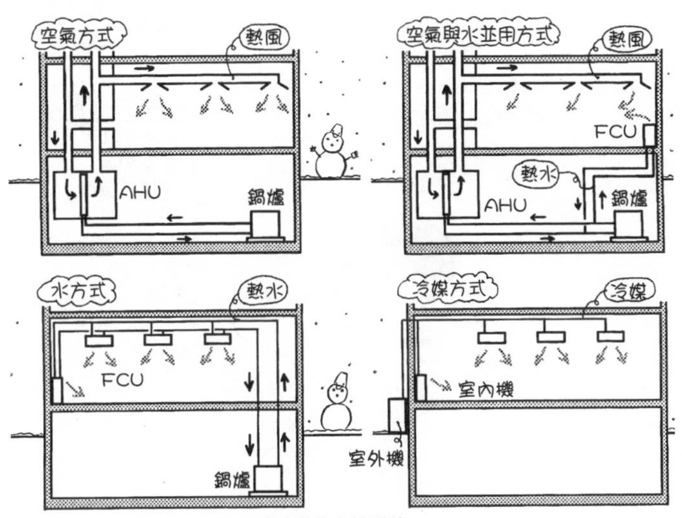

Q 軸流式風機、離心式風機是什麼？

▼

A 如下圖，沿著風機轉動軸送風的是軸流式風機（axial flow fan），送風到風機外側的是離心式風機（centrifugal flow fan）。

在軸流式風機中，露出的換氣扇除了熟悉的螺槳式風機（propeller fan），還有管軸式風機（tube fan）等。

至於離心式風機，根據風扇型態，有渦輪風機（turbo fan）、多翼式風機（sirocco fan）、定載式風機（limit load fan）等。

Q 風機盤管空調系統是什麼？

▼

A 如下圖，容納風機和盤管的小型空調機。

fan coil unit（風機盤管）空調系統的fan是圓扇、電風扇、送風機；coil是圈狀纏繞的東西；unit是彙總的東西、裝置之意。有時取首字母，把fan coil unit縮寫為FCU。

把熱水或冷水等注入盤管中，盤管內流通空氣，以便加熱或冷卻空氣。做成盤管是為了增加與空氣的接觸面積，容易傳熱。傳熱也稱為熱交換，不過空氣與水的熱交換是在盤管周圍進行。

吸風口裝有去除空氣中髒污的濾網。濾網能夠拆除，必須定期清潔。

風機盤管空調系統有落地式（floor type）及吊頂式（ceiling suspended type）。

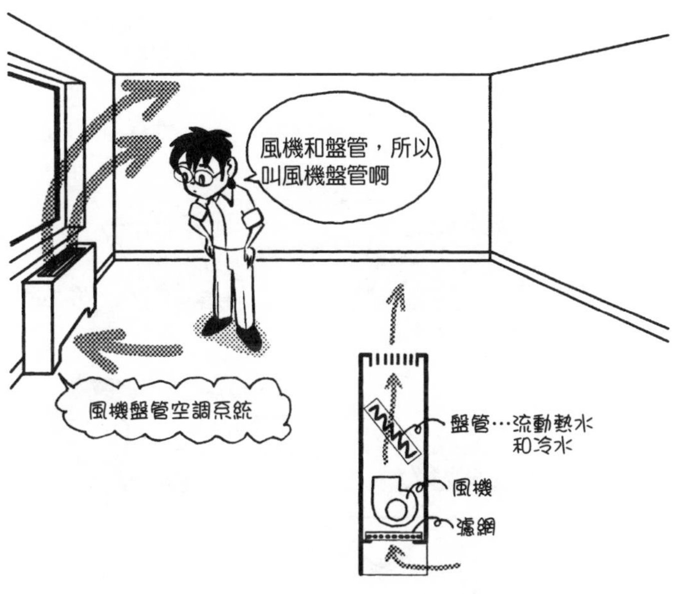

Q 天花板嵌入式風機盤管空調系統的空氣出風口和吸風口是什麼樣子？

▼

A 如下圖，多是從中央吸入、從旁邊的出風口吹出的型式。

安裝在窗邊的空調，是前述的落地式風機盤管空調系統；房間中央區域的空調則如下圖，多是採用吹向四邊或兩邊的天花板嵌入式（ceiling insert type）風機盤管空調系統。由於空氣往四邊或兩邊擴散，這種空調效率較好。

中央的吸風口內置濾網。濾網可拆除，容易清潔，上方有風機。

盤管中有熱水或冷水（以及熱媒或冷媒）通過，加熱或冷卻空氣。雖然靠細噴嘴吹出空氣，但噴嘴通常是葉片可轉動的擺動噴頭式。

空氣出口的地方縮窄，以便加速流動，擴散到四周或遠處；為了讓吸風的地方面積較廣，所以做成正中間吸風、從旁邊吹出的型態。

天花板嵌入式風機盤管空調系統廣泛用於辦公室、教室、會議室、旅館、住宅等。由於能夠節省裝設空調機的空間，所以天花板嵌入式風機盤管空調系統也稱為**卡式**（cassette type）或**吊頂卡式**（ceiling suspended cassette type），或者簡稱天卡式。

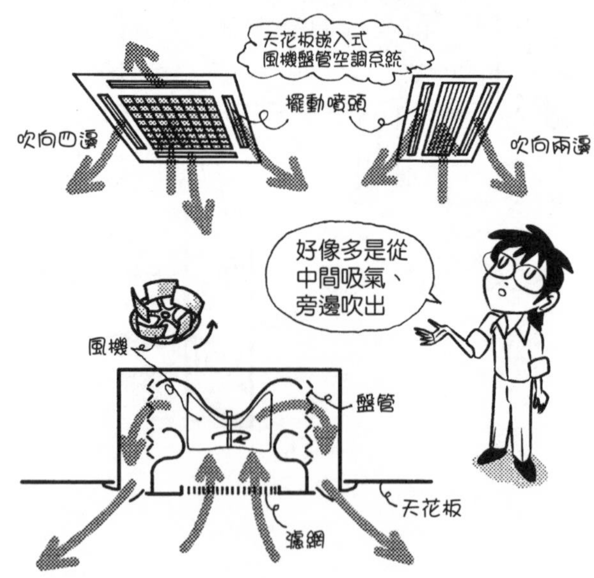

Q 誘導機是什麼？

▼

A 如下圖，從噴嘴吹出風管傳來的空氣，同時誘導室內空氣一起吹出的空調機。

誘導機（induction unit）又稱注入機（injection unit）。inject是導入的意思，得名自導入室內空氣的機制。

開暖氣時，從風管輸送來的熱風（一次空氣）自噴嘴吹出，誘導來自下方的室內空氣（二次空氣）進入，混合之後從上方吹出。受到誘導的室內空氣由熱水循環的盤管加熱。

雖然誘導機型態和風機盤管空調系統相似，但不是利用風機，而是用噴嘴吹出風管輸送的空氣，製造空氣的流動，這是兩者相異之處。此外，風機盤管空調系統只需要送水即可，誘導機必須輸送水和空氣兩者。誘導機所需的風管，比風機盤管空調系統大得多。

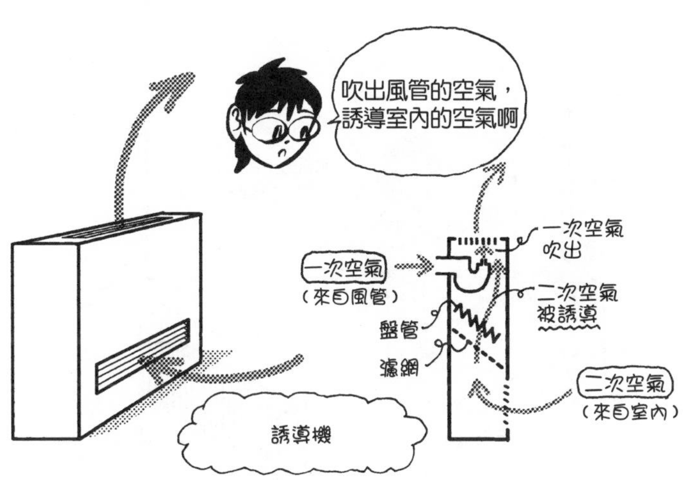

Q 對流器是什麼？

▼

A 熱水或蒸氣通過盤管，加熱空氣，透過這道對流，溫暖房間整體的自然對流放熱器（natural convection radiator）。

convect是促使對流，convector（對流器）原意是促進對流的東西，主要用於暖氣。

首先，以熱水加熱盤管和鰭片（fin，由魚鰭之意延伸的薄板），然後空氣經由盤管和鰭片加熱。為了增加與空氣的接觸面積，盤管圈狀纏繞，鰭片整齊並排。

空氣加熱膨脹，比周圍的空氣輕。變輕的空氣一直上升，產生對流。在屋內環繞一周後，再回到對流器。

還有裝設小型送風機的對流器，又稱**強制對流放熱器**（forced convection radiator），可說是與風機盤管空調系統相似的器具。

Q 風機盤管空調系統或對流器為什麼要設置在窗戶下方？

▼

A 防止冷風（cold draft）。

cold draft 直譯是冷的通風、冷間隙風（gap wind）。窗邊玻璃表面的空氣因冷卻而收縮，變成比周圍的空氣重。冷卻加重的空氣向下移動，移動到室內地板表面和室內內部。

徹底隔熱的對策是把玻璃做成雙層（雙層玻璃）。此外，將暖器設置在窗戶下方，然後向上方吹出溫熱的空氣等積極性對策，也有效果。

風機盤管空調系統用風機向上吹出溫熱的空氣，所以不必擔心玻璃表面的空氣冷卻。對流器同樣能夠加熱空氣，讓暖氣緩緩上升，所以可以防止冷風。

必須注意的是，若落地式暖氣機沒有放置在窗戶下方，而是安裝在相反方向的牆壁側，會引起反效果，如左下圖。這樣會產生像誘導冷風進入室內的氣流。

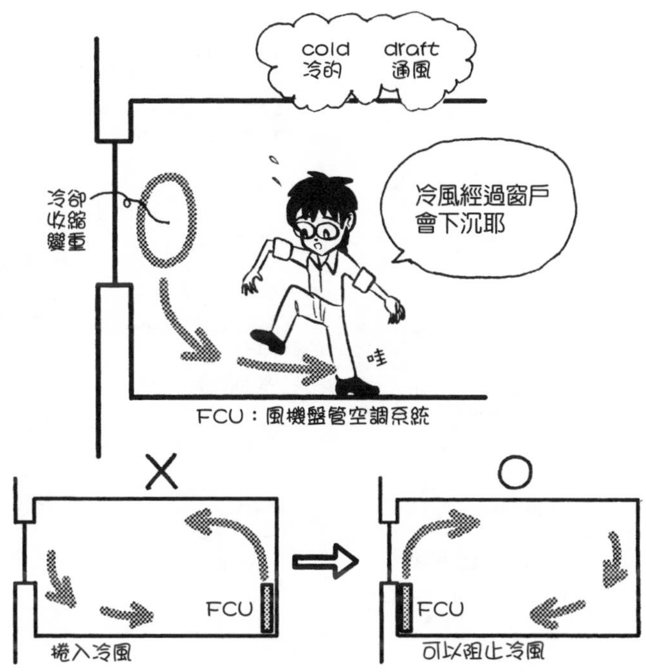

Q 熱泵的名稱由來是什麼？

▼

A 熱從低溫處移動到高溫處的情形，與把水從低的地方抽到高的地方的泵浦類似。

熱從高溫處移動到低溫處是自然的現象。水也一樣，從高往低流。要逆向流動，必須使用某種能量和裝置。

要把水從低的地方抽到高的地方，是用泵浦來抽水。同樣地，把熱從低溫處移動到高溫處，是使用稱為熱泵的裝置。因為就像把熱抽上來的泵浦，所以稱為熱泵。

開冷氣時，如果熱從低溫的室內移向高溫的室外，可以抽出熱；開暖氣時，如果熱從低溫的室外移向高溫的室內，也可以抽出熱。兩者都是藉由熱從低溫移向高溫來抽出熱。

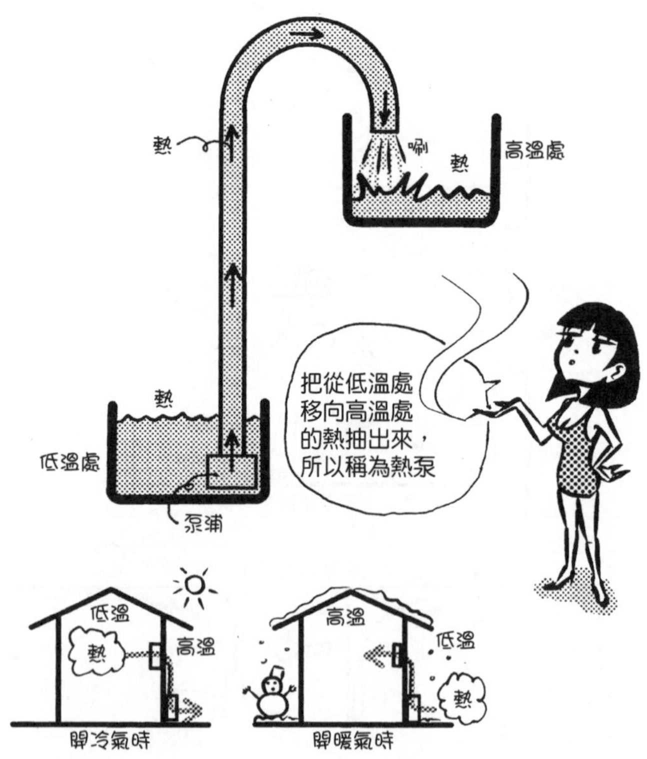

Q 熱泵的傳熱機制是什麼？

▼

A 如下圖，利用液體成為氣體時帶走熱、氣體成為液體時放出熱的現象。

搬運熱的東西稱為**冷媒**、**熱媒**等。現在的熱泵多使用替代氟氯烷。

冷媒的液體成為氣體時，從周圍帶走熱；氣體成為液體時，向周圍放出熱。這是利用液體成為氣體、氣體成為液體，發生狀態變化時會帶走熱或放出熱（能量），來抽出熱。

透過促使壓縮和膨脹，很容易發生狀態變化。壓縮是利用壓縮機，膨脹是利用膨脹閥（expansion valve）。

熱泵並非用電力來製造熱，而是利用電力作為移動熱的動力源。消耗的電力並非直接變成熱，而是可以傳送消耗電力好幾倍的熱。

熱泵　→以電力搬運熱
加熱器→以電力製熱

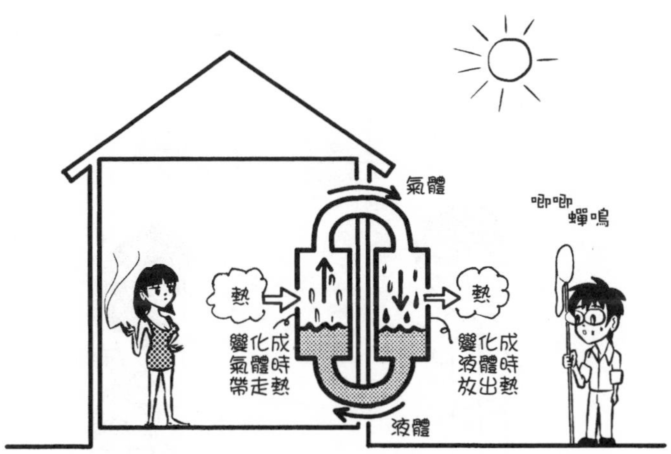

Q COP是什麼？

▼

A 表示機器能量效率的性能係數（coefficient of performance），輸入能量可以產生多少倍輸出能量的數值。

COP是coefficient of performance的縮寫，直譯是性能係數。什麼是性能係數呢？就是能量效率的性能。表示相對於輸入能量，能有多少輸出能量的比率。

若COP＝3，表示有消耗電力的三倍能力，也就是1kWh（1度電）的電能可以產生3kWh（3度電）的熱。這個數值可以用來計算暖氣能力/消耗電力、冷氣能力/消耗電力。分母和分子的單位必須統一。COP愈高，節能性能愈高，是節能性能的指標之一。

熱泵並非把電力變成熱，只是以電力搬運熱。相對於消耗的電力能量，能夠增加熱的移動量。輸入總能量等於輸出總能量（能量守恆定律〔law of conservation of energy〕），只是因為使用既有的熱，輸出熱量大於消耗電力。

COP是6或8，端賴結構決定。熱泵不是製熱，只是搬運既有的熱，所以節能性能高。

Q 以熱泵內變動的冷媒壓力為縱軸、熱量為橫軸，所畫出的圖形是什麼？

▼

A 如下圖。

以壓縮機壓縮氣體時，是對氣體作功、給予能量，所以氣體中的熱量增加。壓力上升熱量增加，所以成為圖中向右上斜的圖形（①→②）。

氣體成為液體（凝縮〔condensation〕）時，熱向外排出。因為熱向外排出，冷媒內的熱量減少。等壓下熱量減少，所以圖形成為向左的直線（②→③）。

液體以膨脹閥減壓時，圖形成為垂直向下的直線（③→④）。

液體蒸發成為氣體時，從外部取得熱。取得的熱的部分，讓冷媒內的熱量增加，所以圖形成為向右的直線（④→①）。

冷氣和暖氣都是依循這種循環，只有室外機與室內機的部分相反。

施加壓力的原因，是為了讓冷媒產生狀態變化。如果壓力沒有變化，在那個溫度下就不會發生凝縮或蒸發。

這種壓力與熱量的圖形也稱為**莫里爾圖**（Mollier diagram）。物質所含的總熱量又名**焓**（enthalpy），與失序（disorder）指標的熵（entropy）不同。

這裡的冷媒的循環，與冷凍機冷媒的循環相同（參見R224）。

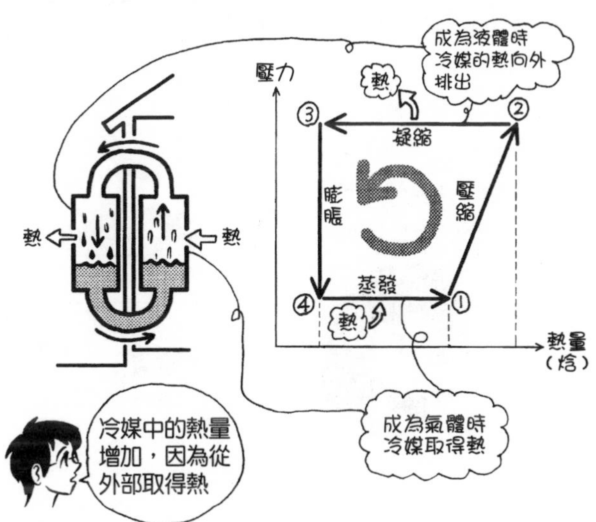

Q 如何從前項的循環圖形計算性能係數？

▼

A 如下圖，以壓縮時氣體增加的熱量為分母，開冷氣時吸收的熱量或開暖氣時放出的熱量為分子，加以計算。

COP是相對於增加的能量，冷氣或暖氣能發揮多少倍的能力。

增加的作功量（能量）＝力 × 距離＝壓力 × 體積變化

然而，壓縮時，壓力 × 體積變化部分的作功量＝能量＝熱量，儲存在氣體中。壓縮時增加的熱量，是下方圖形中的 h_2-h_1。

開冷氣時吸收的熱量是 h_1-h_3，開暖氣時放出的熱量是 h_2-h_3，故：

開冷氣時的COP＝（h_1-h_3）/（h_2-h_1）
開暖氣時的COP＝（h_2-h_3）/（h_2-h_1）

這是理論上的COP，實際上消耗電力並非100%成為內部的熱量，所以用下面的公式來計算：

$$\text{實際的COP} = \frac{\text{冷暖氣能力}}{\text{消耗電力}}$$

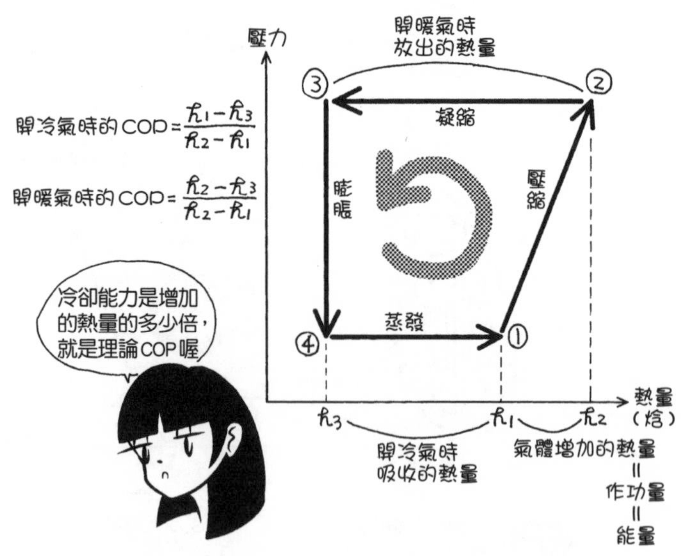

Q 生態熱水器是什麼？

▼

A 利用熱泵燒熱水的電力熱水器系統。

生態熱水器（eco cute）是將原本利用於空調機等的熱泵技術，加以應用的熱水器。如果能用深夜電力，更合乎經濟效益。冷媒是使用二氧化碳。

生態熱水器是電力公司開發的熱水器，冷媒是二氧化碳，所以是保護自然的生態學（ecology），維護成本比瓦斯熱水器便宜又經濟（economy），對生態而言是可愛的，所以加入cute來命名。

由於生態熱水器必須有儲存熱水的儲熱水槽，從設計階段就要開始考慮設置的地方。

Q 室內空調機的洩水管是什麼？

▼

A 向外排出除濕、結露等的水的排水管。

drain是排水、排水口等意思。提到屋頂的排水，是指雨水的排水口或雨水排水金屬零件。空調機的drain pipe（洩水管）是把空調機產生的水向外排放用的管，常用蛇腹型軟管等。

室內機和室外機都需要洩水管。除濕或結露的水，開冷氣時是從室內機產生，開暖氣時從室外機產生。室外機直接從陽台排出即可，問題是室內機。

室內空調機是熱泵，從室內機到室外機以冷媒管連接。在包層中，可以清楚看見裡面有空調洩水管和室外機用電線。冷媒管與電線連接即可，空調洩水管不然，必須考慮水流坡度，才能順利流到室外。

坡度設計不良會積水。嵌入天花板的室內機等，空調洩水管多半也埋設在天花板中，所以不易做出坡度。此外，空調洩水管與排水管連接時，必須有存水彎，防止從排水管飄出的臭味，自室內機傳出。

大型空調機在空氣冷卻時會發生結露，所以空調洩水管是必要的。在空調機內部，為了完全排出結露水，會直向或斜向配置冷卻盤管。只有暖氣的對流器不需要空調洩水管。

Q 一對多空調機是什麼？

▼

A 一台室外機運轉多台室內機的空調機。

multi是有「多數」之意的字首。這裡的多是指什麼呢？是指室內機。一台室外機對應多台室內機。兩台或三台室內機以一台室外機控制。在辦公大樓或店鋪等大型房間，安裝數台室內機以一台室外機運轉，也是一對多空調機（multi type air conditioner）。

室外機放置空間狹窄時，效果最佳。有時六疊小房間的室內空調機，室外機反而是很大型的。在好幾間房間設置室內機時，如果能統整為一台室外機，可以節省放置空間。室外機放置空間多半在陽台或圍牆間隙等狹窄的空間。沒有放置空間時，可以考慮一對多空調機。

單體式空調機（unitary air conditioner）與一對多空調機何者較佳，必須個案思考，不能以哪種消耗電力較少為基準。但住宅中要在多間六疊大小的房間安裝空調機時，考慮價格、維修、更換時的成本、消耗電力等，單體式空調機似乎較有利。

Q 箱型空調機是什麼？

▼

A 內置冷凍機的大型空調機。

箱型空調機（package type air conditioner）是把小型空調箱和小型冷凍機兩者，一起裝入（packing）一個箱子（package）的空調機。

這種空調機用於辦公大樓、店鋪、工廠等大型空間。除了如下圖的落地式，還有天花板崁入式、吊頂式等。

要冷卻冷凍機傳出的熱，方法包括用水冷卻的水冷式（water cooling type）、用空氣冷卻的氣冷式（air cooling type），及用熱泵冷卻的方式等。

開暖氣時是用加熱器或熱泵。以熱泵來運轉冷暖氣兩者時，與一對多空調機的運作幾乎相同。

冷暖氣能力和機器大小大致是：

空調箱＞箱型空調機＞一對多空調機＞室內空調機

Q 往復式冷凍機與渦輪式冷凍機有什麼不同？

▼

A 如下圖，壓縮冷媒的方法不同。

冷凍機的冷卻原理和熱泵的原理相同。利用壓縮的冷媒凝縮時放出熱，膨脹的冷媒蒸發時吸收熱的原理。壓縮時必須施加能量。藉由這種壓縮方法，開發出各種冷凍機。

往復式冷凍機（reciprocating refrigerator）也稱為往復運動式冷凍機。reciprocating是指活塞往復式發動機（reciprocating engine）。活塞的往復運動能夠壓縮冷媒氣體。

渦輪式冷凍機（turbo refrigerator）也稱為離心式冷凍機。渦輪（turbo）是指用渦輪機（turbine）運轉的發動機。藉由渦輪機迴轉，將從中心加入的冷媒氣體推向外側，進行壓縮。

此外，還有利用螺旋的**螺旋式冷凍機**（screw refrigerator），以及有兩個渦盤而藉由迴轉一方來進行壓縮的**渦卷式冷凍機**（scroll refrigerator）等。

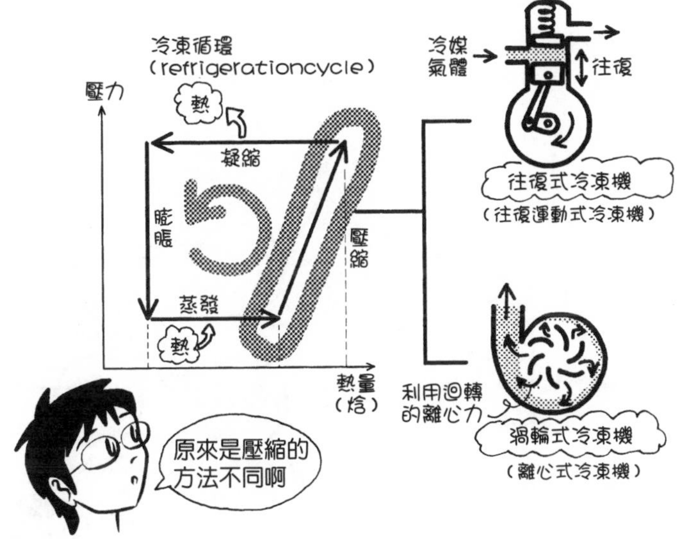

Q 吸收式冷凍機是什麼？

▼

A 不進行機器式壓縮，藉由溶液吸收冷媒進行冷凍循環的循環式冷凍機。

吸收式冷凍機（absorption refrigerator）利用冷媒蒸發時帶走熱，凝縮時（成為液體時）放出熱的冷凍循環方式，和往復式等壓縮式冷凍機相同。兩者循環運轉方式的不同之處，在於是以機器壓縮或以液體吸收。

吸收式冷凍機中分成兩個大容器，一個是接近真空的低壓容器，一個是高壓容器。冷媒移動到高壓容器時，不是用機器壓縮，而是採用溶解到溶液裡的搬運方法。

在接近真空的容器裡加入冷媒（水等），冷媒會立即蒸發，在蒸發時帶走熱。

若冷媒持續蒸發，氣壓（蒸氣壓）升高，蒸發停止。因此，必須從低壓容器中取出蒸氣。蒸氣被吸收液（溴化鋰：LiBr等）吸收之後取出。吸收蒸氣的吸收液搬運到氣壓高的容器，然後排出蒸氣。這是利用吸收液加熱之後會排出蒸氣的性質。高壓下，冷媒的蒸氣立即成為液體（凝縮）。蒸氣成為液體之際，放出熱。成為液體的冷媒回到真空容器。

相較於機器壓縮的壓縮式冷凍機，讓溶液吸收再搬運到高壓容器的吸收式冷凍機，具有振動或噪音小、可用水作為冷媒等優點。

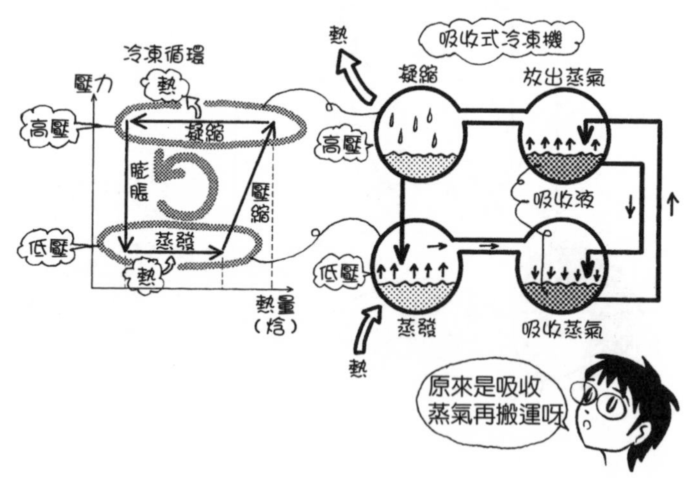

Q 冷卻塔是什麼？

▼

A 如下圖，用於釋放冷凍機所產生的熱的機器。

在冷凍循環中，提高冷媒氣體的壓力，讓冷媒氣體凝縮成為液體時，冷媒將熱排放到外面。這些熱必須有地方釋放，所以在屋頂等處設置冷卻塔（cooling tower）。因為是用於冷卻（cool）的塔（tower），所以稱為冷卻塔。

冷凍機排出的熱移到水中，成為熱水。這些熱水搬運到冷卻塔冷卻成為冷水，再送回冷凍機。

在冷卻塔中，熱水有部分蒸發放出熱而冷卻，也就是透過蒸發的氣化熱（heat of vaporization）來冷卻。為了促進蒸發，生成水滴，在表面積大的構件上流動，藉由送風機，與送入的空氣接觸。

這時冷卻用的水（冷卻水）與空氣直接接觸，所以稱為**開放式**，表示水向空氣開放。

如果不喜歡冷卻水受到污染，可以讓冷卻水通過熱交換器的盤管裡。盤管外側暴露於空氣或其他的水中，間接讓冷卻水變冷。水對外關閉，所以稱為**密閉式**。

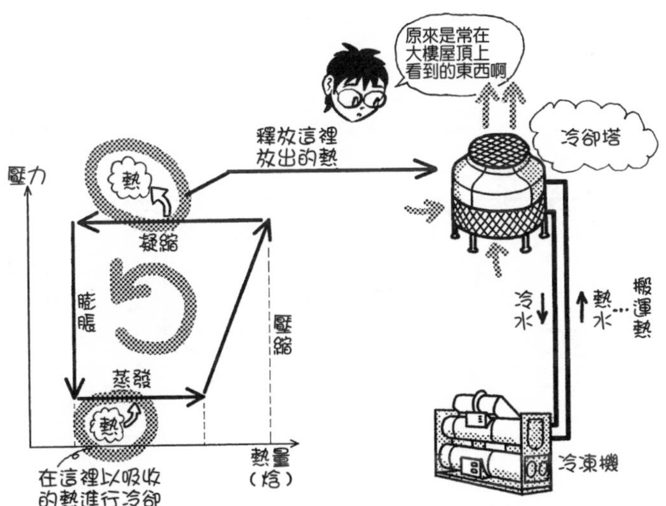

Q 1冷凍噸是什麼？

A 1t 0℃的水，在24小時內成為1t 0℃的冰的冷凍能力。

冷凍機的能力以冷凍噸（refrigeration ton）表示。100冷凍噸是指在一天內使100t的水成為100t的冰的冷凍能力。

日本和美國的度量方式不同，所以上述也稱為**日本冷凍噸**。美國冷凍噸是指在一天內使2000磅的水成為冰的能力。美國冷凍噸比日本冷凍噸約少10%。

日本冷凍噸縮寫是JRT，美國冷凍噸是USRT。冷凍噸的縮寫是RT。請記住「冷」→R、「凍」→T的縮寫方式。

1t的水成為冰，必須從水帶走333.600MJ（兆焦耳）的熱（凝固熱〔heat of solidification〕）。所以進行24小時＝24×60分×60秒＝86400秒，即1冷凍噸。

$$333.600\text{MJ}/86400\text{s} = 0.00386\text{MJ/s} = 3.86\text{kJ/s} = 3.86\text{kW}\ (\text{J/s} = \text{W})$$

1冷凍噸約3.86kW。

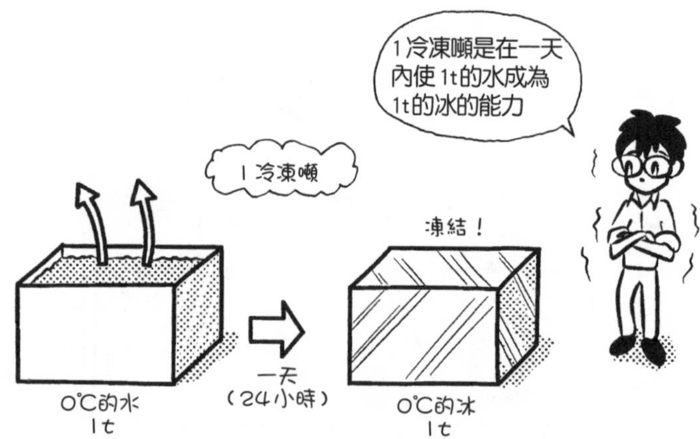

Q 爐筒煙管式鍋爐是什麼？

▼

A 如下圖，藉由燃燒器的燃燒筒（爐筒），與高溫空氣通過的多根管子（煙管），來讓水沸騰的鍋爐。

讓水沸騰（boil）來製造蒸氣或熱水的東西就是鍋爐（boiler）。雖然有各種型式的鍋爐，但大樓常用爐筒煙管式鍋爐（flue and smoke tube boiler）。

以燃燒器燃燒瓦斯、燈油、重油等，在稱為**爐筒**的燃燒室加熱空氣。爐筒內裝有很多稱為**煙管**的管，讓高溫的空氣或煙通過這些煙管。最後把煙從煙囪排放出去。

爐筒和煙管的設計，是為了加大與水接觸的面積，以便容易傳熱。在鍋爐製成的熱蒸氣把水變成熱水（熱交換），這些熱水再搬運到空調機。有時直接把蒸氣搬運到空調機。

鍋爐是高溫、高壓的容器，極為危險，必須有運轉和管理的執照才能擔任管理者。因此，也有製成非高壓的鍋爐，讓沒有執照的人也能操作。

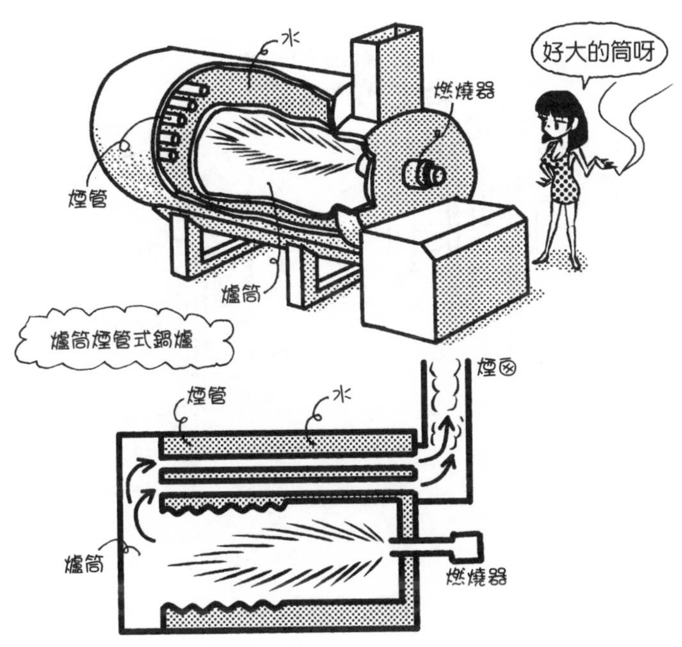

Q 鑄鐵製分節式鍋爐是什麼？

▼

A 如下圖，組合鑄鐵製的箱子做成的鍋爐。

鑄鐵是注入模型中凝固製成的鑄造產品，這裡是指中空的箱型鑄造物。section在建築中常作為斷面圖之意，這裡是斷片、零件的意思。重疊箱型斷片，做成大型鍋爐。

箱型片的中間有空洞，空洞裡充滿了水。箱型片預留裝入燃燒器的孔洞、燃燒室、水通過的連結口、蒸氣通過的連結口等，重疊組合而成鍋爐。

分節式鍋爐（section boiler）可以分解，方便搬運和搬入。根據箱型片的數量增減，可以調整鍋爐的大小和能力。

搬入設備室的路徑，必須從設計階段就進行考量。為了搬運大型機械設備到地下室，有時會在建物側面做採光井（dry area，乾溝、大穴）；然後用起重機吊起鍋爐，經過打開的大型鐵門搬入。如果像分節式鍋爐一樣可以分解再組合，或許可以利用室內樓梯來搬運。

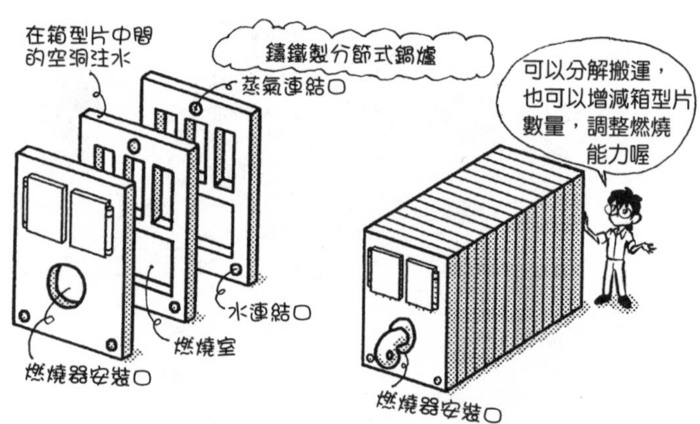

Q 水管式鍋爐是什麼？

▼

A 如下圖，在燃燒室內圍繞安裝水管來製造蒸氣的鍋爐。

爐筒煙管式鍋爐是在水槽內圍繞安裝多根煙管；水管式鍋爐（water-tube boiler）則是在燃燒室內圍繞安裝多根水管。

爐筒煙管式鍋爐→在水槽內裝入多根煙管
水管式鍋爐　　→在燃燒室內裝入多根水管

下圖的鍋爐是直線狀安裝水管，也稱為**直管式水管鍋爐**（water-tube boiler with straight tubes）。1912年（大正元年），日本的田熊常吉發明這種鍋爐，所以田熊式鍋爐（Takuma boiler）聞名世界。

內側水管內的水受熱而上升，外側水管內的水冷卻而下降，不需要用泵浦就能讓水自然循環。圓筒垂直而立，所以也稱為**直立水管式鍋爐**。鍋筒（drum）直立安裝，優點是不占空間。

水管式鍋爐開發出多種型式，包括水鍋筒與蒸氣鍋筒分開的水管式鍋爐，以及彎曲水管的彎管式水管鍋爐（water-tube boiler with bending tubes）等。

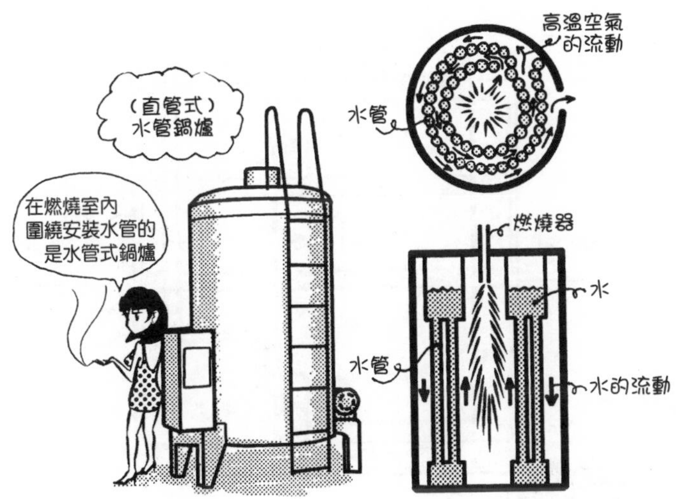

Q 直燃型吸收式冷熱水機是什麼？

▼

A 如下圖，吸收式冷凍機與鍋爐一體化的冷熱水機。

吸收式冷凍機在從吸收液取出蒸氣時加熱。這時產生的蒸氣，也可以再利用作為取出其他蒸氣時的熱。因為雙重使用蒸氣，所以稱為**雙效吸收式冷凍機**（double-effect absorption refrigerator）。

由於用雙效吸收式冷凍機來加熱吸收液，直接用火加熱的是直燃型吸收式冷熱水機（direct-fired absorption chiller/heater）。為了避免熱散失，設法追求多重效率。

對從建物旁觀，或只看到機器外觀的人來說，吸收式冷熱水機就是一台結合「**吸收式冷凍機＋鍋爐**」的機器。一台機器就能供應冷熱水，所以能夠節省設置空間。

用於釋放熱的冷卻塔、用於排煙的煙囪都是必要的設備，冷凍機或鍋爐也一樣。

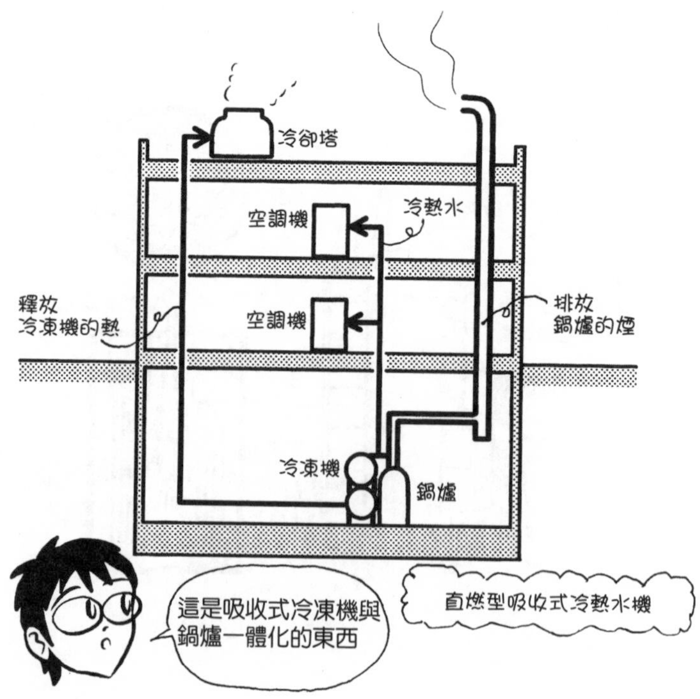

Q 全熱交換機是什麼？

▼

A 為了防止換氣而造成熱的無謂浪費，將熱或水蒸氣在排氣與外氣之間進行交換的熱交換機。

一再重複送風與回風，空氣會漸漸受到污染。因此，把一部分回風排氣，引入同量的外氣。

開暖氣時，這個階段會釋放部分的熱；反之，開冷氣時會帶入熱。因此，在排氣與外氣之間進行熱交換。回收暖氣設備加熱的排氣的熱和水蒸氣，再送至送風。

這項熱交換之所以稱為全熱交換，是因為**顯熱**（sensible heat）與**潛熱**（latent heat）兩者交換，並非100%全部的熱交換。熱交換效率約70%。

水變成水蒸氣時，即使沒有發生溫度變化仍會蒸發，所以需要熱。這種沒有伴隨溫度變化的物質狀態變化，所需的熱稱為潛熱；直接顯示於溫度計的熱稱為顯熱。水蒸氣多時，潛熱也多。

全熱交換機（total heat exchanger）使用特殊的紙張〔編註：指用特殊纖維製成的過濾紙張，透濕率高、氣密性好，纖維之間的間隙較小，只有粒徑較小的水蒸氣分子才能通過〕，在排氣與外氣之間，進行熱與水蒸氣的交換。

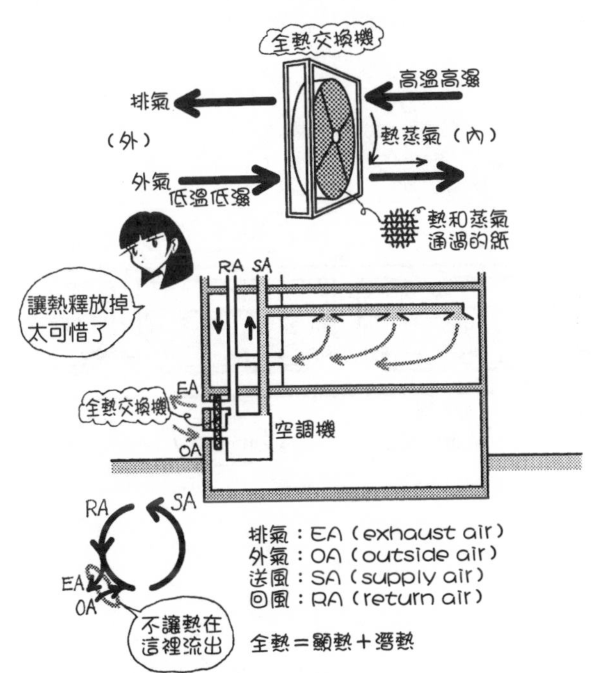

Q 蓄熱槽是什麼？

A 如下圖，為蓄熱而儲水的水槽。

和水相較，提高同質量的溫度1℃需要多少熱量，所表示的比，稱為**比熱**。水的比熱是1，混凝土、磚約0.2，鐵約0.1。由此可知，加熱水所需的熱量非常多。

熱容量（heat capacity）是比熱×質量，表示能蓄積多少熱的容量，也就是儲存熱的東西大小。

熱容量大時，加熱後不易冷卻，但加熱會耗費熱量。以同體積比較，混凝土的熱容量約為水的一半，空氣約為水的3400分之1。

比較以空氣從空調機搬運熱和以水從空調機搬運熱，水只需3400分之1的空間就足夠。這便是以水作為冷媒的優點。從鍋爐或冷凍機搬運冷熱水來加熱空氣，理由也是水的熱容量大。

蓄熱槽（thermal storage tank）通常裝設在地板下的雙層樓板內，為了讓熱不會釋放，覆上隔熱材。有些蓄熱槽會分別設置熱水槽和冷水槽，也有輪流交換使用的單槽，或是只設置熱水槽等。

使用蓄熱槽，負荷小的時候可以把多餘的熱聚集起來。此外，在使用高峰時用蓄熱槽的熱，能夠減少機器的運作。

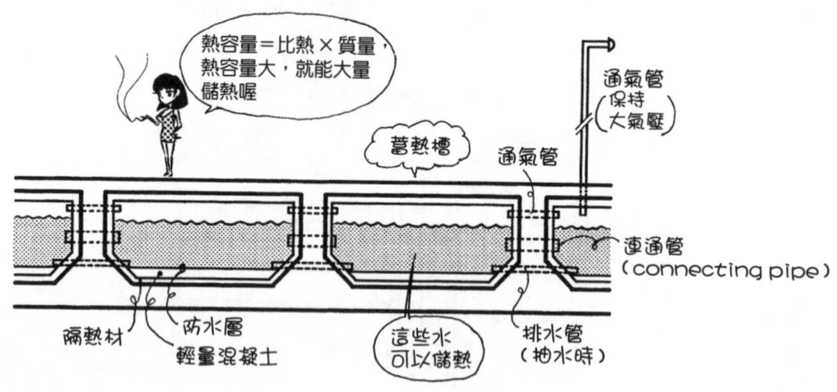

Q 汽電共生是什麼？

▼

A 使用發電系統的排熱，運轉冷暖氣、供應熱水的方式。

co是共同，generation是發生、生成之意。

co-generation是汽電共生，也就是從瓦斯或石油等生成電力或熱等數種能量的系統。

汽車以驅動引擎作為動力的同時，轉動發電機產生電力，運轉空調機降低車內溫度。這是從石油一種能源同時生成數種能量，所以是一種汽電共生。

下圖中，瓦斯驅動瓦斯引擎，同時轉動發電機產生電力，瓦斯引擎的排熱供應熱水。大型大樓經常使用這種方法，現在也開發了家庭用系統。

根據能量守恆定律，雖然產生數種能量，但總能量沒有增加。然而，優點是能夠有效利用以往捨棄不用的熱，適當分配能量來提高效率等。

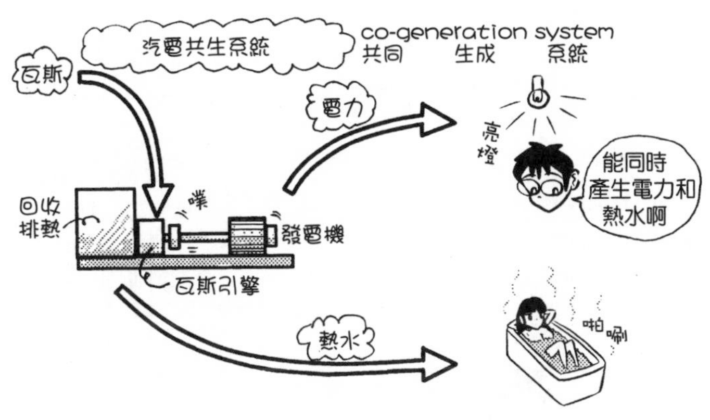

Q 空氣線圖是什麼？

▼

A 以溫度為橫軸、水蒸氣量為縱軸，表示空氣狀態的圖形。

空氣線圖（psychrometric chart）的圖形中，通常縱軸畫在右邊。表示空氣狀態時，空氣線圖也稱為濕度線圖。縱軸畫在右邊比較容易判讀。

正確地說，橫軸的溫度是指**乾球溫度**（dry-bulb temperature）。溫度計感溫的部分，乾燥的是乾球，包著濕紗布的是濕球。在空氣線圖中，也畫有**濕球溫度**（wet-bulb temperature）的刻度，參見向右下斜的平行線。

正確地說，縱軸的水蒸氣量是指**絕對溫度**（absolute temperature），即 1kg 乾空氣中所含水蒸氣的 kg 數。kg/kg' 中的 kg' 代表 1kg 空氣。kg 附有「'」，是為了與水蒸氣區別。

要確定溫度和水蒸氣量，可以用空氣線圖上的一點來判定。這個點稱為**狀態點**（state point），表示空氣狀態的點。

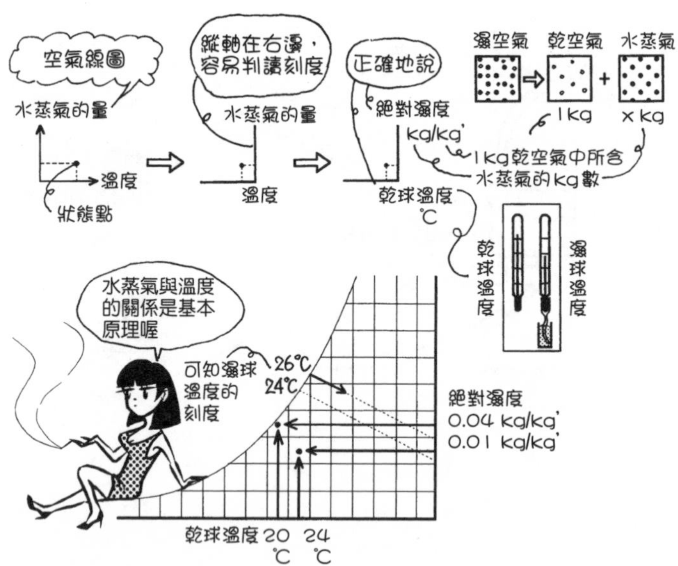

Q 空氣線圖中的相對濕度是什麼？

▼

A 相對於飽和水蒸氣量的水蒸氣量比例。

空氣線圖中所畫的多條向右上斜的曲線，是表示相對濕度（relative humidity）的圖形。相對濕度100%的圖形是表示**飽和狀態**（saturation state），也就是空氣中無法容納更多水蒸氣。

溫度愈高，最多的水蒸氣量，也就是飽和水蒸氣量，增加愈多。再將飽和狀態的空氣加濕或冷卻，水蒸氣無法進入空氣中而排出，就是**結露**。

縱軸的絕對溫度是水蒸氣的質量，相對濕度則是相對於飽和水蒸氣量的比例。「相對」是指對飽和水蒸氣量，飽和水蒸氣量改變，相對濕度隨之改變。

舉例來說，「100萬日圓的鑽石」是絕對的，「三個月分薪水的鑽石」是相對的。因為薪水改變，三個月分的金額也隨之變化；但100萬日圓是不會變動的。

進入的水蒸氣只有飽和水蒸氣量的一半時，相對濕度是50%；只有飽和水蒸氣量的1/5時，相對濕度是20%。一般所謂的濕度，是指相對濕度（圖形中的數值已經簡化）。

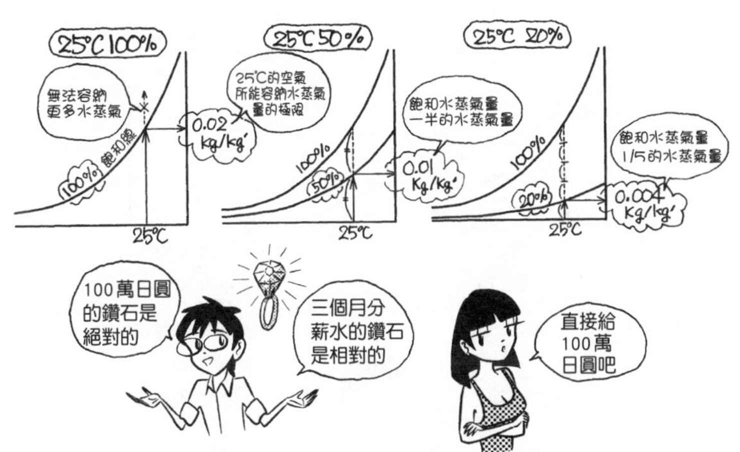

Q 空氣線圖中的（比）焓、比容積是什麼？

▼

A 每1kg乾空氣的內含能量，以及每1kg乾空氣的濕空氣體積。

焓是表示空氣內部的能量、熱量，單位是用J（焦耳）。圖形中kJ/kg'的kg'代表每1kg乾空氣。

為了提高空氣的溫度、混合水蒸氣，需要能量（熱），空氣內部蓄積了這樣的能量。溫度愈高，水蒸氣量愈多，形成的狀態便是內部能量＝焓愈高。

在空氣線圖中，焓是斜畫的平行線，判讀左上方的刻度。空氣線圖的焓在0℃、濕度0%的狀態下是0。這不表示在0℃、0%時不具能量，只是以這種狀態作為基準點，就像以海平面為0來標高一樣。以相對性指標來說，也稱為**比焓**。

A點上每1kg空氣內部能量是40 kJ，B點是60 kJ，相差20 kJ。從A點移動到B點的狀態，最少需要20 kJ的能量（＝熱量）。

比容積（specific volume）是體積/質量時，1kg乾空氣中，濕空氣的m^3數。藉由從左上向右下斜的圖形來判讀。C點上的空氣，1kg時體積是$0.83m^3$。

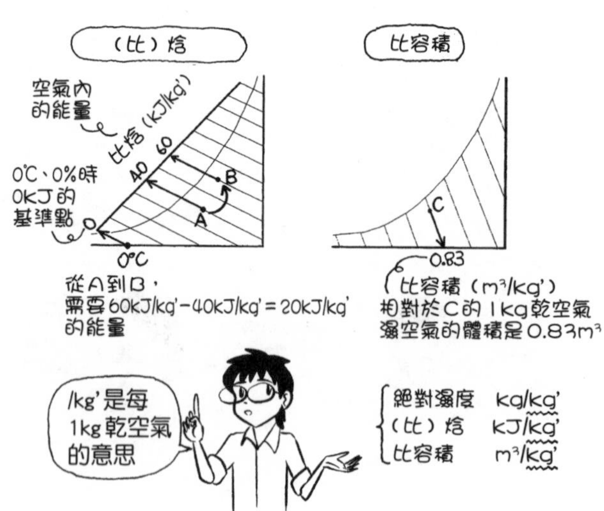

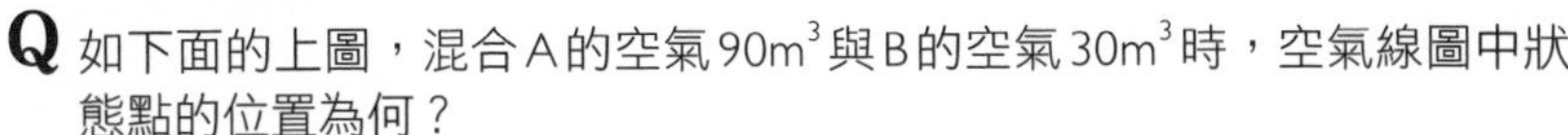

Q 如下面的上圖，混合A的空氣90m³與B的空氣30m³時，空氣線圖中狀態點的位置為何？

▼

A A點與B點之間，內分為1比3的點。

混合空氣時，除了溫度和水蒸氣量，還有體積因素。如果體積三倍，會加入三倍的水蒸氣。狀態點不同的空氣混合時，體積成為最大決定性影響因素。增加三倍，影響力就有三倍。

A與B的體積比，A是3、B是1，所以混合的空氣是3＋1＝4。將左下空氣線圖的AB 四等分，從A取1、B取3混合的C，是混合空氣的狀態點。體積為3：1，倒過來內分為1：3，靠近體積大的A。

以室內開冷氣為例。輸送回風A每1分是90m³，新鮮的外氣B每1分是30m³，混合空氣成為C。冷卻、除濕的混合空氣是D，變成送風空氣。室內的溫度和濕度提高之後，再折返成為回風A。

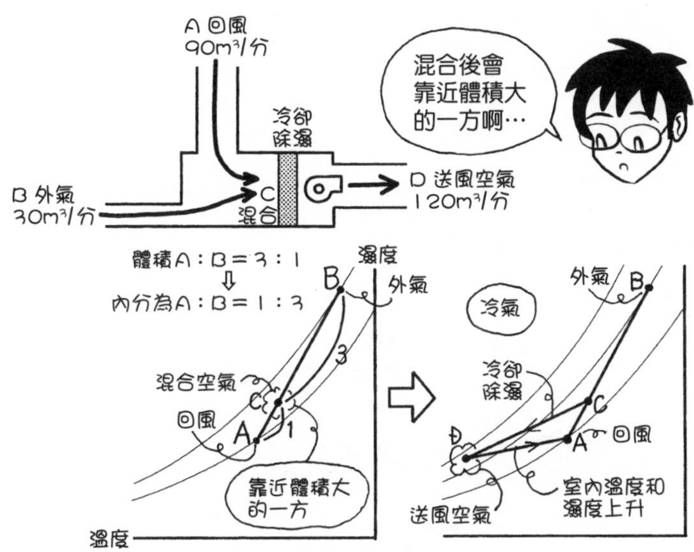

Q 絕緣電線與電纜有什麼不同？

▼

A 絕緣電線（insulated wire）是將導體做成絕緣，電纜（cable）則是將多條這樣的電線組合被覆（sheath）起來。

正確地說，電線是電力通過的導體（芯〔core〕），其實本身是裸線。絕緣電線是被覆這些導體的周圍，使其絕緣的線，也就是指一條條經過絕緣處理的線。組合兩條、三條、四條這些絕緣電線，再包覆起這些電線外側的線，稱為電纜。

（裸）電線→絕緣電線→電纜

以聚氯乙烯絕緣的兩條電線，在分開狀態下使用礙子（讓電線和建物絕緣用的陶器）拉線，進行屋內配線（house wiring），是從以前就常用的方法。絕緣電線直接裝在天花板是很危險的。現在只需要將一條電纜裝在天花板，甚至只需用金屬零件固定，工程輕鬆許多。

金屬零件常用絕緣夾線釘（staple）。staple是釘書機的釘書針等U型金屬物。作為絕緣或緩衝用的是附樹脂的絕緣夾線釘。

除了電線和電纜，若更細分，還有軟線（cord）的分類。這是組合多條細軟銅線，做成絕緣。有電視、收音機、洗衣機等機器用的軟線，也有電熱器用的軟線等。

電線、電纜、軟線有多種規格，但作為屋內固定配線用的幾乎都是VVF電纜。首先先記住VVF電纜（參見R241）、VVR電纜（參見R242）、CV電纜（參見R243）。

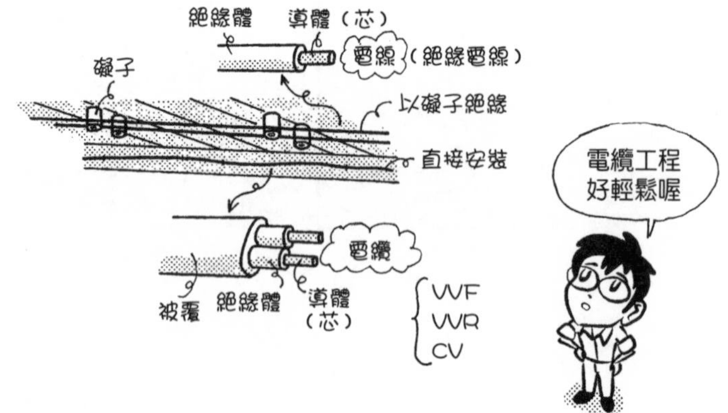

Q IV是什麼？

▼

A 聚氯乙烯絕緣電線。

IV是indoor polyvinyl chloride insulated wire的縮寫，直譯是室內用聚氯乙烯絕緣電線。開頭的I是indoor的I，後面的V是vinyl的V。這裡的V代表聚氯乙烯，常用在電纜名稱中，必須記住。

IV又稱**600V聚氯乙烯絕緣電線**，表示最大電壓為600V。在交流電中，600V以下是低壓，600V以上到7000V以下是**高壓**，超過7000V稱為**超高壓**（extra high voltage）。屋內配線是用600V以下、低壓用電線或電纜進行安裝。

聚氯乙烯絕緣電線是在銅製成的芯，也就是導體的周圍，包覆聚氯乙烯。以無法通電的物質包覆在導體周圍，稱為**絕緣**。以聚氯乙烯包覆導體的電線，耐水性、耐油性都優於用橡膠包覆的橡膠絕緣電線。

IV當中，耐熱性強的聚氯乙烯絕緣電線是HIV，也就是耐熱聚氯乙烯絕緣電線（兩種聚氯乙烯絕緣電線）。HIV的H是heat resistant（耐熱）的縮寫。

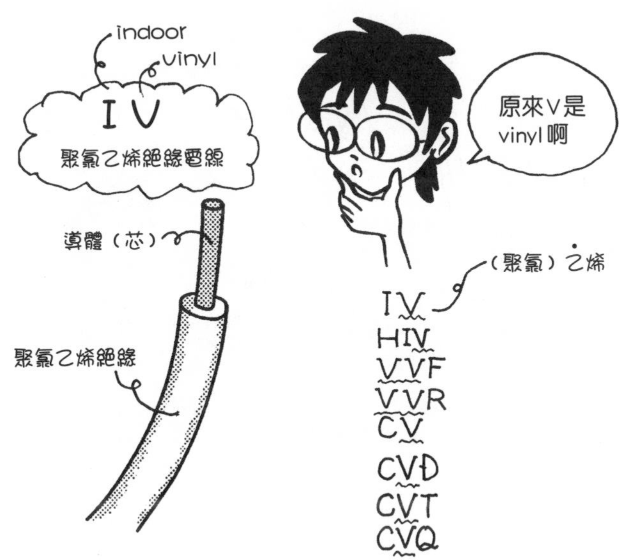

Q VVF 電纜是什麼？

▼

A 平型聚氯乙烯絕緣及被覆電纜（vinyl insulated vinyl sheathed flat cable）。

VVF 中的第一個 V 是聚氯乙烯絕緣的 vinyl，第二個 V 是聚氯乙烯被覆的 vinyl。絕緣是指阻絕電力與其他物質的關係，在芯的周圍包覆絕緣材料（這裡是指聚氯乙烯樹脂），防止漏電。

被覆是指包覆最外側之意。被覆電纜又稱**電纜護套**（cable sheath）。sheath 是包覆刀鞘等長形物體的東西。

VVF 中的 F 是 flat 的首字母，為平坦、扁平之意。這種電纜的斷面並非圓形，而是如扁平橢圓形。VVF 電纜有時簡稱 F 電纜。這種電纜常用於照明或插座配線等低壓屋內配線用電線。

VVF 電纜有兩條線二芯、三條線三芯等。絕緣部分的顏色，白色是接地線（0V），其他還有黑色和紅色。芯的英文是 core，所以二芯記為 2C、三芯記為 3C。直徑 1.6mm、二芯的 VVF 電纜，標示為 VVF1.6×2C、VVF2×1.6、VVF2C×1.6×100m（長度）。

600V VVF 電纜表示最高耐壓是 600V 電壓。

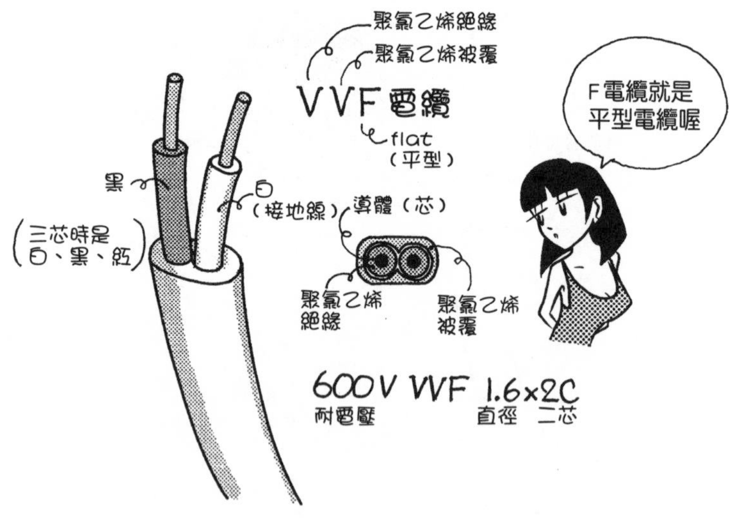

Q VVR電纜是什麼？

▼

A 圓型聚氯乙烯絕緣及被覆電纜（vinyl insulated vinyl sheathed round cable）。

和VVF一樣，第一個V是聚氯乙烯絕緣的vinyl，第二個V是聚氯乙烯被覆的vinyl。

R是round的縮寫，圓形之意。因為是圓形斷面，被覆部分與絕緣部分之間，必須有紙等包體（inclusion）。

VVF電纜一般用於屋內配線，VVR電纜用於輸入用電纜或需要較粗電線的地方。也有生產比VVF更粗尺寸的產品。

VVF電纜沒有用紙等包體的部分，比較容易彎曲。VVR電纜是圓形斷面，芯的直徑相同時，感覺比VVF電纜粗大。

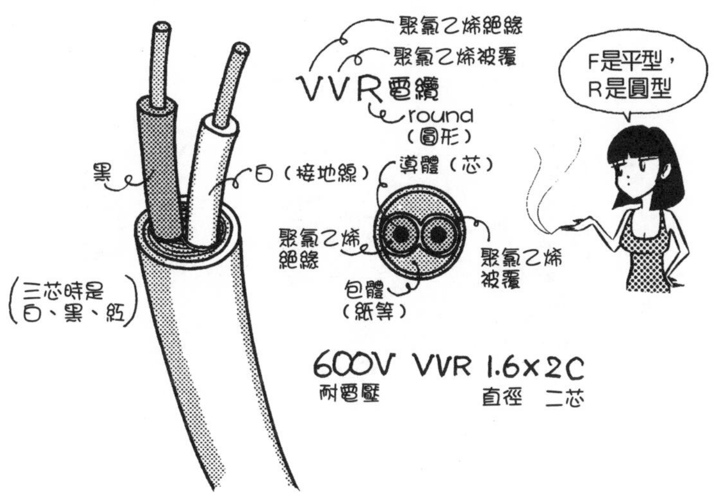

Q CV電纜是什麼？

▼

A 交連聚乙烯絕緣聚氯乙烯被覆電纜（crosslinked polyethylene insulated vinyl sheathed cable）。

交連聚乙烯是乙烯分子彼此相互結合，形成立體網狀結構的樹脂。這種材料耐熱性、耐氣候性高，也用於自來水管、瓦斯管等。

CV電纜耐氣候性高，可以作為屋外露出部分的配線，所以能用於高壓輸入線等。這種電纜在屋內也作為高壓用，被覆較厚。

導體（芯）是組合圓形斷面而成，也有不是圓形斷面的產品，規格以 mm^2 表示。

sq是square mm（平方厘米）的縮寫。square是正方形，也有面積的平方之意。1mm×1mm的正方形，就是 $1mm^2$。

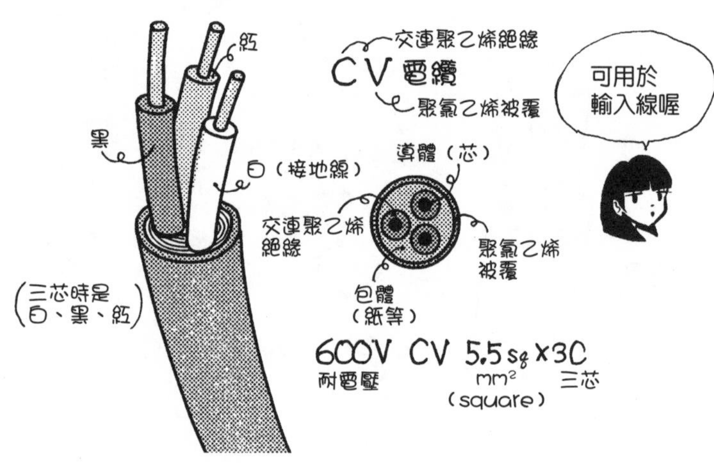

Q CVD是什麼？

▼

A 如下圖，組合兩條CV電纜而成的兩心絞合（duplex）交連聚乙烯絕緣聚氯乙烯被覆電纜。

CVD和CV二芯電纜相似，差異點是個別施行被覆。CV二芯電纜是在絕緣的兩條線外側，施行一個被覆來統整。另一方面，CVD是將個別施行被覆的線組合起來。

CVD電纜和CV電纜一樣，優點是耐熱性、耐氣候性高，容許電流（allowable current）大，末端作業容易。

D是duplex的縮寫，有雙重的意思。如果是加上T（triplex，三心絞合）或Q（quadruple，四心絞合），則是三條或四條組合而成的CV電纜。

CVD →二條
CVT →三條
CVQ→四條

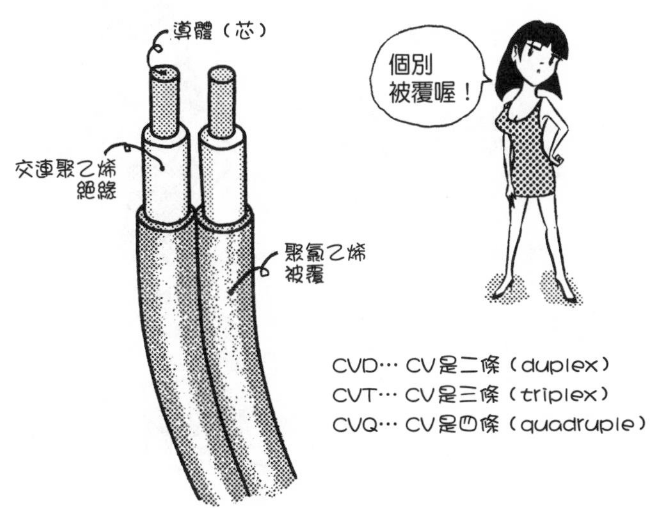

Q 同軸電纜是什麼？

▼

A 如下圖，在內部導體的周圍，纏繞著網狀導體的通訊用電纜。

因為把導體纏繞成同心圓狀，所以稱為同軸電纜（coaxial cable）。做成網狀，可以遮斷電磁波，通常作為電視電纜、LAN（local area network，區域網路）電纜使用。

內建電視用的同軸電纜端子、LAN電纜端子的插座，稱為**多媒體插座**（multimedia socket），也就是內建多個（multi）訊號源（media）的插座。

Q 鋼導線管是什麼？

A 如下圖，保護電線或電纜用的鋼管。

鋼導線管（rigid steel conduit）又稱**金屬導線管**（metallic conduit）。鋼導線管包括**厚鋼導線管**（thick wall steel conduit）、**薄鋼導線管**（thin wall steel conduit）、**無螺紋導線管**（screwless conduit）。如文字所示，上述是分別表示管壁厚度的厚管、薄管、無螺紋的管。

厚鋼導線管又稱G管，薄鋼導線管又稱C管，無螺紋導線管又稱E管。

連接接頭（coupling）或電箱時，以前端刻有螺紋山的部分固定。無螺紋導線管的情況如下圖，用連接器（connector）頂端的螺紋，把連接器固定於導線管。連接器前端刻有螺紋山，利用這個螺紋山與電箱等設備接續。由於有使用連接器，容易接續。

電線或電纜放入導線管中，不易受到破壞，而且絕緣性更佳，還有防止遭惡意破壞的效果，屋外和屋內都能使用。

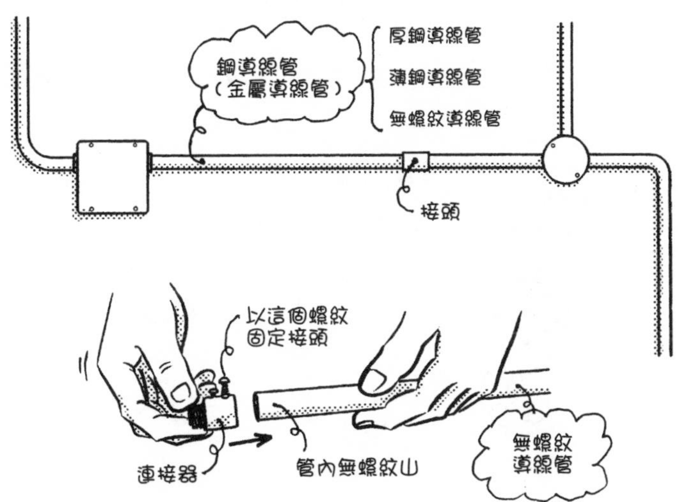

Q 硬質聚氯乙烯導線管是什麼？

▼

A 如下圖，保護電線或電纜用的硬質聚氯乙烯管。

硬質聚氯乙烯導線管（hard PVC conduit）又稱**VE管**（PVC electrical conduit）。這種導線管與用於供水等的VP管、VU管規格不同，具有耐燃性。耐衝擊性高的VE管，稱為HIVE管（high impact VE conduit）。

水　→VP管、VU管
電力→VE管、HIVE管

之所以稱為硬質，是為了與可彎曲（具可撓性）的合成樹脂管區別。

聚氯乙烯樹脂能夠阻絕電力通過（絕緣性高），相較於鋼導線管，電力安全性更高。採用鋼導線管時，為了讓漏出的電力釋放到地面，必須進行接地工程（地線工程）；不過，有時可以省掉聚氯乙烯管。

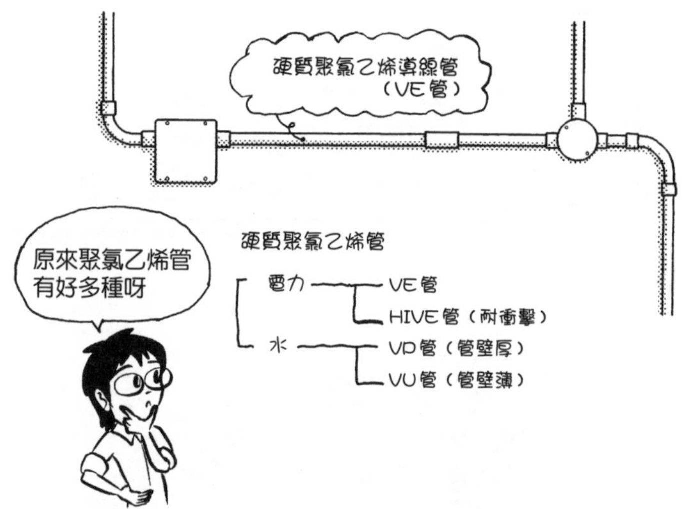

Q CD管是什麼？

▼

A 混凝土埋設用合成樹脂可撓導線管（plastic flexible conduit）。

可撓性是指能夠柔軟彎曲，管的表面設計成凸凹不平，不會輕易凹陷。CD管（combined duct conduit）中有絕緣電線或電纜穿過。

如果電纜直接埋設在混凝土中，砂石等東西會損壞電纜，也不容易更換。因此，採用先埋管，然後讓電線穿過的方法。

在合成樹脂可撓導線管中，CD管主要是混凝土埋設用。CD是combined duct的縮寫，直譯是複合的導管。由於會埋設在混凝土中，所以用耐燃性低的合成樹脂。

為了與其他可撓導線管區別，CD管做成橘色。橘色的管直接露出非常醒目，能夠防止誤認。

插座或開關的位置，設有**出線盒**（outlet box，引出到外面用的盒子）。混凝土埋設用出線盒，也稱為**混凝土盒**（concrete box）。在天花板，也使用能將電纜輕鬆斜拉出的端蓋（end cover）等。

電纜穿過CD管中時，先以鐵線穿過，然後連結電纜等導入。先放入管中的線稱為**導線**（guideline），亦即引導電纜的線。

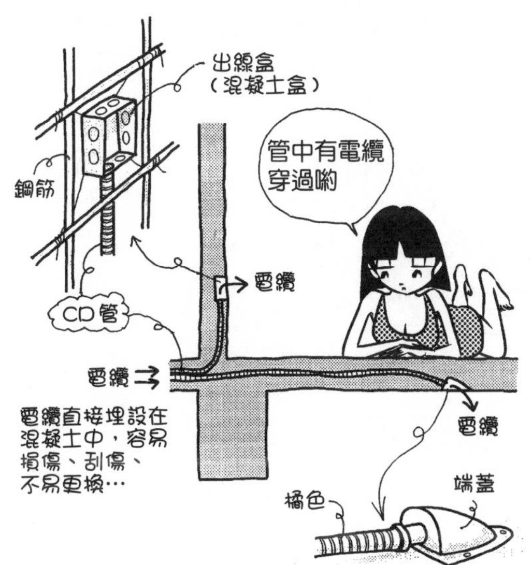

Q PF管是什麼？

▼

A 可露出的合成樹脂可撓導線管。

CD管耐燃性低，可作為混凝土埋設用等。另一方面，PF管（plastic flexible conduit）耐燃性高，可露出使用，也可埋設在混凝土中。

CD管（橘色）→易燃　→混凝土埋設用，不可露出
PF管　（白色）→不易燃→混凝土埋設用，也可露出

CD管是橘色，PF管通常是白色或灰色。

PF管的PF是plastic flexible conduit的縮寫，直譯是「樹脂製、柔軟的管」。只要直接記CD管、PF管即可。

CD管若埋設在靠近混凝土表面的地方，容易引起混凝土龜裂，最好埋設在離鋼筋的內側表面較遠處。

Q 壓條是什麼？

A 隱藏電纜或電線，看起來美觀，又有保護作用的蓋子。

壓條也稱為mould、caseway。mould源自帶狀（線狀）的裝飾，也就是moulding（線腳）；caseway源自casing（擺入四面框圍的箱子）的通道（way）。

壓條是隱藏電纜類的筒狀物。進行牆壁或地板等的露出配線時，直接露出電纜實在不甚美觀，為了美觀不顯雜亂，避免被地板上的電纜絆倒，以及保護電纜，所以用壓條這種細長的盒子來收納電纜類。

壓條的材質以合成樹脂或金屬為主，顏色有白色、褐色等，稱為**合成樹脂壓條**、**金屬壓條**。首先，在牆壁上用雙面膠帶或螺絲固定U型零件，中間裝入電纜，然後蓋上U型蓋子。

想在天花板追加安裝照明設備得大費周章打掉天花板，想在牆壁上增設插座得打掉牆壁也很麻煩，以及日後想追加安裝LAN電纜，都可以用壓條輸入電纜。當然，電纜隱藏在天花板上方或牆壁中更為美觀。

Q 金屬導管是什麼？

▼

A 收納多條電纜或絕緣電線的筒。

duct的原意是植物輸送水的導管；建築中所謂的duct，通常指輸送空氣的筒，也就是空調用風管。電力工程中的duct，是收納大量電纜的細長盒子和筒。

幹線或靠近幹線的部分，必須設置大量電纜。如果配線毫無章法，不僅難看，又礙手礙腳，更可能造成事故。因此，把電纜綁紮起來裝入箱中，就是配線用導管。

即使小導管，尺寸也約寬50cm×長30cm這麼大，所以不用樹脂，而以鋼板製作，稱為金屬導管（metallic duct）。配線用導管是以○○導管標示，○○表示材質名稱，用以區別空調風管。電力配線用導管很容易與空調用風管混淆，日本建築師考試經常出現這類辭彙。

電力配線用金屬導管和空調風管一樣，從天花板層板以懸吊螺栓和輕量型鋼等加以支撐。懸吊螺栓的位置必須事先決定，以便先在混凝土中埋設金屬嵌入件。

電纜粗大要彎曲時，需要大的半徑，必須花點工夫才能把金屬導管彎曲的部分做成45度。

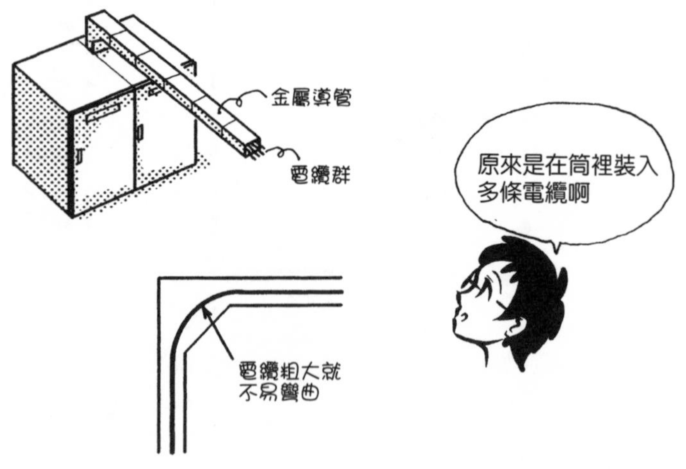

Q 匯流排導管是什麼？

▼

A 如下圖，將金屬的帶狀導體收納於金屬導管的幹線用設備。

bus是指多條導線聚集而成的幹線。bus duct（匯流排導管）是將多條板狀導體收納於金屬導管的設備。

匯流排導管包括直接露出銅或鋁等金屬板以絕緣體支撐，或以絕緣體被覆金屬板，或不放入金屬導管而直接露出絕緣板。

電纜粗大會不易彎曲，直角彎曲的部分雖然占空間，但使用匯流排導管，只需將金屬的導體連接成直角即可，不占空間。

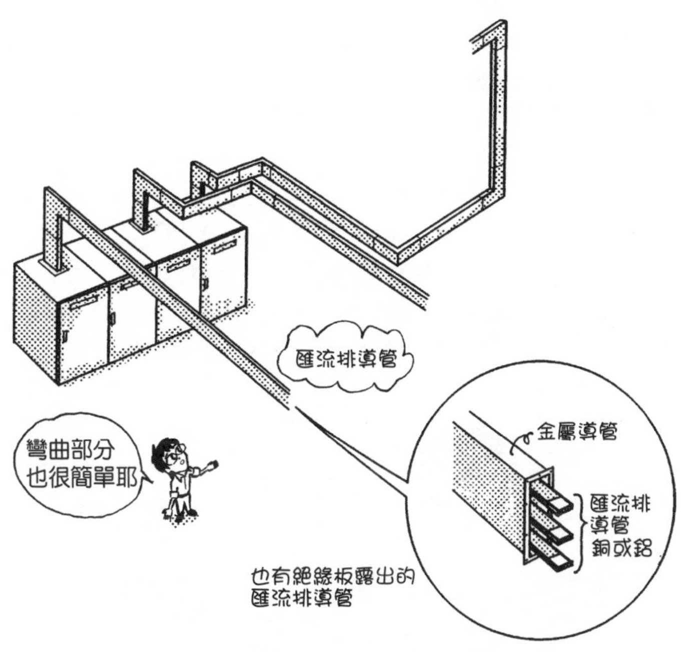

Q 地板下導管是什麼？

▼

A 如下圖，設置在地板下，讓電纜類穿過的配線用導管。

在地板下設置金屬筒，筒中有電纜類穿過，再從地板取出電纜，在各處使用的導管，就是地板下導管（underfloor duct）。辦公大樓等地板面廣大時，可以從地板取出電纜是非常方便的。相較於從天花板取出，還能把配線隱藏起來。

導管本身是高約2cm的低矮金屬管。埋設在混凝土中時，若導管高度太高，不容易放入鋼筋之間，也會出現結構問題。而且導管不高，地板下也可以壓低高度。即使不埋設在混凝土中，地板下的尺寸低，樓高也可以降低。

將導管交錯連接時，必須設置**接線盒**（junction box，接續用盒）。把接線盒的蓋子轉開，便能進行電纜的輸入和接續等作業。在導管的各個地方裝設插入柱螺栓（insert stud，電纜拉出口）。插入柱螺栓是以扭轉式插入帽（insert cap）作為蓋子。

雖然地板下導管有電源、電話、LAN的三路式（3-way），以及電源、電話的二路式（2-way）等，不過一般是輸入LAN的三路式。

在模板組裝、鋼筋混凝土工程的階段，預先埋設地板下導管，再鋪上混凝土。之後以細鐵線等穿過地板下導管，就能作為引導，讓電纜穿過。由於地板下導管是直線狀的筒，比穿過CD管簡單得多。

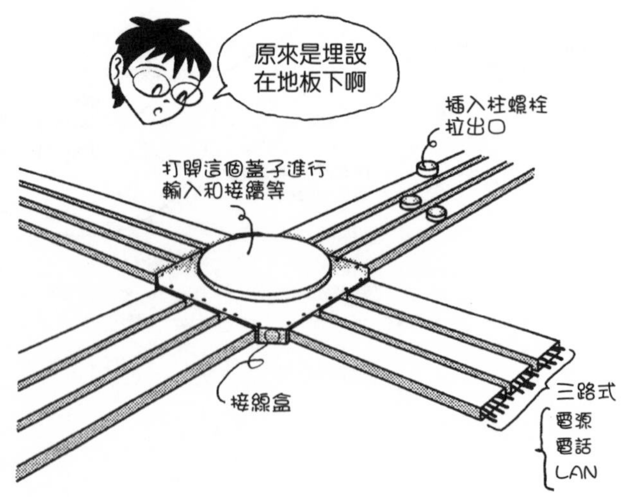

Q 多孔金屬地板導管是什麼？

▼

A 如下圖，閉塞一部分波紋鋼板（deck plate）做成的電纜用導管。

波紋鋼板使用於鋼架造地板，是凹凸狀的鋼製板子。因為這種鋼板有凹凸，架在梁與梁之間也不易折斷。通常在波紋鋼板上方鋪上混凝土，做成地板層板。

多孔金屬地板導管（cellular metal floor duct）是利用波紋鋼板的凹凸，做成金屬導管。波紋鋼板的下方沒有混凝土，只有凹凸。波紋鋼板下方的凹凸部分成為蓋子，變成筒狀導管。

cellular是經過劃分、細胞狀之意，引伸為劃分部分波紋鋼板做成導管。

波紋鋼板的波的方向是單一方向，所以在波紋鋼板的垂直相交方向上方裝設地板下導管。垂直相交的導管交錯部分，設置**接線盒**作為縱橫相互聯繫之用，同時作為取出口。

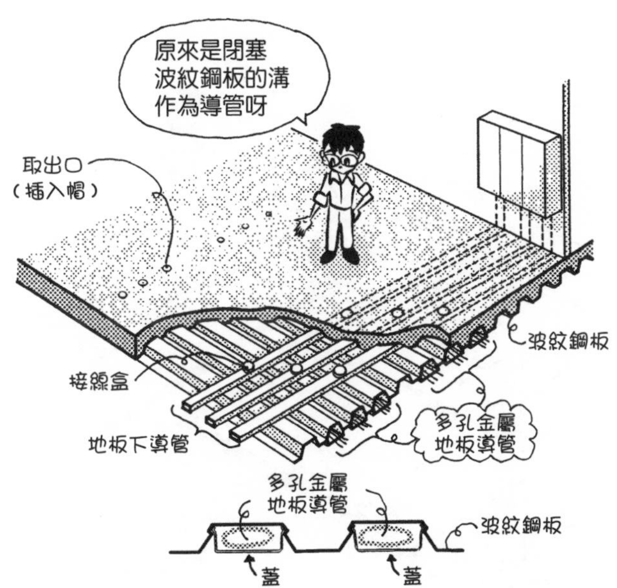

Q 地毯下配線方式是什麼？

▼

A 如下圖，能保護又薄又平的電纜上下，鋪入地板面與地毯間的配線方式。

地板下導管、多孔金屬地板導管必須花費不少工程費用，而且日後不容易追加施工。如果使用薄扁平電纜，日後仍可以在地毯下鋪入電纜。若使用方塊地毯（carpet tile），工程也很簡單，還能因應配線更換。因為鋪入地毯下，所以稱為**地毯下配線方式**（undercarpet wiring system）。

鋪入地毯下的薄電纜，包括電力用、LAN用、電話用、同軸電纜用等。在小型辦公室，若沒有埋設地板下導管，就可以用這種薄電纜配線。

薄電纜直接鋪入地毯下面，在上面行走或擺設家具，會損傷電纜。因此，在電纜上下鋪設保護層（jacket）。因為是在平電纜上鋪設保護層，也稱為**平型保護層配線方式**（flat jacket wiring system）。即使上下都加上保護層，整體厚度仍只約2mm。

辦公室的配線→地板下導管或多孔金屬地板導管之前施工
地毯下配線之後施工

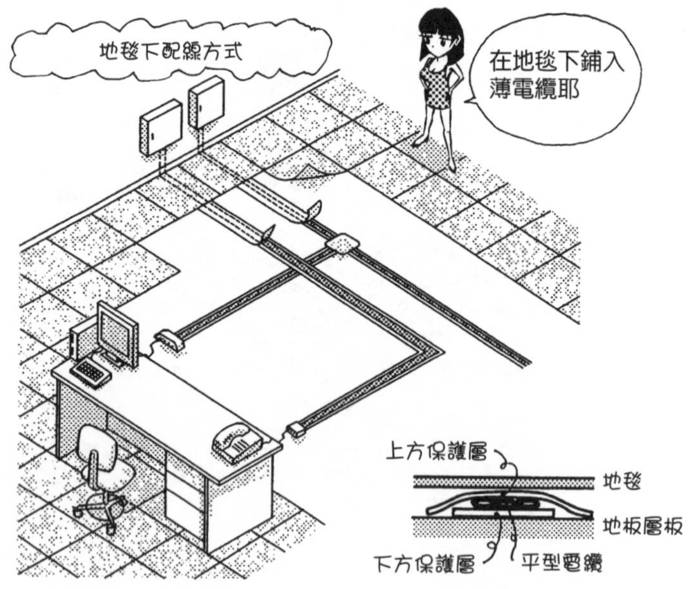

Q 活動地板配線方式是什麼？

▼

A 如下圖，抬高地板，在下方穿過配線的方式。

地板下導管、多孔金屬地板導管等，只能從固定的取出口引出電纜。桌子的配置會受到限制，不容易安裝或更換電纜。

因此，電纜穿過之處不局限於導管中，而是就像可以在地板下所有地方移動，這就是活動地板配線方式（free access floor wiring system）。將四腳組件等擺在層板上，墊高地板，然後在地板上面鋪裝方塊地毯。需要配線時，只要掀開部分方塊地毯即可。

相較於導管方式，配線的自由度高，配線收容量也增加。對廣闊的辦公室空間來說，是理想的配線方式。活動地板又稱為**OA地板**（OA floor）。

然而，活動地板的四腳組件，高約7cm。這個部分將成為必需的樓高。如果想降低樓高，無法採用這種方式。

地板下導管、多孔金屬地板導管　　→取出位置限定
地毯下配線方式、活動地板配線方式→取出位置自由

Q 照明管槽是什麼？

A 如下圖，可安裝照明器具的配線用軌道。

軌道中內置導體，照明器具的插頭只需插入轉動，就能接收電力的照明器具安裝用軌道，就是照明管槽。

因為是電力可以流動的導體和管，故名導管，前面提到的金屬導管、地板下導管、多孔金屬地板導管，是把電纜裝入其中的管或筒。照明管槽是安裝照明器具的管、軌道，類型不同。

照明管槽又稱配線槽、燈用軌道、管軌等（參見R172）。

由於能夠變換照明的位置，常用於頻繁更換配置的店舖等場所，不過住宅也會使用。當家具配置改變，或掛在牆上的畫作位置改變時，照明管槽非常便利。

除了普通的燈泡，還有鹵素燈泡、日光燈等適用照明管槽的電燈泡產品。店舖多半使用小型的明亮鹵素燈泡。

Q 布線槽是什麼？

▼

A 以懸吊螺栓等加以支撐，收納電纜、安裝日光燈用的軌道。

raceway有跑道、水路等之意，在電力設備中是指配線管，而且是吊掛在天花板上的配線管。

照明管槽在軌道中安裝導體，布線槽（raceway）則是一種在筒的內部裝入電纜的壓條。布線槽又稱**第2種金屬壓條**〔譯註：根據日本電力設備技術基準第179條，第1種金屬壓條是裝設在牆壁或天花板表面的小型金屬壓條，適用於屋內設備的增設變更；第2種金屬壓條俗稱布線槽，寬度在5cm以下，適用於工廠、倉庫、車站月台、機房等的配線，以及照明設備的裝設〕。

如下圖，在U型軌道內收納電纜，蓋上蓋子。以約2m的間隔，用懸吊螺栓吊掛布線槽。布線槽可以安裝日光燈等。

車站月台或停車場的照明、機房的配線等，想安裝照明設備但天花板過高，或是直接露出層板結構的天花板，就可以用布線槽。

Q 電纜線架是什麼？

▼

A 如下圖，安置多條電纜用的架子。

電纜線架（cable rack）就像是梯子橫向倒下的架子，在上面裝置電纜。除了梯狀架子，電纜線架也使用做成許多小孔的金屬板（沖孔金屬網板〔punching metal plate〕）等。

電纜線架用於相較於外觀更優先考慮使用方便或成本的地方，如機房、電腦室、工廠、停車場、鐵路設施等。電纜很多時，也會重疊使用好幾層架子。

粗大的電纜無法彎成直角，所以彎曲部分的內側做成圓弧狀。

Q 電纜之間如何接續？

A 如下圖，在保護接續部的箱子中，使用套環（ring sleeve）或插入式接續器（plug-in connector）來接續，或是用扭轉接續（torsional connection）等方法來連接。

ring是環，sleeve是袖。電纜像穿過袖子一樣，穿過筒狀套環的洞。電纜穿過後，壓扁套環緊緊固定。

接續之後，再用聚氯乙烯膠帶纏繞。套環本身是金屬，所以必須絕緣。有各種不同大小的套環，可接續二至五條電纜。

插入式接續器是只插入電纜就能接續的小零件。connect是接續之意，connector是用於接續的東西。接續三條以上的電纜時，常用插入式接續器。

扭轉接續是電纜相互以扭轉約五次的方式接續起來，再用聚氯乙烯膠帶等絕緣。扭轉三條以上的電纜來接續時，需要一些技巧。

只有電纜相互接續，會因濕氣或老鼠屍體等，導致漏電或火災等危險。因此，接續部必須用盒子保護。保護接續部的接線盒是樹脂製的盒子。除了接線盒，也會用出線盒或拉線盒（pull box）等（參見R261），保護接續部。

Q 出線盒、拉線盒是什麼？

▼

A 取出電纜類、安裝器具用的盒子，以及轉接電纜類用的盒子。

outlet是取出。outlet box（出線盒）原意是有取出口的盒子。埋設在混凝土中的出線盒，也稱為**混凝土盒**。為了把盒子固定在混凝土灌入時的模板上，在盒子周邊預留螺紋孔。

在出線盒中，為了接續導線管，在側面或底面打洞。只要在預定安裝導線管的部分打洞，然後安裝導線管即可。電纜穿過那個洞，需要用橡膠蓋子。

在金屬導線管的交叉處、彎曲處，安裝出線盒，進行電纜的輸入、接續。懸吊沉重的照明器具時，在出線盒底部安裝夾具螺栓（fixture stud），將管旋入其中。fix是固定，stud有嵌釘之意。

pull box（拉線盒）的原意是拉設電纜用的盒子，用於配線的轉接處。pull是拉的意思。拉線盒比出線盒大，設置在多條導線管聚集之處。因為拉線盒沒有打洞，之後必須打洞才能接續配線。

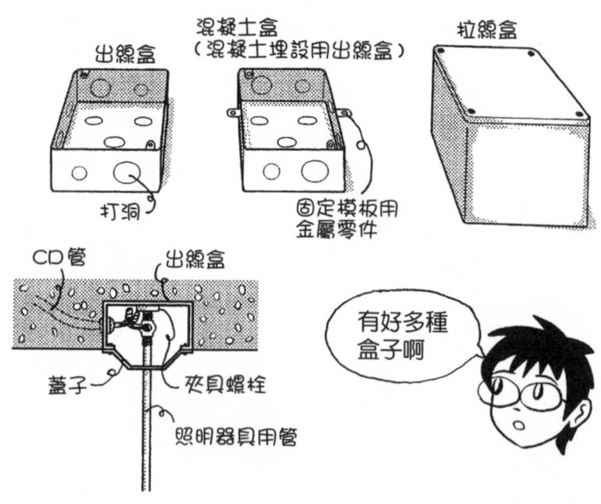

Q 開關盒是什麼？

▼

A 如下圖，安裝開關或插座用的盒子。

開關和插座是以同樣的規格製成，所以開關盒（switch box）可以用於開關或插座任一個。柱或間柱（stud）中，安裝的是樹脂製開關盒；用於混凝土的情況，則將金屬製開關盒埋設在混凝土中，再將電纜輸入開關盒內。

電纜接續到開關、插座時，只需將電纜的芯插入端子即可。取出電纜時，用一字起子從端子旁邊的洞插入拔出。電纜接續到開關後，將開關和開關安裝架（switch mounting）裝在開關盒上。

開關安裝架做成三段式，可將開關、插座分成三段組合。這種開關安裝架能夠三段式接續使用，所以也稱為**連用開關安裝架**（continuous switch mounting）。這種安裝架以螺絲安裝開關蓋（switch cover）的框，再從上方卡入壓緊開關蓋。

請試著拆解周遭的開關或插座。用一字起子插入開關蓋下方，就能輕鬆打開。再鬆開內框上下的小螺絲，就可拆除內框。連用開關安裝架也只需要鬆開上下的大螺絲，即可拆下。這樣就能看見內部的插座盒和電纜。

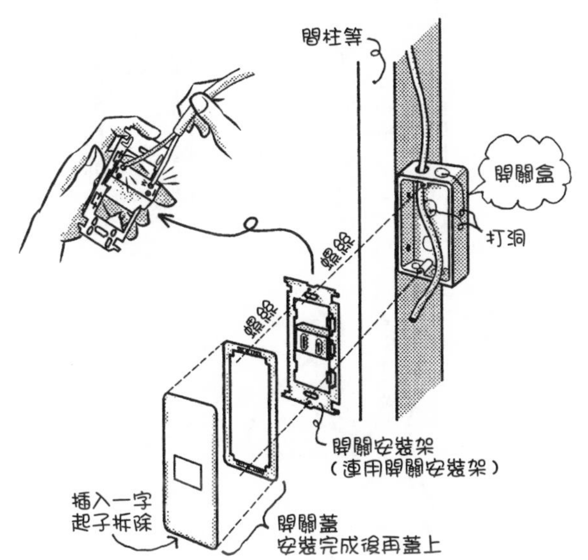

Q 插座、開關的安裝方向為何？

A 如下圖，插座是將接地側（地線側、長孔側）置於左邊，按壓開關時會成為ON的黑色標記在右邊。

乍看之下，插座左右插入口似乎一樣長，如果仔細觀察，可以發現其實左側略長。開關也統一在右側附有黑色標記。請確認周遭的插座和開關。插入口較長的一方為接地側，0V。較短的一方連接100V的電壓。接地是指連接地面，地面的電位是0V。就像在建築圖面上以GL（ground level，地面層）為高度的基準（±0），以接地的電位（0V）作為電位的基準。此外，萬一發生過電流（overcurrent），電流可以釋放到地面。

左側的接地極（grounding electrode）也稱為earth（地線）、ground（接地）、cold（冷端）等。反之，右側稱為hot（熱端）。

接地側用白線。其他用黑線或紅線。利用線的顏色來避免配線的錯誤。

開關規定黑色圓形標記在右側。接地側的線仍接在左邊。只能操作ON-OFF的開關，稱為**單路開關**（1-way switch），是相對於三路開關（3-way switch）（參見R273）、四路開關（4-way switch）（參見R274）的用語。

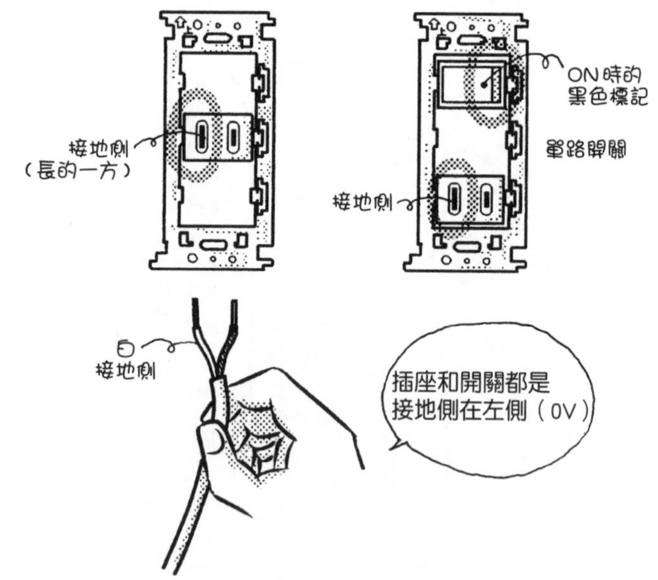

Q 雙插插座、附接地端子插座、附接地極插座的圖面符號是什麼？

A 如下圖。

在圓圈中，靠牆側塗黑，然後橫畫兩條線，是壁式插座（wall socket）的標記。圓圈右下寫2表示雙插，寫3是三插。靠牆側塗黑的符號，與壁燈照明（托架）的符號相同。

接地極是直接輸入向地面的地線的極。為了在洗衣機或冷氣機等漏電時，直接向地面釋放電力，會把地線接續到接地極。端子是指插入電線，以螺絲固定的零件，也稱為terminal（接線端子）。接地端子（earth terminal）的縮寫是ET，寫在圓圈的右下方。

有些插頭原本便附有接地極。通常插座就附有適用圓刃狀接地極的插入口。這種附有接地極的插座稱為附接地極插座，接地極的縮寫E寫在右下方。

附接地端子和附接地極，有時會混淆。有時兩種都稱為**附地線插座**。

接地極＝地線的記號，是電線插入地面的形狀。這是表示漏出的電流、過多的電流流入地面的記號。

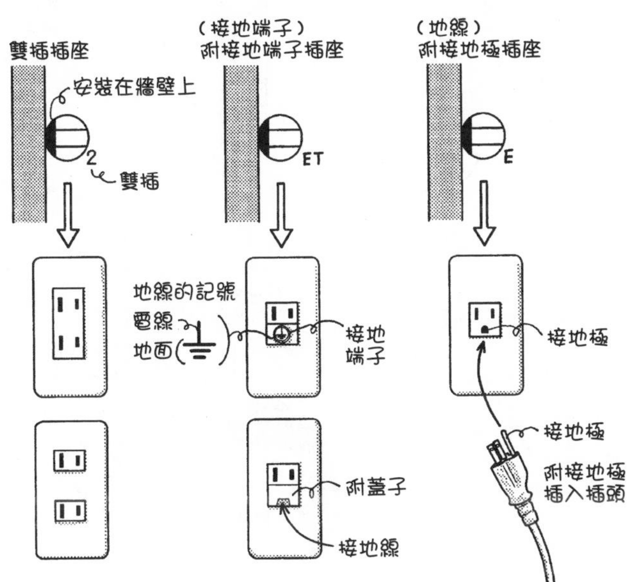

Q 防脫落插座、防水（防雨）插座的圖面符號是什麼？

▼

A 如下圖，在插座符號的右下寫LK、WP。

LK是locking的縮寫，緊閉、鎖上、防脫落的意思。旋轉式插座的插頭插入後不易脫落，就是防脫落插座（locking socket）。

這種插座向右轉動固定，向左轉動鬆開，用於插頭脫落會造成困擾的地方，如個人電腦用插座、防水插座（waterproof socket）等。

WP是waterproof（防水）的縮寫。這裡的proof是耐久性之意。

雖說是防水，並非安裝在水中，只是為了防雨而已。正確地說，應該是防雨插座（rainproof socket）。為了防雨加裝遮罩，下方設置插座。

裝置在屋外的洗衣機或瓦斯熱水器等，常用防水插座。這類插座有插頭插入後不易脫落的防脫落機關，也有些是附可裝地線的接地極零件等。

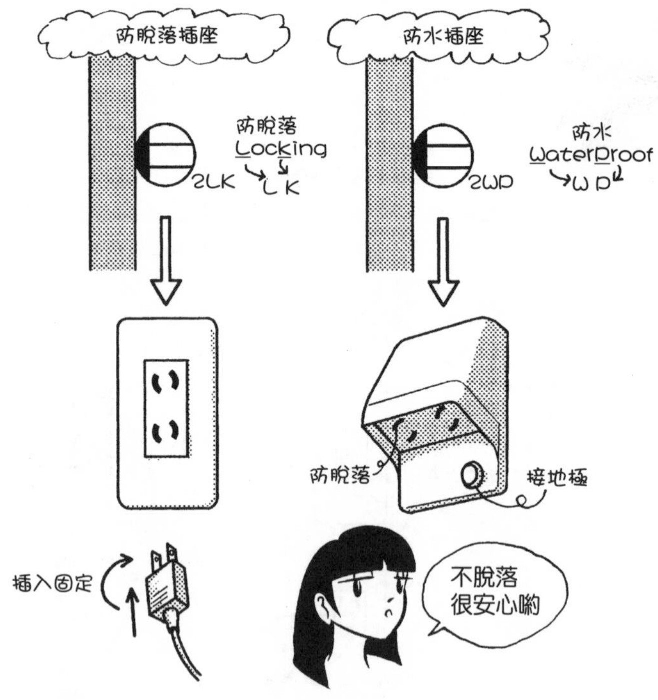

Q 插座插入口為什麼有各式各樣的形狀？

▼

A 為了安全起見，根據電壓和電流的種類改變形狀。

日本一般的插座是100V 15A。雖然同樣是100V，但20A的插座如下圖，有一個插入口呈L型。大型空調機等需要大量電流時，從分電盤直接輸入一條電線，安裝20A的插座。

一般家庭常用的單相三線式，在分電盤可以用結線的方式簡單形成200V。電磁爐等多使用200V，這時就安裝200V用插座。

如下圖，200V用插座有一邊是兩條線，呈直線排列（早期是T型）。200V 20A有一個插入口呈L型。

100V　平行——┌15A
　　　　　　　└20A　一個是L型
200V　一直線狀——┌15A
　　　　　　　　　└20A　一個是L型

三相用（動力用）的插座，是由三條線和接地極，共四個直線型插入口所構成的插座。

隨著不同的電壓和電流來改變插入口的形狀，是為了避免誤插插頭。

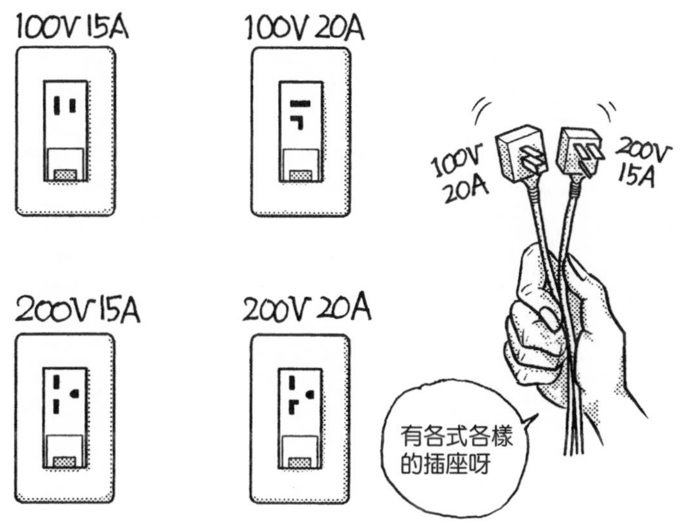

Q 磁性插座是什麼？

▼

A 如下圖，附磁鐵的插座，腳絆到電線時，插頭立即脫落。

為了防止腳絆到電線造成跌倒事故，所以用磁性插座（magnetic socket）。這種插座主要用於高齡者、行動不便者和幼兒使用的房間。

電器產品多半未附加適用磁性插座的插頭，這時就無法使用磁性插座。如下圖，只需利用磁性連接器（magnetic connector），就能改變普通插頭，方便使用。連接器的一側是防脫落插座，普通插頭插入後向右轉動就不易脫落。然後再插入磁性插座。

插頭的插入拔出，通常要彎腰，提供高齡者使用時必須安裝在稍高的地方。通常是地板到插座中心點約20～30cm的地方，或高約40cm處。

對於高齡者、行動不便者，也提供使用開關面大的**全平面開關**（full flat switch）。對健康的人來說，這種平面開關也很容易使用，所以普及率漸漸提高。因應輪椅使用者，開關中心點距離地板的高度，從一般約130cm降低到約90cm。

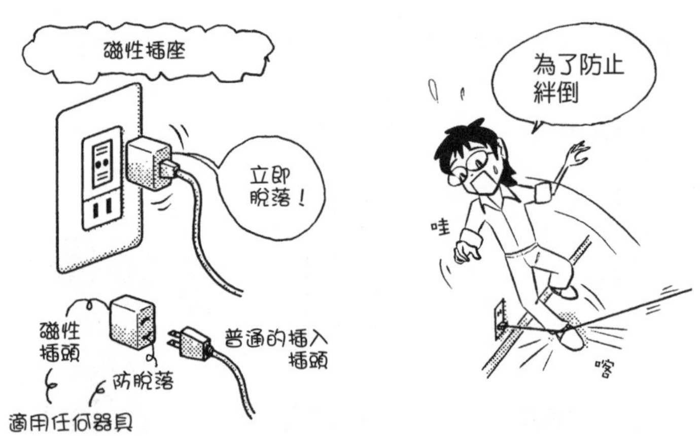

Q 地板插座的圖面符號是什麼？

A 如下圖，圓圈中有兩條縱向直線，下方有三角記號。

兩條線表示插座，三角記號的方向表示蓋子打開的方向。三角記號有原本的白色，也有塗成黑色的。

房間非常大時，如果只安裝壁式插座，滿地電線，走路容易絆倒。雖然可以用地板用壓條把電線隱藏起來，還是不易行走，又有礙觀瞻。

因此，在層板中埋設插座，必要時可以取出使用的，就是地板插座（floor socket）。通常只需滑動按鈕，便可打開地板插座的蓋子。

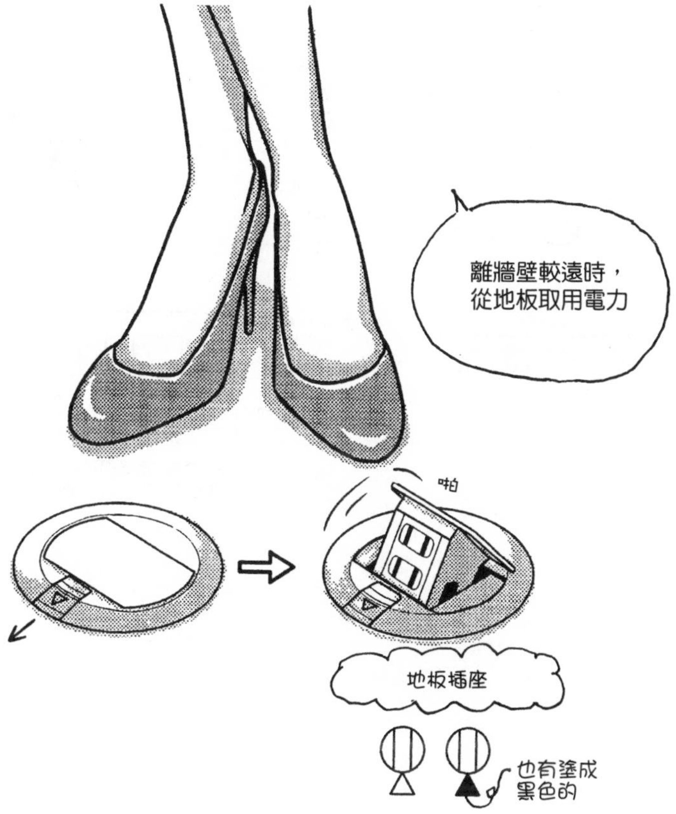

Q 電話線出口、電視線出口的圖面符號是什麼？

▼

A 如下圖，在○中畫入黑色圓形，以及在○中畫入白色圓形。

outlet是出口的意思，有取出口、插頭插入口之意。

圓圈中有黑色圓形是電話線用出口，圓圈中有白色圓形是電視線用出口。圓圈中有L字是LAN用。和插座的圖面符號一樣，壁式是圓圈的一側塗黑；地板式是圓圈下方有三角記號。

此外，還有插座、電視線出口、電話線出口、LAN出口一體化的多媒體插座。住宅中各個房間如果安裝這種插座，就能因應各種情況，非常方便。

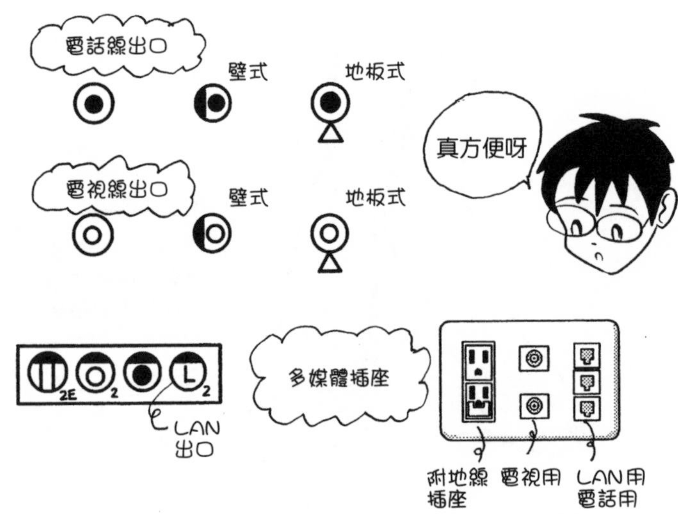

Q 照明器具開關的圖面符號是什麼？

▼

A 如下圖的黑色圓形。

在配置圖上繪製照明器具與開關的關係時，會以單線連結照明器具等的符號與開關，而不會從分電盤開始畫電力輸入。但實際上，電線需要兩條、三條的多數數量，所以進行配線工程時，必須將單線圖（single line diagram）改畫成複線圖（complex line diagram）。

圓形中的「( )」形記號，是天花板掛鉤（ceiling hook）的圖面符號。ceiling是天花板的意思，天花板掛鉤就是讓照明器具懸掛在天花板上的器具，又稱rosette。rosette原意是薔薇花形裝飾、電線取出用金屬飾件等。

照明器具的電線插頭上，附有插入「( )」形中轉動固定的金屬零件。這種零件和防脫落插座一樣，向右轉動就可固定。拆卸時，按著旁邊的按鈕向左轉動。

照明器具在後續階段才需要安裝時，會將天花板掛鉤預先安裝在天花板上。天花板掛鉤適用於市售多數照明器具。

進行創意設計時，除了照明與開關關係示意圖，也就是**電燈圖**之外，還會製作照明器具表。照明器具表記載輪廓圖和型號等，避免發生訂貨錯誤。

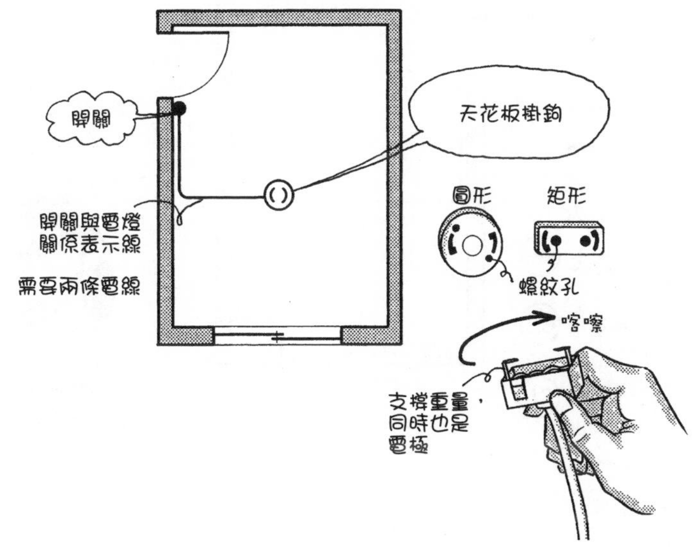

Q 吊燈、枝形吊燈、吸頂燈的圖面符號是什麼？

▼

A 吊燈（pendant light）是在○中畫橫線，枝形吊燈（chandelier）是在○中寫CH，吸頂燈（ceiling light）是在○中寫CL。

pendant和頸子上掛的項鍊墜一樣，原意是垂吊物品。pendant light是懸吊的燈，常裝設在餐桌的上方。燈具懸吊下來的底部高度，在高於視線約1.5m處，才不會妨礙到桌子。吊燈的圖面符號是從側面看的半圓形形狀，請記住這個記號的形狀。

還有一種吊燈是枝形吊燈。這是組合多顆燈泡和玻璃等的裝飾照明，住宅已不常使用，多用在飯店大廳等地方。枝形吊燈的圖面符號，是取chandelier的首兩個字母CH寫在○中。

直接裝在天花板的燈具型態，稱為吸頂燈。ceiling是天花板，這種燈的圖面符號是在○中寫CL。直接裝在天花板的日光燈圖面符號不同，是在○中畫上長方形（參見R274）。

吊燈、枝形吊燈、吸頂燈，都有以**天花板掛鉤**固定的款式。又大又重的吊燈或枝形吊燈，是以螺栓安裝在出線盒上。裝設小型燈具時，使用天花板掛鉤，比較容易輕鬆更換或維修。

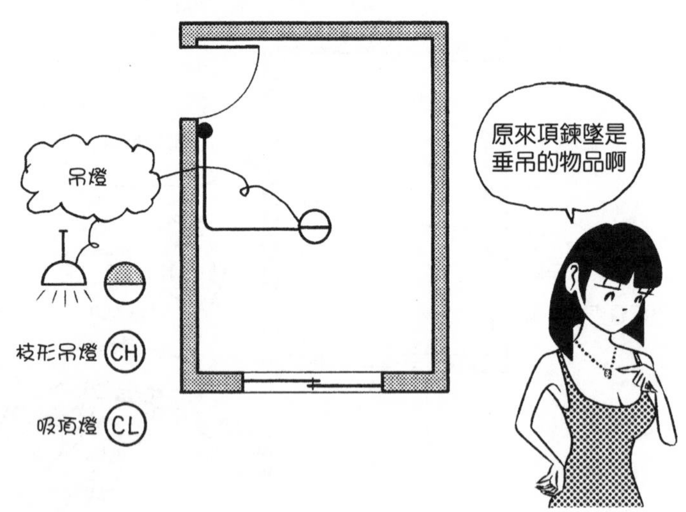

Q 在圖面上繪製照明配置時，如何以單線圖表示線的條數？

▼

A 如下圖，在單線的中間，畫入斜線來表示線的條數。

畫入兩條45度斜線，表示有兩條電線；畫入三條，表示有三條電線。較符合實際配線的是**複線圖**（下圖右），簡化的配線則是**單線圖**（下圖中）。隨著單線圖簡化的程度，有各式各樣的圖面。

創意設計圖的照明配置圖，一般是畫單線圖。如下圖右，接線盒和電源線等均被省略，僅成為照明與開關關係示意圖。電力工程單位邊設想邊把單線圖畫成複線圖，再進行實際配線。

要在單線圖上記入線數時，以斜線標示。因為複線圖過於複雜，才有這種省略畫法。

表示線數的斜線，若以不同方向畫入，則是表示地線條數。此外，在線的下方寫上「1.6-3C」等，表示電纜種類。這個範例是表示1.6mm徑、三芯的電纜。

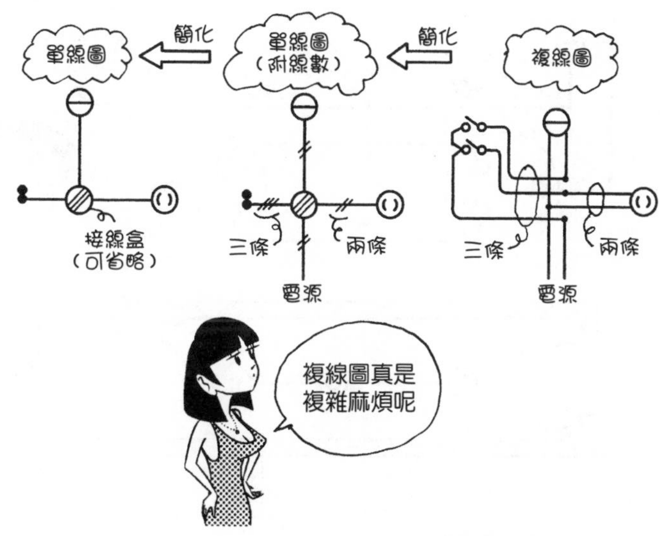

Q 三路開關是什麼？

▼

A 可在兩個不同地方控制ON-OFF的開關。

在走廊、樓梯等兩個不同地方設置開關，想從任一處都能控制ON-OFF時，就要使用三路開關。之所以稱為三路，是因為開關部分使用三條電線、三個端子。相較於三路開關、四路開關（參見R274），只從一個地方控制ON-OFF的開關，稱為單路開關。

順帶一提，下圖的雙重圓是嵌燈（down light）的符號。嵌燈是埋設在天花板中的圓筒狀照明器具。以電燈泡裝入圓形洞中的形狀，直接作為圖面符號。嵌燈外觀簡潔，成本又低，用途廣泛。黑色圓形是緊急照明（emergency lighting）嵌燈，斷電時會自動亮燈。

圓圈一邊的一部分塗成黑色，是壁式照明、托架燈（bracket light）。bracket原意是桁架、支架。托架燈的符號是靠牆側塗成黑色，和壁式開關的符號在靠牆側塗成黑色相同。

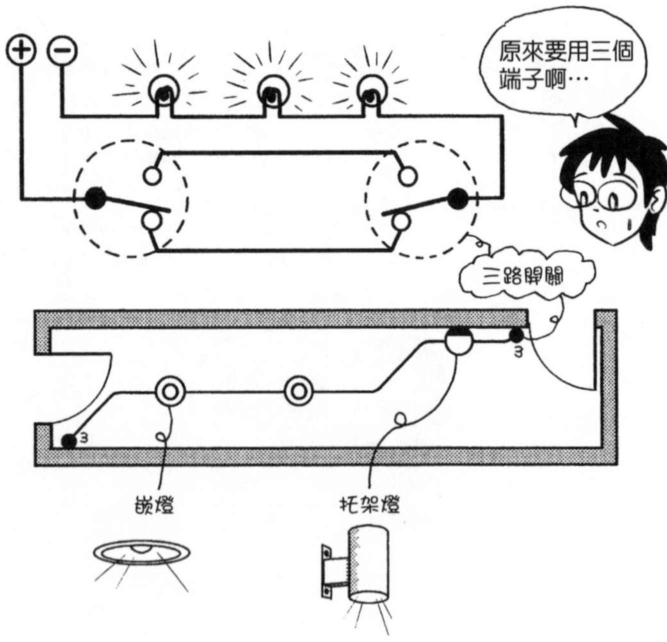

Q 四路開關是什麼？

A 組合兩個三路開關，可在三個地方控制ON-OFF的開關。

之所以稱為四路，是因為開關部分使用四條電線、四個端子。非常大的房間或長廊等地方，想從三個不同地方控制ON-OFF時，就要使用四路開關。如下圖，這時要組合使用三路開關與四路開關。

天花板式直管型日光燈的圖面符號，是在橫長的長方形中央畫上圓形記號。靠牆側塗黑是壁式日光燈，全部塗黑的圓形是緊急照明日光燈。

附帶一提，下圖的FL是fluorescent light（日光燈）的縮寫。日光燈是根據瓦數來決定長度和形狀。

開關的黑色圓形旁加上P，是**拉線開關**（pull switch）的圖面符號。pull是拉的意思，拉動繩子來控制ON-OFF開關的方式，就是拉線開關。這種開關常用在廚房手邊的照明等。

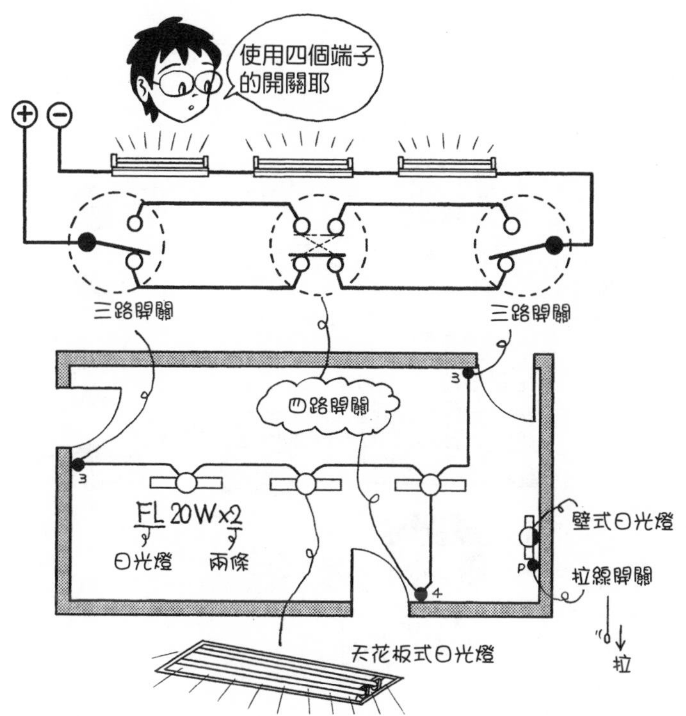

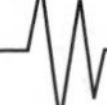

Q 緊急照明、引導燈的圖面符號是什麼？

▼

A 如下圖，把○中塗黑，以及把○中的×記號上下塗黑。

緊急照明是停電等情況時亮燈的照明；引導燈（guide light）是引導指示避難路徑的照明，隨時亮燈。日本的緊急照明是根據建築基準法的規定，引導燈則根據消防法。

黑色圓形是白熾燈（incandescent lamp）式緊急照明；加畫長方形的是日光燈式緊急照明。地板亮度規定為1勒克司（lux或lx，亮度單位）以上（日光燈為2勒克司以上）。

○中的×記號上下塗黑，是白熾燈式引導燈；加畫長方形的是日光燈式引導燈。引導燈必須隨時都是亮燈狀態，通常採用日光燈。

引導燈包括緊急出口引導燈（emergency exit light）、通路引導指示燈（illuminating exit route light）等。緊急出口引導燈裝設在緊急出口的上方。裝設在走廊的通路引導指示燈，是假設火災發生，設置在煙霧少、靠近地面的地方。

在火災和地震等停電時，緊急照明、引導燈都可以用電池或緊急電源來亮燈。

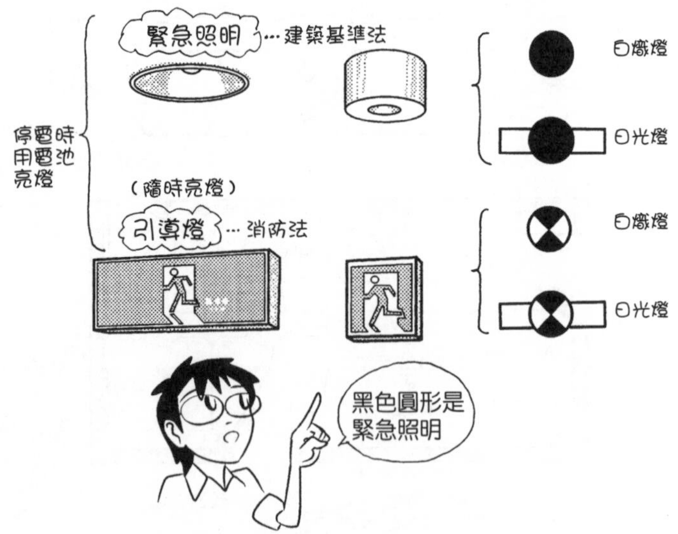

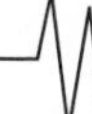

Q 附指示燈開關、螢光開關是什麼？

▼

A 開關在ON的狀態時亮燈，就是附指示燈開關（switch with pilot light）；在黑暗的地方也能確知開關所在，OFF時維持亮燈的是螢光開關（fluorescent switch）。

pilot是飛機駕駛員之意，原意是領航員、引導員。指示燈是顯示ON狀態用的燈。因為換氣扇等設備是否在運轉，不易判斷，所以通常用附指示燈開關。

如果換氣扇的開關再加裝**定時開關**（timer switch），更為便利。例如設定一小時後關，浴室等地方的換氣扇不會一直轉，浪費電力。

螢光開關是能夠發出螢火蟲般微光的開關。這種開關方便回到家後，在黑暗中找到開關的位置。燈亮後，就不需要螢光開關的光，螢光會自動消失。

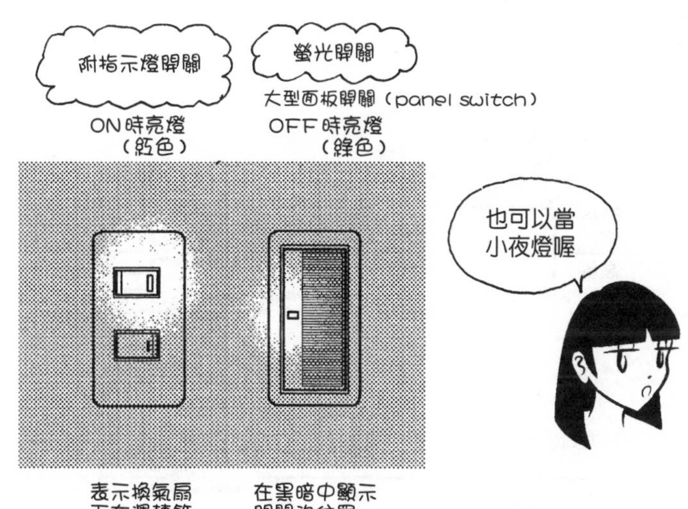

Q 受變電設備、配電盤、分電盤的順序是什麼？

▼

A 從外輸入電力→受變電設備→配電盤(switchboard)→分電盤。

從外高壓輸入的電力，進入配電箱內的受變電設備，經過測定電力量的量測設備、遮斷電力的遮斷機、轉成低壓的變壓器之後，送到配電盤。

配電盤將送來的低壓電力分歧，再送到分電盤。送到各分電盤的電力，再分到各回路送出。配電盤、分電盤的圖面符號如下圖，在長方形中加上×記號，以及在長方形中加入斜線並塗黑。

於是，區分各房間或各房間區域而分成各回路的電力，再分送到各區域內各處的插座或開關、電燈等。

一般家庭中，不需要受變電設備和配電盤，途徑只需**輸入電力→分電盤→配送各處**。從電線桿的變壓器轉成低壓後輸入，分歧也較少。

發電廠製造的電力，不斷分歧再分歧，一邊降低電壓，一邊輸送到各處。大規模建物中，也不斷在建物內分歧輸送電力到各處，而在每個分歧點都必須經過安全裝置。

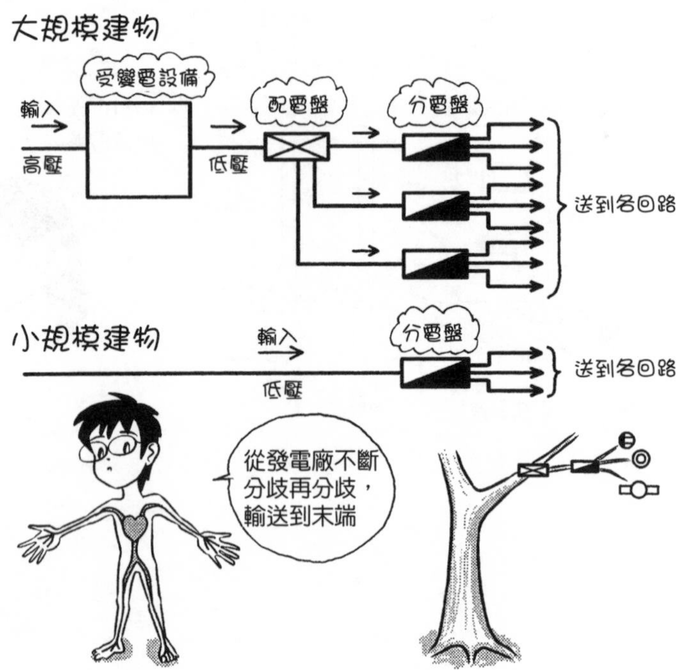

Q 家庭用分電盤中的結構為何？

▼

A 如下圖，由安培斷路器（ampere breaker）、漏電斷路器（earth leakage circuit breaker）、安全斷路器（safety breaker）等構成。

分電盤的最前端是安培斷路器。這是當有30A（安培）或50A等一定程度以上的電流流動時，會遮斷電力的裝置。

coffee break是喝杯咖啡，中斷工作，稍事休息。break就是中斷、遮斷，breaker則是做遮斷的物品，也就是斷路器。

安培斷路器是根據全體安培數進行遮斷的斷路器，也稱為限幅器（limiter，設定界限的機器）或服務斷路器（service breaker）。

漏電斷路器是偵測到漏電進行遮斷的斷路器。來回往返的電流出現差異時，就會發生漏電，這時必須立刻遮斷回路。

通過安培斷路器、漏電斷路器的電力，分歧成各回路。這時在各回路設置遮斷器。電力在各回路中以一定程度以上流動時，就會遮斷回路，所以稱為**安全斷路器**、**分歧斷路器**（bifurcated breaker）、**配線用遮斷器**（wiring breaker）等。

在分電盤中裝置上述三種斷路器，三重安全保障。

Q 一般家庭的分電盤中各回路配線為何？

▼

A 如下圖，回路通過安全斷路器，而微波爐、電磁爐、冷氣機等使用電力多的器具，則從安全斷路器直接輸入專用線。

單相三線式使用三條輸入線。接地的中性線是0V，有一條+100V，另一條−100V，根據連接方式還可做成100V、200V。雖然為了容易了解，用+100V、−100V來表示，實際上是交流電，所以電壓時常變動，非常複雜。

通過各安全斷路器的兩條線，連接到各回路。各個插座、開關+照明等區域，分別設置一個回路。一個回路約以12～15A為基準，設定回路數。

回路數通常是100V，不過大型冷氣機或電磁爐等會輸入200V。同樣是100V，也會用於微波爐、電磁爐、冷氣機等，不過電流量會增多。即使是100V，電流增多時，從安全斷路器直接引線，不做分歧，也就是一台微波爐專用的安全斷路器、一台電磁爐專用的安全斷路器等。

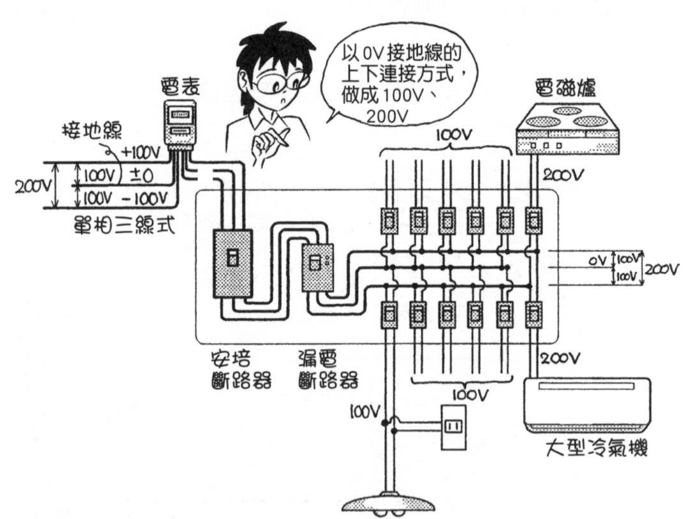

Q 弱電盤的符號是什麼？

▼

A 如下圖，在長方形中畫一橫線。

弱電是相對於100V或200V等強電的用語，用於通訊等弱的電力的總稱，也就是用於電話、網路、電視等。

弱電盤是容納通訊相關裝置的箱子。箱中設置**增幅器**（booster）、**分配器**（distributor）、**網路終端機**（internet terminal）、**路由器**（router）、**集線器**（hub）等。一般家庭的弱電盤是小箱子，大規模辦公室則是高達天花板的大型箱子。

boost是向上推的意思，booster是增幅器。想要拉長電視天線電纜或分歧為多條時，必須增加訊號幅度。分配器則是把電視的收訊訊號分配到各個房間。

網路終端機是接收光纜等的裝置，把收訊訊號轉為電力訊號。收訊訊號送到路由器。router原意是指定路徑，引伸為連接到其他地方的轉接裝置。hub原意是車的車軸。集線器像從車軸呈放射狀傳播訊號，把訊號分歧到各個房間或各台個人電腦。

有些弱電盤箱安裝在外壁，箱中收納上述機器。這種防水的樹脂製箱子，也稱**壁箱**（wall box），意即裝在牆壁（wall）上的箱子（box）。

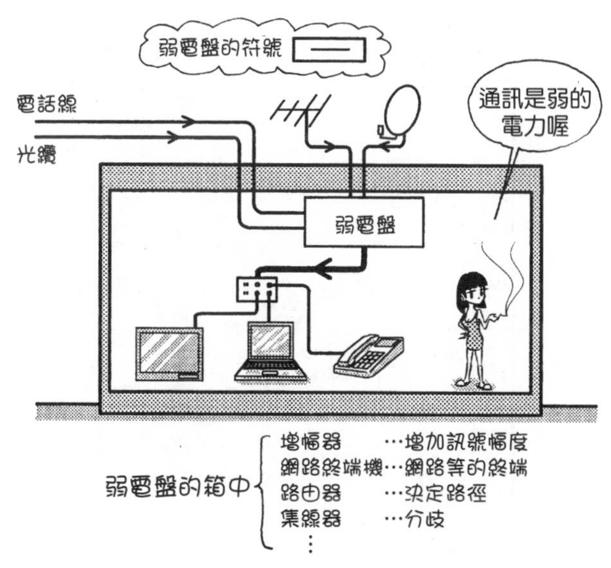

Q 屋內消防栓設備是什麼？

A 如下圖，設置在屋內的消防用水龍頭，由閥（valve）、噴嘴（nozzle）、水帶（hose）、啟動按鈕（start button）、位置表示燈（position light）、音響警報裝置（audible alarm）等構成。

屋內消防栓設備（indoor fire hydrant equipment）有1號消防栓、簡易操作型1號消防栓〔譯註：採用1號的放水量，2號的操作方式〕、2號消防栓。

1號消防栓每分鐘放水量130ℓ以上，半徑25m以內設置一具。噴嘴和閥是分開的，通常由兩人操作。設置在工廠或辦公室等大規模設施。

2號消防栓每分鐘放水量60ℓ以上，半徑15m以下設置一具。可用噴嘴來進行開關的操作，所以可由一人操作。設置在醫院、旅館、社會福利機構等處。

火災自動警報系統接收到火災訊號，立即啟動泵浦，裝在消防栓上的音響警報裝置發出警報聲，紅色位置表示燈亮起。消防栓的啟動按鈕，也可以啟動泵浦或警報等。屋內消防栓的圖面符號是，在長方形中畫對角線，其中一半塗成黑色。雖然這個符號和分電盤的符號相同，但圖面類別不同，不需擔心與電力設備圖混淆。

屋外消防栓（outdoor fire hydrant）設置在建物周圍，和屋內消防栓一樣，把水帶、噴嘴等收入箱中。

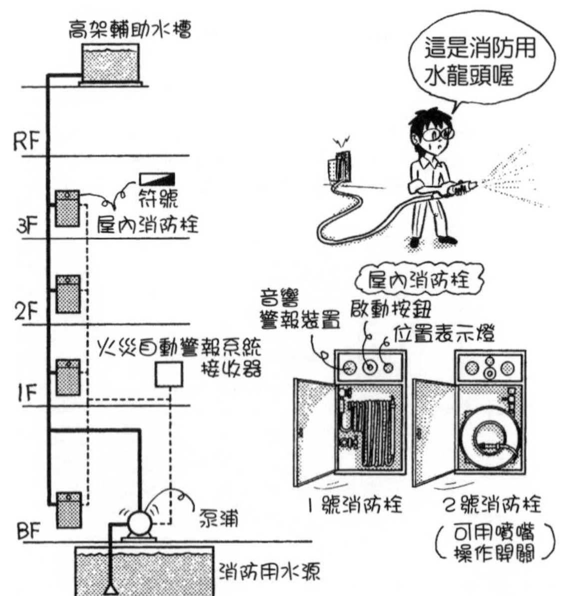

Q 密閉式噴灑器與開放式噴灑器有什麼不同？

▼

A 如下圖，差異在於噴灑器噴頭內側的管內，是否向大氣開放。

sprinkle是噴灑之意，sprinkler是灑水的器具。

在密閉式噴灑器（closed-head sprinkler）中，噴頭對大氣封閉。出水的噴頭部分感應到熱，開啟灑水。這種噴灑器的構造，是當保險絲熔解脫落時，會噴出管中的水。噴頭內側裝滿承受水壓的水。

在開放式噴灑器（open-head sprinkler）中，噴頭向大氣開放。噴頭內部充滿空氣。閥控制讓水關閉，一接收到火災自動警報系統的訊號，就會開啟閥。

如果寒冷地區使用密閉式噴灑器，管中的水會凍結、膨脹，導致水管損壞。因此，調整為壓縮空氣，噴頭開啟後，壓縮空氣先排出，水才隨之噴出，也就是**乾式**（dry pipe system）。這種噴頭也是密閉的，所以屬於密閉式。

噴頭關閉、對大氣封閉，就是密閉式；打開閥之前噴頭是大氣壓狀態，就是開放式。

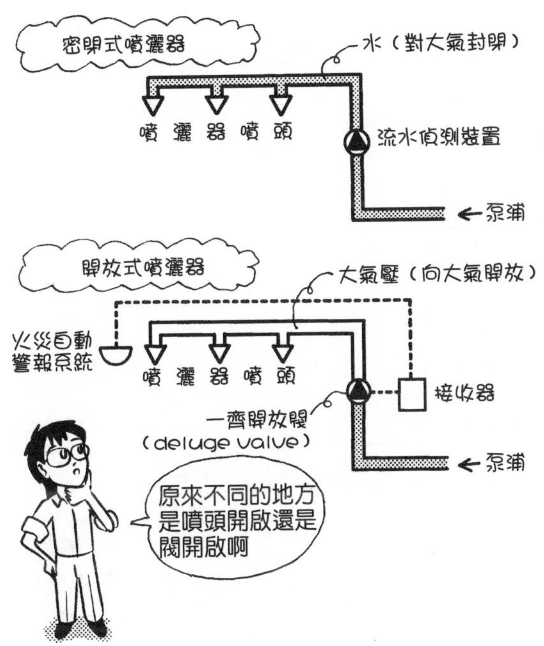

Q 泡沫滅火設備、水噴霧滅火設備對哪一種火災有效？

▼

A 處理油類火災（B火災），要用泡沫滅火設備（foam fire extinguishing equipment）或水噴霧滅火設備（water spray fire extinguishing equipment）；處理電氣火災（C火災）的有效作法則是用水噴霧滅火設備。

火災的分類是，木、紙、纖維等起火燃燒的一般火災為A火災；油類火災為B火災；電氣火災為C火災。對於一般可燃物的火災（A火災），是利用水的冷卻效果來滅火。而對於**油類火災**（B火災），以水滅火，油會浮在水上，降低冷卻效果，反而有擴大火勢之虞。油類火災是以遮斷氧氣來滅火，所以用**泡沫滅火設備**或**水噴霧滅火設備**。

對於電氣火災，如果以水或泡沫滅火，有觸電之虞。因為水中有電力流動，十分危險，所以用水噴霧滅火設備。由於是噴霧水的微粒子，水的微粒子接觸火災的熱，瞬間成為水蒸氣。換言之，是利用水蒸發帶來的冷卻和遮斷氧氣的雙重效果來滅火。水的微粒子蒸發之後，不會儲留水，所以無觸電之虞。

然而，若是挑高天花板，水的微粒子降下形成水滴，會減損滅火的效果。因此，處理飛機機庫等油類火災的對策，是使用泡沫滅火設備和**粉末滅火設備**（dry chemical fire extinguishing equipment）。

A火災（一般火災）→水
B火災（油類火災）→泡沫、水噴霧
C火災（電氣火災）→水噴霧

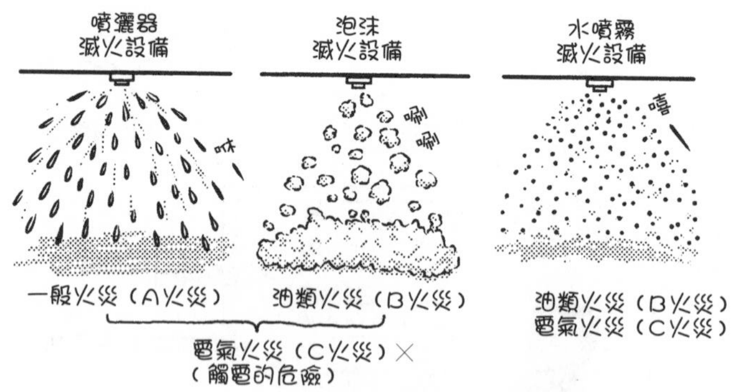

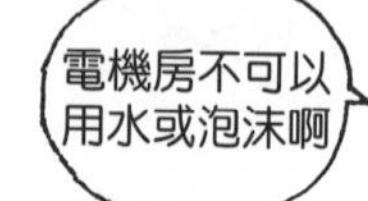

Q 連結送水管是什麼？

▼

A 消防人員在各樓層滅火時，將水從泵浦車送水口，輸送到使用的放水口的送水用消防配管。

在建物內進行消防任務時，消防人員將消防水帶連結到放水口。地面上從泵浦車送水到送水口。從泵浦車的水帶「連結」送水口，再「連結」到樓上的放水用水帶，「連結」「送水」，所以稱為連結送水管（standpipe and hose）。

放水口有**併用屋內消防栓**的產品。在屋內消防栓的箱子內部，除了消防栓之外，另有放水口。

只用從地上送入的水來放水的方式屬於**乾式**，配管內平時是乾燥狀態。另有**濕式**，除了從地上送水之外，也會確保建物的水源，配管內經常是滿水狀態。

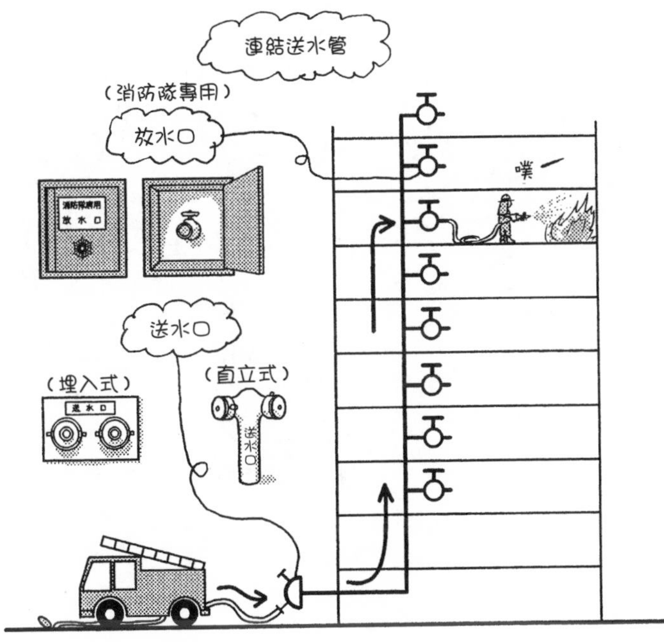

Q 火災自動警報系統的偵測器偵測的是什麼？

▼

A 偵測煙霧、熱和火焰。

偵測器有三種，包括**煙霧偵測器**（smoke detector）、**熱偵測器**（heat detector）、**火焰偵測器**（flame detector）。偵測器偵測到火災，傳送訊號到接收器，啟動屋內消防栓、噴灑器、排煙機（smoke extractor）等。

一般室內安裝煙霧偵測器；廚房等平時就會產生煙霧的地方，安裝熱偵測器；挑高天花板等不易偵測煙霧或熱的房間，安裝可感應大火的火焰偵測器。

煙霧、熱、火焰的偵測方式，各有不同。

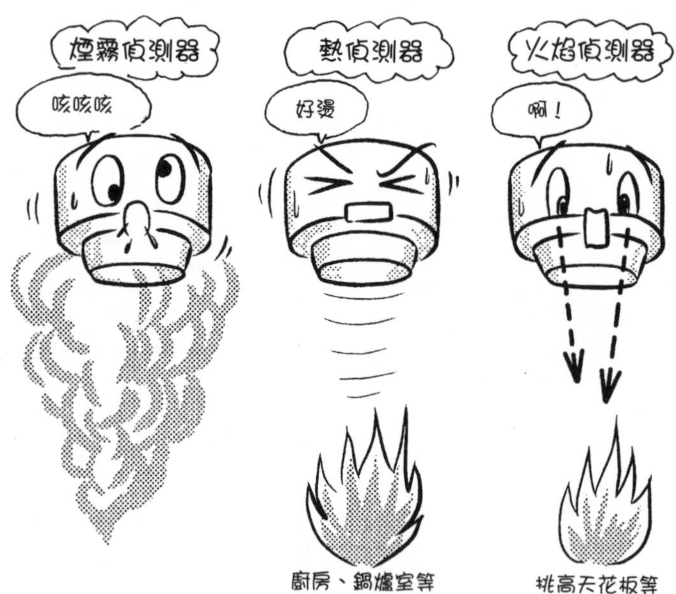

Q 定溫式熱偵測器、差動式熱偵測器是什麼？

▼

A 熱偵測器中，達一定溫度啟動的是定溫式（fixed temperature），達到與室溫的差時啟動的是差動式（rate-of-rise）。

定溫式熱偵測器是預先設定60℃或80℃等一定溫度，達到設定溫度就會啟動。設定方式可以採用每5℃、每10℃為溫度間隔。

差動式熱偵測器是和室溫的差達到20℃或30℃時，就會啟動的偵測器。相差20℃啟動的偵測器較靈敏。也有兼具兩種功能的熱偵測器。

定溫式→達一定溫度時啟動
差動式→達到與室溫的差時啟動

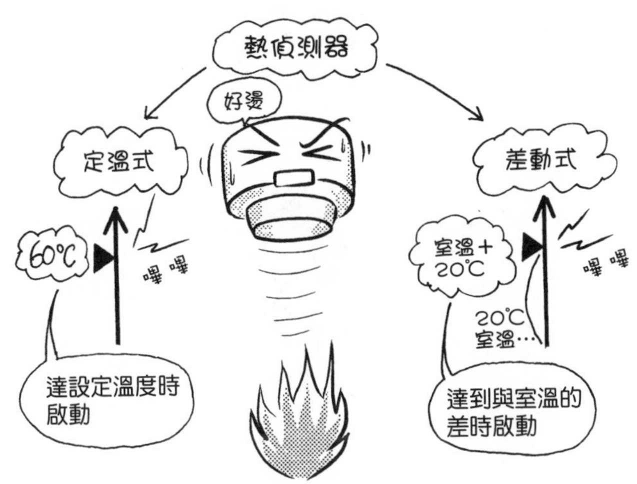

Q 機器排煙設備是什麼？

▼

A 如下圖，利用煙霧偵測器或手動啟動裝置，打開排煙口（exhaust port），啟動排煙機向外排煙的設備。

自然排煙（natural smoke extraction）是在靠近天花板處開窗。一般使用的型態是，按壓按鈕就打開窗，關窗時轉動控制桿關閉。日本建築基準法中依據房間大小規定了排煙面積。

只靠自然排煙將排煙能力不足的大規模建物，在天花板設置**排煙口**。使用風管連接到室外，中間安裝**排煙機**。根據手動裝置或偵測器訊號，排煙口打開時，同時啟動排煙機向外排煙，稱為機器排煙設備（mechanical smoke exhaust equipment）。

在百貨公司樓層等牆壁距離較遠的地方，會從天花板懸吊繩子作為手動開關。發現火災的人只需拉動繩子，就能打開排煙口，排煙機隨之啟動。如果煙霧偵測器更早偵測到火災，會自動啟動。

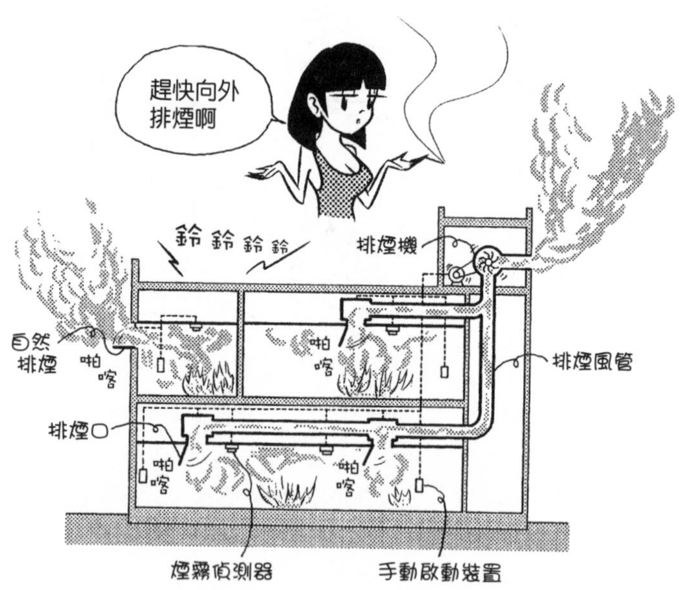

Q 天花板室排煙方式是什麼？

▼

A 如下圖，把天花板上方的空間作為煙霧滯留的空間，從這裡連接排煙風管進行排煙的方式。

chamber原意是房間。風管中所稱的chamber，是指設置在各處的風箱。為了讓空氣容易流通，所以設置風箱，類似排水的陰井。

天花板室排煙方式（ceiling chamber smoke exhaust system），是將天花板上方的整體空間稱為**天花板室**，也就是運用天花板上方的大空間作為煙霧滯留處。這種作法等於加高了天花板，相較於煙霧聚集在天花板附近，天花板室能夠留置更多煙霧。

讓煙霧滯留在天花板室的方式，平常也用在空調的回風。

Q 加壓排煙方式是什麼？

▼

A 在走廊等的避難路徑上，用機器導入新鮮空氣，防止煙霧進入避難路徑。

高於大氣壓的氣壓狀態稱為**正壓**，低於大氣壓的氣壓狀態稱為**負壓**。以機器的力排氣時會變成負壓，供氣時成為正壓。

就像水往低處流，空氣或煙霧從正壓流向負壓。

若避難路徑維持正壓狀態，煙霧不易侵入。用排煙機使房間中成為負壓，以供氣機使走廊或樓梯成為正壓，就能降低遭煙霧襲擊的可能性。這種方式就是加壓排煙方式（light pressure smoke extraction system）。

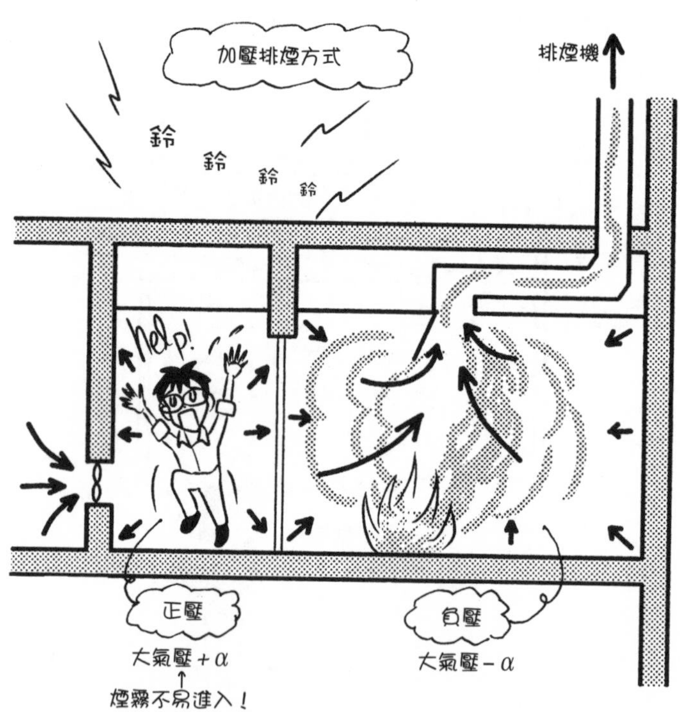

Q 電梯的梯廂、梯廂框架、平衡錘是什麼？

▼

A 如下圖，載運人上下的箱子是梯廂（car），梯廂框架（car frame）是支撐梯廂的結構，安裝在鋼纜（rope）另一側的是平衡錘（counterweight）。

以鋼板製成載運人的箱子（梯廂），以及把梯廂安裝於鋼纜上下移動，只有這兩種設計，支撐強度是不夠的。因此，先在鐵製框架（梯廂框架）上裝妥鋼纜，裡面再裝進梯廂。

吊起電梯梯廂必須施加相當大的力。因此，為了取得平衡，必須在滑輪的另一側安裝平衡錘來減輕重量。雖然依據搭乘人數，重量隨之改變，無法百分之百取得平衡，但能夠節省向上拉力。

梯廂的兩側有**導軌**（guide rail），梯廂沿著導軌移動，上面裝有像挾住導軌的**緊急制動片**（emergency brake pad）。此外，平衡錘也裝有導軌，導引平衡錘避免偏離軌道。

萬一有意外，制動片會挾住導軌，停止移動。電梯有落下危險時，或者超過最上樓或最下樓的停止位置時，制動裝置就會啟動。

可以在透明電梯或維修檢查中的電梯，觀察梯廂、梯廂框架、平衡錘、導軌、制動片等。

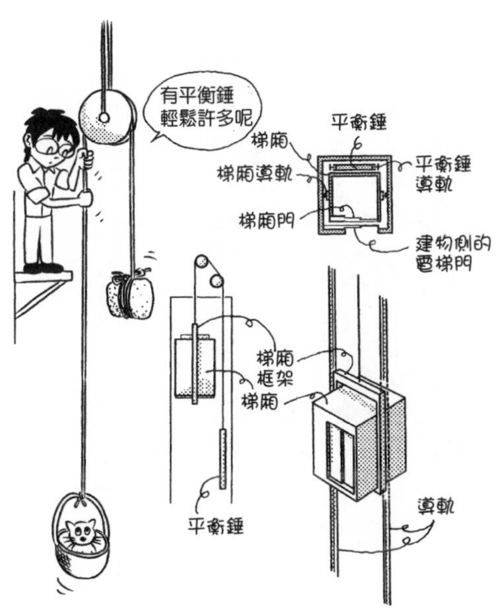

Q 電梯機坑是什麼？

▼

A 升降路（hoistway）最下面的坑狀空間。

升降路是電梯梯廂上下用的隧道狀、煙囪狀的洞，又稱**電梯升降機井**（elevator shaft）。shaft是柱、柱狀洞穴之意。

pit是深坑的意思，直譯elevator pit（電梯機坑）就是電梯用的坑，指升降路最下方所做出的洞。

電梯梯廂停在升降路最下樓的樓層時，梯廂的底部正好碰到層板。用骨架支撐梯廂地板。納入這個骨架的空間就是機坑。

機坑內也設有萬一梯廂或平衡錘落下時，用以緩衝的**緩衝器**（buffer）。這個緩衝器由彈簧或油壓彈簧（oil spring）構成。

電梯機坑常是設計新手容易遺漏的空間，結果會影響地下室的設計。例如，只停到一樓的電梯，電梯機坑卻突出到地下室；或是導致停車場無法設置在電梯下方等。

即使沒有地下室，電梯機坑也會占據地面下很大的空間，為了避免水滲入，必須施行雙重牆壁或塗上防水膠泥等防水處理。此外，必須注意不要把基礎梁、基腳（footing）、樁柱（pile）等與機坑弄混。

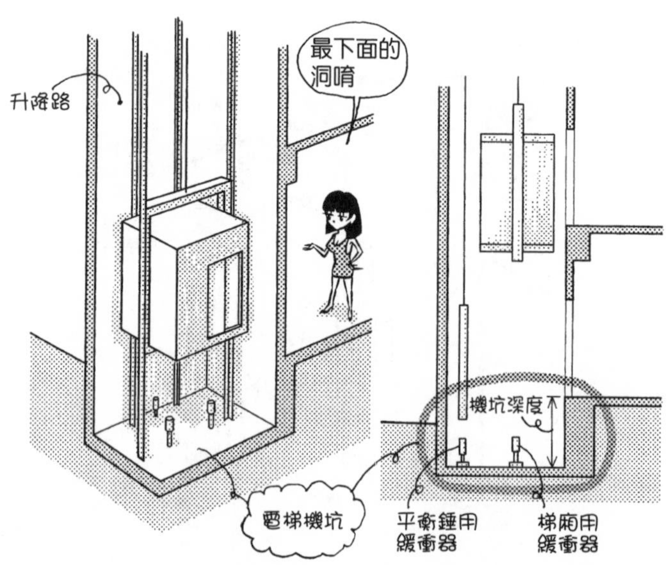

Q 升降路頂部是什麼？

▼

A 從最上樓的地板到升降路頂部的高度。

overhead是頭的上面的意思。從梯廂頂端到升降路頂端的距離，稱為**頂部間隙**（top clearance）。升降路頂部（overhead）是從地板到升降路頂端的距離。由於經常容易弄錯，設計時必須參照目錄。

梯廂即使只是稍微超過上方，都會撞到升降路頂端的層板，升降路頂部就是為了避免發生這類事故，所設定預留的必要安全距離。

升降路頂部必須做得稍微高一些，所以一般來說電梯機房的地板層板，會比屋頂的地板層板高。此外，由於電梯機房的地板面積比升降路大，電梯機房外圍構架形狀複雜。

機房的有效高度是地板到梁下的距離，這是機器和維修用的必要高度。

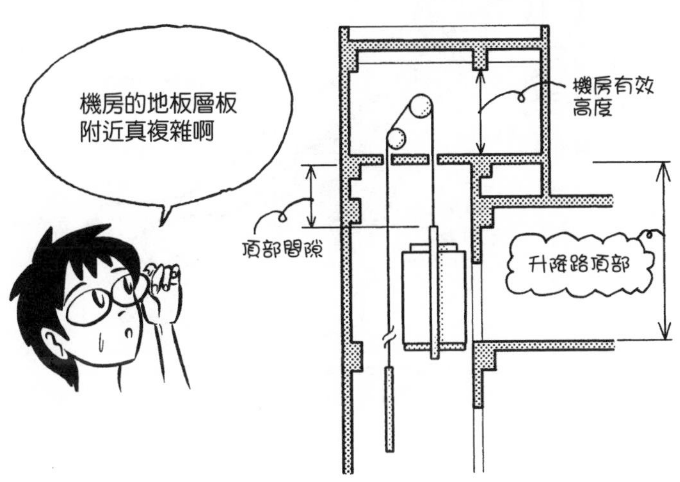

Q 電扶梯的800型、1200型是什麼？

▼

A 有效寬度近800mm的一人乘用，以及近1200mm的兩人乘用。

根據扶手之間的有效寬度，電扶梯有800型（寬700～800mm）和1200型（寬1100～1200mm）。800型的踏板是一人搭乘，1200型可兩人搭乘。

電扶梯角度多為30度，雖然原則上是30度以下，但也有35度的製品。骨架是以鋼筋衍架（truss）來支撐。

馬達、齒輪、鏈條等的維修，是拆開電扶梯入口和出口的乘降板（landing plate）進行。

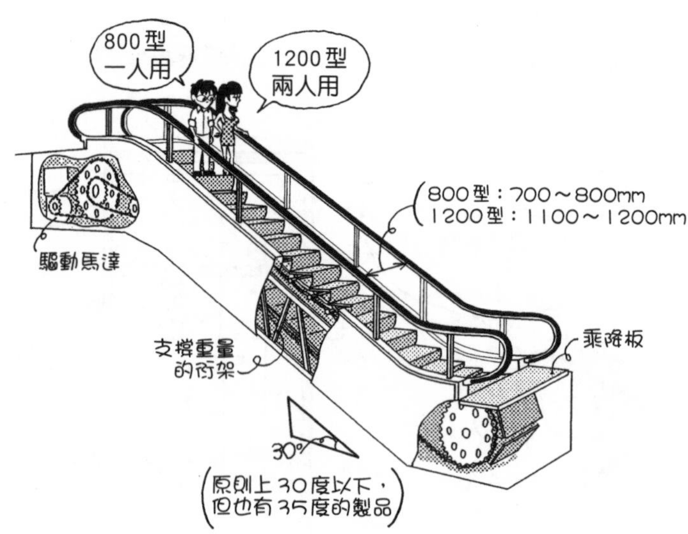

藝術叢書 FI1015X

圖解建築設備入門

一次精通水、空氣、電力的基本知識和應用

(本書初版原名：《建築的設備教室》)

作　　者　原口秀昭
譯　　者　蔡青雯
副總編輯　劉麗真
主　　編　陳逸瑛、顧立平
美術設計　陳文德

發 行 人　凃玉雲
出　　版　臉譜出版
城邦文化事業股份有限公司
台北市中山區民生東路二段141號5樓
電話：886-2-25007696　傳真：886-2-25001952
發　　行　英屬蓋曼群島商家庭傳媒股份有限公司城邦分公司
台北市中山區民生東路二段141號11樓
客服服務專線：886-2-25007718；25007719
24小時傳真專線：886-2-25001990；25001991
服務時間：週一至週五上午09:30-12:00；下午13:30-17:00
劃撥帳號：19863813 戶名：書虫股份有限公司
讀者服務信箱：service@readingclub.com.tw
香港發行所　城邦（香港）出版集團有限公司
香港灣仔駱克道193號東超商業中心1樓
電話：852-25086231　傳真： 852-25789337
E-mail : hkcite@biznetvigator.com
馬新發行所　城邦（馬新）出版集團 Cité (M) Sdn Bhd
41, Jalan Radin Anum, Bandar Baru Sri Petaling, 57000 Kuala Lumpur, Malaysia
電話：603-90578822　傳真：603-90576622
E-mail: cite@cite.com.my

二版一刷　2023年6月29日

城邦讀書花園
www.cite.com.tw

ISBN 978-626-315-317-2

定價：400元
（本書如有缺頁、破損、倒裝，請寄回更換）

國家圖書館出版品預行編目資料

圖解建築設備入門：一次精通水、空氣、電力的基本知識和應用／原口秀昭著；蔡青雯譯.--二版.--臺北市：臉譜, 城邦文化出版：家庭傳媒城邦分公司發行, 2023.06
面； 公分. --（藝術叢書；FI1015X）
譯自：ゼロからはじめる 建築の「設備」教室

ISBN 978-626-315-317-2（平裝）

1. 建築物設備

441.6 112007743